国外油气勘探开发新进展丛书

GUOWAIYOUQIKANTANKAIFAXINJINZHANCONGSHU

# SHALE ANALYTICS
## DATA-DRIVEN ANALYTICS IN UNCONVENTIONAL RESOURCES

# 数据驱动分析技术在页岩油气藏中的应用

【美】Shahab D. Mohaghegh 著

于荣泽 王莉 王玫珠 等译

石油工业出版社

## 内容提要

本书致力于探讨油气数据分析在页岩油气藏管理和生产运营中的应用，阐述如何利用不断产生的勘探开发数据创建持续学习系统，深入认识页岩油气开发过程并对未来运行产生积极的影响。主要内容包括页岩油气生产模拟、页岩油气数据驱动分析方法（人工智能、数据挖掘、神经网络、模糊逻辑、进化计算和聚类分析）、敏感性和产量主控因素分析、组合地应力测井、产量递减分析扩展应用、页岩油气生产优化、数值模拟和智能代替、页岩油气藏建模和页岩油气井重复压裂。同时对大量页岩油气井完井实践进行了讨论，利用大量示例和程序代码叙述了数据驱动分析的操作流程。

本书可为科研院所、高校、油气公司等从事页岩油气勘探开发相关人员提供参考。

#### 图书在版编目(CIP)数据

数据驱动分析技术在页岩油气藏中的应用/(美)沙哈博·莫哈格(Shahab D. Mohaghegh)著；于荣泽等译. —北京：石油工业出版社，2021.10
（国外油气勘探开发新进展丛书. 二十四）
书名原文：Shale Analytics：Data – Driven Analytics in Unconventional Resources
ISBN 978 – 7 – 5183 – 4900 – 5

Ⅰ. ①数… Ⅱ. ①沙… ②于… Ⅲ. ①数据处理 – 应用 – 油页岩 – 油气勘探 Ⅳ. ①P618.130.8

中国版本图书馆 CIP 数据核字(2021)第 206761 号

First published in English under the title
Shale Analytics：Data-Driven Analytics in Unconventional Resources
by Shahab D. Mohaghegh
Copyright © Springer International Publishing AG 2017
This edition has been translated and published under licence from Springer Nature Switzerland AG.
本书经 Springer Nature 授权石油工业出版社有限公司翻译出版。版权所有，侵权必究。
北京市版权局著作权合同登记号：01 – 2021 – 2918

---

出版发行：石油工业出版社
（北京安定门外安华里 2 区 1 号楼　100011）
网　　址：www.petropub.com
编辑部：(010)64523537　图书营销中心：(010)64523633
经　销：全国新华书店
印　刷：北京中石油彩色印刷有限责任公司

2021 年 10 月第 1 版　2021 年 10 月第 1 次印刷
787×1092 毫米　开本：1/16　印张：14.5
字数：350 千字

定价：160.00 元
（如出现印装质量问题，我社图书营销中心负责调换）
版权所有，翻印必究

# 《国外油气勘探开发新进展丛书(二十四)》
# 编 委 会

主　任：李鹭光

副主任：马新华　张卫国　郑新权

　　　　何海清　江同文

编　委：(按姓氏笔画排序)

　　　　于荣泽　付安庆　向建华

　　　　刘　卓　范文科　周家尧

　　　　章卫兵

# 《数据驱动分析技术在页岩油气藏中的应用》翻译审校委员会

主　任：王红岩

副主任：张晓伟　胡志明　董大忠

编　委：于荣泽　王　莉　王玫珠　郭　为
　　　　孙玉平　端祥刚　张金英　王　正
　　　　李俏静　刘钰洋　周尚文　康莉霞
　　　　张磊夫　常　进　吴　颖　王　影
　　　　杨　庆　梁萍萍　张　琴　程　峰

# 序

"他山之石，可以攻玉"。学习和借鉴国外油气勘探开发新理论、新技术和新工艺，对于提高国内油气勘探开发水平、丰富科研管理人员知识储备、增强公司科技创新能力和整体实力、推动提升勘探开发力度的实践具有重要的现实意义。鉴于此，中国石油勘探与生产分公司和石油工业出版社组织多方力量，本着先进、实用、有效的原则，对国外著名出版社和知名学者最新出版的、代表行业先进理论和技术水平的著作进行引进并翻译出版，形成涵盖油气勘探、开发、工程技术等上游较全面和系统的系列丛书——《国外油气勘探开发新进展丛书》。

自 2001 年丛书第一辑正式出版后，在持续跟踪国外油气勘探、开发新理论新技术发展的基础上，从国内科研、生产需求出发，截至目前，优中选优，共计翻译出版了二十三辑 100 余种专著。这些译著发行后，受到了企业和科研院所广大科研人员和大学院校师生的欢迎，并在勘探开发实践中发挥了重要作用。达到了促进生产、更新知识、提高业务水平的目的。同时，集团公司也筛选了部分适合基层员工学习参考的图书，列入"千万图书下基层，百万员工品书香"书目，配发到中国石油所属的 4 万余个基层队站。该套系列丛书也获得了我国出版界的认可，先后四次获得了中国出版协会的"引进版科技类优秀图书奖"，形成了规模品牌，获得了很好的社会效益。

此次在前二十三辑出版的基础上，经过多次调研、筛选，又推选出了《储层岩石物理基础》《地质岩心分析在储层表征中的应用》《数据驱动分析技术在页岩油气藏中的应用》《水力压裂与天然气钻井的问题与热点》《水力压裂与页岩气开发的问题和对策》《管道腐蚀应力开裂》等 6 本专著翻译出版，以飨读者。

在本套丛书的引进、翻译和出版过程中，中国石油勘探与生产分公司和石油工业出版社在图书选择、工作组织、质量保障方面积极发挥作用，一批具有较高外语水平的知名专家、教授和有丰富实践经验的工程技术人员担任翻译和审校工作，使得该套丛书能以较高的质量正式出版，在此对他们的努力和付出表示衷心的感谢！希望该套丛书在相关企业、科研单位、院校的生产和科研中继续发挥应有的作用。

中国石油天然气股份有限公司副总裁 李鹭光

# 译 者 前 言

第四次工业革命是以大数据、人工智能、虚拟现实、物联网、量子信息技术为基础的超链接革命，其中数据驱动分析技术是第四次工业革命的命脉。我国已推动实施国家大数据战略，把大数据作为基础性战略资源，全面实施促进大数据发展行动，加快推动数据资源共享开放和开发应用，助力产业转型升级和社会治理创新。中国石油、中国石化和中国海洋石油三大油公司全部向数字化转型。在油气勘探开发领域，页岩油气已成为油气勘探和开发的热点，数据驱动分析技术是数据时代油气创新发展的关键。本书致力于探讨油气数据驱动分析技术在页岩油气藏管理和生产运营中的应用，阐述如何利用持续产生的海量勘探开发数据创建持续学习系统，深入认识页岩油气开采过程。

数据驱动分析技术主要适用于页岩油气藏模拟和生产管理，不仅能够提高页岩油气的开发效益，还能够持续加深对该类油气藏的认识。本书主要内容包括页岩油气生产模拟、页岩油气数据驱动分析方法（人工智能、数据挖掘、神经网络、模糊逻辑、进化计算和聚类分析）、敏感性和产量主控因素分析、地质力学测井曲线重构、产量递减分析扩展应用、页岩油气生产优化、数值模拟和智能代替、页岩油气藏建模和页岩油气井重复压裂。除此之外，还对大量页岩油气井完井实践进行了讨论，利用大量示例和程序代码叙述了数据驱动分析的操作流程，对页岩油气数据驱动分析具有一定的参考价值。

本书由于荣泽、王莉、王玫珠、郭为、孙玉平、端祥刚、张金英、王正、李俏静、刘钰洋、周尚文、康莉霞、张磊夫、常进、吴颖、王影、杨庆、梁萍萍、张琴、程峰等共同翻译。由于本书涉及多个专业领域，每一位译者都付出了大量时间理解原文和推敲译文，故本书采用联合署名的方式。在此感谢每一位译者的辛苦付出，感谢石油工业出版社各位编辑的精心编校。

衷心祝愿本书的引进能够为科研院所、高校、油气公司等从事页岩气勘探开发及相关研究人员提供参考。鉴于对书稿原文的理解认识有限，译文中不妥之处恳请读者批评指正。

# 原 书 序

非常荣幸为这部期待已久的著作撰写序言,本书主要论述软计算和数据驱动分析技术在非常规油气藏中的应用,通过原始数据挖掘获取以往被忽视的信息和认识。软计算和数据驱动分析技术已在油气领域广泛应用,但目前依然存在诸多难点和问题。本书从页岩革命概述开始,阐述了非常规油气常规建模方法、不确定性和随机性数据驱动分析方法,并将两种建模方法进行了对比分析,最后给出了原始数据挖掘以解决油气开发问题的案例。

软计算和数据驱动分析方法隶属于人工智能和数据挖掘领域,如人工神经网络、模糊逻辑、模糊聚类分析和进化计算,其中进化计算是受达尔文进化论和自然选择的启发。这一系列分析方法不仅可用于油气领域决策,在计算机资源方面也具有广阔的应用前景。

本书有助于地球科学家打破确定性基本原理和工程思维,将经验认识和数据驱动分析结果相结合。数据驱动分析方法能够对所有数据进行挖掘提炼,在传统分析方法基础上获取不同数据间的潜在联系和信息。传统分析方法与数据驱动分析方法综合应用有助于打破信息孤岛,充分发挥行业经验和认识,还能利用数据驱动分析结果修正传统分析方法。

大量案例表明,软计算和数据驱动分析技术已成功应用于油气领域,并对油气生产商提供商业价值信息。页岩油气生产优化技术(SPOT)章节中,数据驱动分析可为非常规油气水力压裂措施提供价值信息。本书也为非常规油气藏全流程建模方法提供了可靠依据,并系统展示了标准化、完整化、多变量、全尺度的油气藏经验模型。

2014年后的两年油价波动低谷后,油气行业已实现了复苏。非常荣幸能够在当前油气行业复苏阶段出版本书,可为油气生产和作业公司提供大量价值信息,其具有不可估量的价值。书中为软计算工作流程提供了索引以确保充分挖掘前述章节中的所有硬数据和软数据并提供价值信息。这些原创认识有助于设计非常规油气藏钻完井作业方案,还能够为油气藏重复压裂和气井产能预测提供创新性工作流程。

本书以逻辑思维方式向读者介绍了一系列软计算和数据驱动分析技术在页岩油气藏不确定性评价、油气井产量和最终可采储量预测、油气藏模型建立和开发策略优化方面的应用,有效解决了非常规油气藏运营商面临的关键问题。

衷心感谢沙哈博·莫哈格(Shahab Mohaghegh)多年来对数据驱动分析方法的贡献。作为这个行业的先驱者,感谢其执笔贡献了本部巨著。

卡里,美国
Keith R. Holdaway FGS
企业咨询委员会
SAS 全球油气领域

# 致　　谢

首先感谢智能解决方案公司的同事 Razi Gaskari 和 Mohammad Maysami，他们对本书页岩数据驱动分析理论部分作出重要贡献。

感谢在本书编写过程中西弗吉尼亚大学石油和天然气工程系主席 Sam Ameri 教授给予的帮助和贡献。

本书部分章节是与下列作者共同完成：

Maher J. Alabboodi, West Virginia University；

Dr. Soodabeh Esmaili, Devon Energy；

Faegheh Javadi, Mountaineer Keystone；

Dr. Amir Masoud Kalantari, University of Kansas；

Dr. Mohammad Omidvar Eshkalak, University of Texas。

# 目　　录

- 第1章　概述 ……………………………………………………………………… (1)
  - 1.1　页岩革命 ………………………………………………………………… (1)
  - 1.2　传统建模 ………………………………………………………………… (3)
  - 1.3　范式转移 ………………………………………………………………… (3)
- 第2章　页岩油气生产模拟 ……………………………………………………… (4)
  - 2.1　页岩储层模拟 …………………………………………………………… (5)
  - 2.2　天然裂缝网络系统 ……………………………………………………… (5)
  - 2.3　页岩天然裂缝网络系统 ………………………………………………… (8)
  - 2.4　页岩中天然裂缝的新假说 ……………………………………………… (8)
  - 2.5　页岩天然裂缝网络系统的重要性 ……………………………………… (9)
  - 2.6　"硬数据"和"软数据" …………………………………………………… (10)
  - 2.7　页岩储层模拟与建模研究现状 ………………………………………… (11)
  - 2.8　显式水力裂缝建模 ……………………………………………………… (13)
  - 2.9　储层改造体积 …………………………………………………………… (14)
  - 2.10　微地震 …………………………………………………………………… (15)
- 第3章　页岩分析 ………………………………………………………………… (17)
  - 3.1　人工智能 ………………………………………………………………… (19)
  - 3.2　数据挖掘 ………………………………………………………………… (19)
  - 3.3　人工神经网络 …………………………………………………………… (21)
  - 3.4　模糊逻辑 ………………………………………………………………… (35)
  - 3.5　进化优化 ………………………………………………………………… (39)
  - 3.6　聚类分析 ………………………………………………………………… (42)
  - 3.7　模糊聚类分析 …………………………………………………………… (43)
  - 3.8　有监督模糊聚类分析 …………………………………………………… (45)
- 第4章　实际影响因素 …………………………………………………………… (52)
  - 4.1　物理学与地质学在页岩数据分析中的作用 …………………………… (52)
  - 4.2　相关性不同于因果关系 ………………………………………………… (52)
  - 4.3　数据的质量控制和质量保证 …………………………………………… (54)
- 第5章　页岩油气产量控制因素 ………………………………………………… (57)
  - 5.1　传统认识 ………………………………………………………………… (57)
  - 5.2　页岩储层质量 …………………………………………………………… (58)
  - 5.3　粒度 ……………………………………………………………………… (61)

5.4 完井和储层参数的影响 ………………………………………………………… (61)

第6章 地质力学测井曲线重构 ………………………………………………………… (73)
6.1 岩石的地质力学性质 ………………………………………………………… (73)
6.2 地质力学测井 ………………………………………………………………… (75)
6.3 合成模型的发展 ……………………………………………………………… (75)
6.4 模拟后分析 …………………………………………………………………… (83)

第7章 递减分析方法的拓展应用 ……………………………………………………… (84)
7.1 递减分析方法及其在页岩储层中的应用现状 ……………………………… (84)
7.2 不同递减分析方法的对比 …………………………………………………… (88)
7.3 递减分析方法在页岩储层中的拓展应用 …………………………………… (92)
7.4 页岩数值分析与递减分析 …………………………………………………… (102)

第8章 页岩油气生产优化技术 ………………………………………………………… (103)
8.1 数据集 ………………………………………………………………………… (103)
8.2 油气井生产动态/压裂复杂性 ………………………………………………… (104)
8.3 井质量分析 …………………………………………………………………… (112)
8.4 模糊模式识别 ………………………………………………………………… (122)
8.5 关键绩效指标 ………………………………………………………………… (130)
8.6 预测建模 ……………………………………………………………………… (140)
8.7 敏感性分析 …………………………………………………………………… (142)
8.8 生成典型曲线 ………………………………………………………………… (151)
8.9 回溯分析 ……………………………………………………………………… (154)
8.10 服务公司绩效评估 …………………………………………………………… (157)

第9章 页岩数值模拟与智能代理 ……………………………………………………… (160)
9.1 页岩油气井生产数值模拟 …………………………………………………… (160)
9.2 案例分析:马塞勒斯页岩 ……………………………………………………… (162)
9.3 智能代理建模 ………………………………………………………………… (164)

第10章 页岩全尺度储层建模 …………………………………………………………… (177)
10.1 数据驱动油藏建模简介 ……………………………………………………… (178)
10.2 马塞勒斯页岩数据 …………………………………………………………… (179)
10.3 建模前期数据挖掘 …………………………………………………………… (183)
10.4 全流程建模 …………………………………………………………………… (183)

第11章 页岩油气井重复压裂 …………………………………………………………… (188)
11.1 重复压裂后备井优选 ………………………………………………………… (189)
11.2 重复压裂设计 ………………………………………………………………… (192)

参考文献 ……………………………………………………………………………………… (197)

附录A 单位换算表 ………………………………………………………………………… (206)

# 第1章 概 述

> 没有数据，一切都是空想
>
> 威廉·爱德华兹·戴明(1900—1993)

20世纪80年代，戴明指出"世界对页岩油气将改变21世纪能源格局一无所知"。没有更好的语言能够如此形象地描述页岩油气藏开采过程中的科学和工业知识，包括完井、压裂、诱导裂缝和天然裂缝相互作用等诸多方面。很多工程师和学者通过页岩油气井的日常作业数据探索如何提高产量和采收率。然而，目前依然难以全面认识页岩油气藏的储集、运移和开采机理。

目前，针对页岩油气井钻完井和水力压裂实践存在多种观点和推测，其中多数都没有得到实际验证和数据支持，部分认识即使有数据支持也难以与现场实际情况保持一致。然而，实际页岩油气开发过程中积累了大量现场测试数据。这些数据可为页岩油气藏生产优化和提高采收率提供重要认识。

页岩油气领域专家不可否认的事实是，目前用于碳酸岩和煤层气的传统建模技术无法适用于页岩油气藏，主要受限于对页岩油气井钻完井和开采物理过程和力学机理的认识。显而易见，该问题的解决途径转移至数据驱动分析领域。

本书致力于探讨油气藏数据驱动分析技术在页岩油气藏管理和生产运行中的适用性，将其称为"页岩油气藏数据驱动分析"。书中阐述如何利用页岩油气藏开发过程中的已有数据深入认识页岩油气井的细微差别，如何通过开发经验学习提高开发效果，如何根据不断产生的开发数据创建持续学习系统。换而言之，数据驱动分析技术不仅让页岩油气井生产的每一份石油天然气都带来投资回报，还能够持续丰富相关人员对该类油气资源开发的认识以实现高效开发。

## 1.1 页岩革命

美国西部科罗拉多州、犹他州、怀俄明州地下页岩地层原油储量超过$1.8 \times 10^{12}$ bbl，其中可采储量约$0.8 \times 10^{12}$ bbl。原油总可采储量是沙特阿拉伯地区原油探明储量的三倍。INTEK给美国能源信息署的评价显示，美国本土48个州的页岩油技术可采资源量高达$239 \times 10^8$ bbl。南加利福尼亚州的蒙特雷市和洛杉矶市页岩油储量最大，预测原油储量为$154 \times 10^8$ bbl，占页岩油总量的64%，其次为Bakken和EagleFord页岩油气藏，预测页岩油储量分别为$36 \times 10^8$ bbl和$34 \times 10^8$ bbl[1]。

常规油气资源仅富集在全球部分地区，页岩油气资源则在全世界范围内广泛分布。页岩油气资源也因此可在全球范围内被广泛开采利用。图1.1给出了全球不同国家页岩油气资源分布状况。每个已开展该类资源研究评价的国家都含有丰富的页岩油气资源(白色背景区域)。根据预测，到2035年全球页岩油产量将增长至供应量的12%。页岩油产量占比持续增高有可能导致能源价格下降和全球经济快速增长。图 1.2 展示了页岩油气资源对美国油气探明储量的影响。

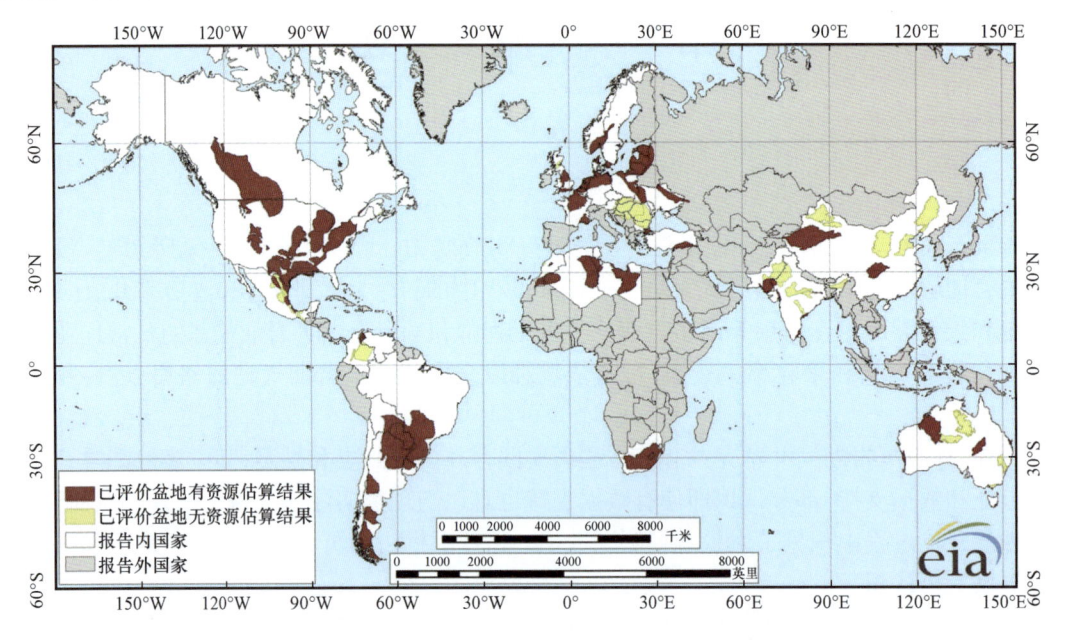

图 1.1 全球页岩油气资源分布图。灰色标注区域未评价。白色标注区域中多数国家已完成资源评价，包括页岩油气可采储量（据 EIA）

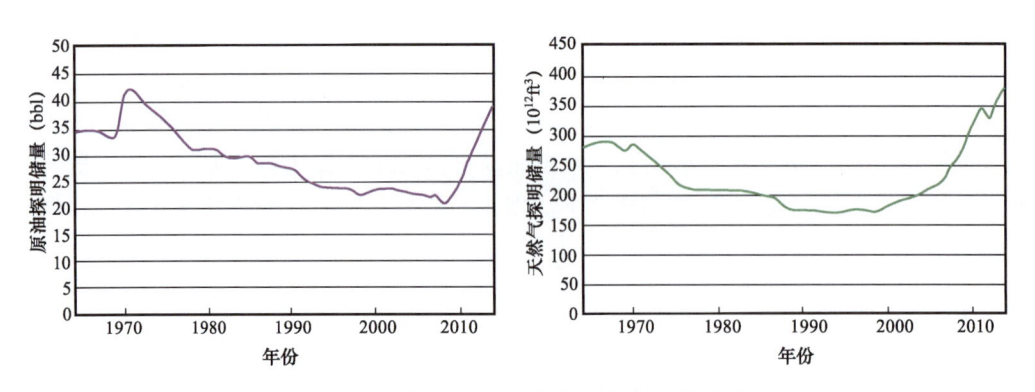

图 1.2 页岩油气储量对美国油气探明储量的影响（据 EIA）

目前美国 19% 的发电量来自天然气，超过 50% 的发电量来自煤炭。天然气发电排放的温室气体不及煤炭的 50%。因此，只需把煤炭换成天然气，无需改变日常生活方式就能达到环保要求。仅仅在 10 年前，环保领域还无法想象在不改变人类生活方式或者不增加经济支出的情况下能够减少 50% 温室气体排放。

由于煤炭资源丰富且价格便宜，天然气并没有被视为煤炭的重要替代物。因天然气供应紧张而建造进口液化天然气（LNG）设备的时代已一去不返。目前，改造液化天然气设备投放是用于天然气出口而并非天然气进口。当天然气不再作为局部商品而能够出口时，美国天然气价格必将受到影响，但天然气价格也会受到其丰富的储量约束。

## 1.2 传统建模

页岩油气资源实现商业开发让石油工业发生了翻天覆地的变化。页岩作为油气资源开采目的层的变革想法已成为现实。实现页岩革命的技术极具创新新和颠覆性。然而,目前石油行业依然在采用传统的技术来分析、模拟和优化页岩油气资源开发过程。目前分析和模拟工作进展有限。越来越多的油气藏工程师和管理人员不再认同数值模拟和不稳定产量分析(RTA)对页岩油气开发的作用。

传统数值模拟和不稳定产量分析技术的本质是模拟天然裂缝网络、诱导水力裂缝网络以及两者的耦合和相互作用[2,3]。因此,可以预见这些方法不再适用于页岩油气藏。页岩油气藏利用多段压裂水平井进行开发时,这些传统技术过于简化以至于无法模拟实际物理过程。传统数值模拟和不稳定产量分析方法在页岩油气藏中应用时需要做多种简化和假设,以至于分析结果几乎无关紧要。然而,由于缺乏普遍适用的技术模拟页岩储层储集和运移过程,传统数值模拟和不稳定产量分析技术等技术在过去几年被广泛用于模拟页岩油气藏开发。

## 1.3 范式转移

"范式转移"最早是由 Kuhn[4] 提出的一个术语,主要是指基本理论中对根本假设的改变。Kuhn 指出"范式是仅在科学界被认可的成员"[5]。美国计算机科学家 Jim Gray 因其对计算机科学和技术领域开创性的贡献而获得图灵奖,他创造的科学"第四范式"就是指数据驱动分析的科学和技术[6]。

Jim Gray 范式分类中,第一代科学范式(数千年之前)是对自然界现象的经验式描述。第二代科学范式(数百年前)是科学的理论分支,利用模型和规律来描述自然现象,例如开普勒定律、牛顿运动定律、麦克斯韦方程等。当这些理论模型发展到过于复杂无法得到解析解时,第三代科学范式就出现了(数十年前)。第三代科学范式是计算科学的分支,包括复杂现象模拟。今天,第四代科学范式是指密集数据、数据挖掘或称之为电子科学。

第四代科学范式统一了理论、实验和模拟方法,其数据来自设备或模拟结果,经软件处理后存储在计算机中。科学家利用数据管理工具和数据库开展统计分析工作。Jim Gray 指出"科学世界已发生改变,毋庸置疑"。大数据科学技术有别于计算机科学,是典型的新兴第四代范式。

石油数据分析是数据驱动分析在上游石油和天然气中的应用,代表了 Gray[6] 阐述的范式转变。石油数据分析通过硬数据(现场测量)学习,帮助石油工程师和地球科学家建立预测模型。数据驱动分析技术已被证明是传统技术的替代品。数据驱动分析技术也因其准确的预测能力而备受工程师和地质学家欢迎,可通过软件给出额外的解决方案。本书主要介绍数据驱动分析技术在页岩油气生产分析、预测模型和优化设计方面的最新应用。这本书的主要目的是替代现有技术,将数据驱动技术用于分析、预测建模、优化页岩气储层的碳氢化合物产量,该技术也称之为"页岩油气数据驱动分析技术"。

# 第 2 章　页岩油气生产模拟

Mitchell[❶]带领地质学家和工程师团队自 1981 年开始致力于页岩油气开发,通过探索不同工艺技术组合,最终在 1997 年成功实施了"滑溜水"压裂技术,实现了 Barnett 页岩气藏的商业开发,从而改变了美国天然气工业格局[7]。Mitchell 成功开辟了水平井钻完井、多簇多段水力压裂和平台钻井等技术路线。

成功解锁页岩油气资源开发很大程度上取决于长水平段钻井和多簇多段水力压裂技术的有效集成。多簇多段水力压裂措施可产生新裂缝并激活地层中的天然裂缝网络。高导流能力裂缝网络系统可有效释放页岩地层压力,致使石油和天然气以快速递减的模式高速产出。页岩油气资源开发的关键创新技术展示了认识、模拟和优化页岩油气开采过程面临的诸多挑战。

首要事实是页岩地层中发育天然裂缝。在整个地质时期内,天然裂缝通常被沉积和(或)裂缝中化学反应滞留物充填密封。判断已开发区域是否存在天然裂缝系统的唯一方法是(测井、成像等)检测天然裂缝与井筒相交情况。已检测到的天然裂缝也只能获取它们的开度和方位。目前尚不能识别天然裂缝沿井筒向外延伸距离,其他天然裂缝相关研究只能依靠合理猜测。油气藏数值模拟过程中天然裂缝网络系统建模(实际分析中难以定量描述)主要依靠主要裂缝和次要裂缝网络方向和密度等属性随机生成裂缝。换而言之,天然裂缝属性普遍难以定量描述,地质模型也难以反映真实情况。一旦对天然裂缝网络系统进行了建模,就可以在流动模拟过程中使用。

复杂压力和应力条件下,天然裂缝网络系统保持封闭状态。与岩石基质系统相比,在介入外力作用抵消上覆压力和地应力时,天然裂缝网络系统更容易破裂和开启。水力压裂过程向岩石施加的液压会导致岩石破裂。水力压裂过程中大量"滑溜水"(或其他压裂液)在高于原始地应力条件下注入地层并破碎岩石。持续注入压裂液致使岩石中裂缝不断扩展。地层岩石沿薄弱面发生破裂,这些薄弱面通常是天然裂缝网络系统及其他岩石结构的薄弱点。

以往水力压裂理论和模型研究工作重点集中于非天然裂缝地层中水力裂缝的扩展规律。在油藏数值模拟中对水力压裂建模耦合时,主要用于模拟流体由地层流入井筒并最终产出的过程。因此,所有模型均采用"币状"或"改进币状"的裂缝假设。图 2.1 给出了传统水力压裂建模示例。尽管目前无法确认水力压裂裂缝在页岩地层中的实际扩展形态,油气藏工程师或完井工程师并不认同页岩中的水力裂缝为币状形态(图 2.1)。换而言之,页岩中水力裂缝扩展并非"币状形态"。

页岩水力压裂建模中简化的假设条件依然延续采用页岩革命之前的技术。强调页岩革命之前的技术目的是强调结合当前主流技术的必要性,以解决页岩油气藏的储集和开采模拟问题。实质上,当前普遍应用的页岩油气藏模拟和分析技术都是在页岩革命之前为开发其他类型油气资源而开发的。随"页岩革命"出现,这些技术不断进步完善以便在页岩油气藏中应

---

❶ Mitchell 能源与开发公司,2002 年以 35 亿美元的价格出售给 Devon 能源公司。

用。例如,现有的页岩地层流体流动和模拟方法是石油行业为了深入认识和模拟碳酸盐(离散裂缝网络)和煤层气(气体依靠浓度梯度在基质发生扩散)而设计的组合。这就形成了当前的页岩油气藏数值模拟模型,可将其概括为"碳酸盐+煤层气=页岩"。井眼成像测井和微地震监测等技术并无显著差异,也可满足该定义。

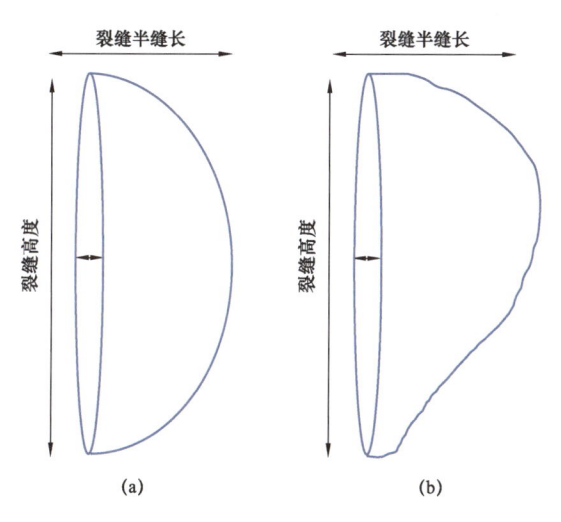

图 2.1 传统币状水力压裂裂缝形态以及考虑应力差异的改进币状裂缝形态

多孔介质流体流动的多数解析解和简化求解方法均属于页岩革命之前的技术范畴。递减曲线分析、不稳定产量分析、体积法储量计算和物质平衡等技术均可归类为页岩革命之前的技术。当然,其中一些基础技术可应用于页岩油气藏中(如物质平衡),还需要深入认识页岩油气藏富集和流动机理才能实现完全适用。

## 2.1 页岩储层模拟

页岩地层油气富集和运移领域存在大量未知的和已知的未解决问题,由部分"已知事实"入手获取能够得出专业人士广泛认可的基本认识。首先是页岩地层广泛发育天然裂缝,几乎所有专家学者都认可该基本认识。页岩储层建模和模拟(或其他页岩油气生产分析)研究成果均以天然裂缝广泛发育为前提。值得注意的是,本书中暂时并未考虑页岩地层中天然裂缝的性质、特征和分布。第一个基本认识是页岩中发育大量天然裂缝。

第二个被广泛接受的事实是水力压裂诱导裂缝将会开启或激活原有的天然裂缝。近代多数建模技术均以此为前提刻画页岩地层中诱导裂缝复杂程度。即使水力压裂措施会在页岩地层中产生新的裂缝,也很难反驳其将会打开或激活原有裂缝的观点。原有天然裂缝为水力压裂措施的压力传播提供了最小阻力传播路径。

然而,多数科学家和工程师也仅仅接受这两点认识,除此之外其他观点都存在或多或少的争议和不同论据。

## 2.2 天然裂缝网络系统

天然裂缝对油气藏开发的影响有三个方面。首先,天然裂缝存在可能控制水力裂缝扩展的薄弱面。其次,水力压裂施工产生的高压可能会导致天然裂缝滑移,从而增加裂缝的导流能力。最后,压裂措施前地层中具有一定导流能力的天然裂缝会影响油气井泄流体积形状和范围[8]。

天然裂缝是指同生裂缝和(或)构造裂缝。天然裂缝是岩石在自然条件下受岩石上覆应力、构造应力、热应力以及高流体压力作用形成的机械裂缝。天然裂缝存在多种尺度且具有强非均质性特征[9]。

天然裂缝网络系统(SNFN)建模的常用方法是随机生成。在碳酸盐岩和部分碎屑岩油气藏中主要借助裸眼成像测井在井筒层面对天然裂缝网络系统进行表征,但表征结果有效范围仅仅为距离井眼数英寸处。然后根据成像测井解释结果随机生成整个油气藏的离散裂缝网络。裂缝方向均值和标准偏差、裂缝长度分布、裂缝长度平均值、裂缝开度(宽度)、裂缝中心点密度和裂缝终端的相对频率等参数需要提前推测给定以便利用随机算法生成天然裂缝网络系统。

有时需要在多个集合中实现随机裂缝生成,通过改变上述约束参数随机生成多组与露头观测结果相似的天然裂缝网络。图2.2显示了使用随机技术生成的典型天然裂缝网络。本章将上述随机生成的天然裂缝网络命名为"常规天然裂缝网络系统",将针对页岩随机生成裂缝系统称之为"页岩天然裂缝网络系统"。

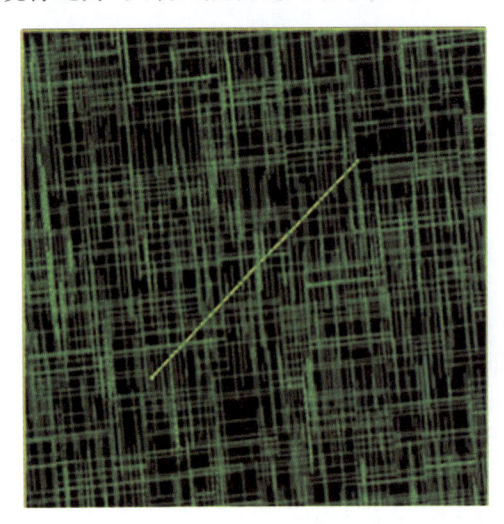

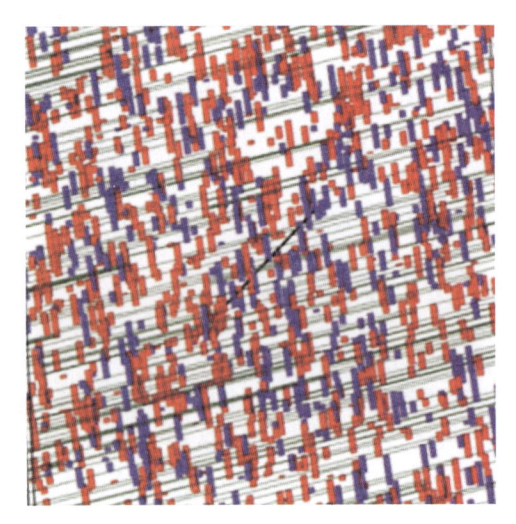

图2.2 利用随机技术生成的天然裂缝网络系统(SNFN)

与传统双孔模型相比,天然裂缝网络模型具备多重优势,尤其是当裂缝为主要渗流通道的非均质油气藏中。天然裂缝网络系统建模方法是基于随机建模的理念,故每次模拟都会产生不同的结果。天然裂缝网络建模和和双孔模型模拟并不矛盾,可为生产动态预测提供更多的认识[10]。

天然裂缝网络建模方法已有数十年历史。碳酸盐岩和部分碎屑岩油气藏中都存在天然裂缝网络。在页岩革命之前,通常利用不同算法随机生成天然裂缝网络系统,并将其与储层模拟模型耦合。最近,许多研究人员试图通过利用天然裂缝网络系统与诱导裂缝的相互作用来模拟页岩油气藏生产过程。

Li 等[11]提出了一个数值模型,考虑了紊流效应、岩石应力响应、水力裂缝扩展与天然裂缝相互作用、天然裂缝对地层岩石杨氏模量的影响。模型假设页岩地层原有天然裂缝改变了岩石杨氏模量并使水力压裂诱导裂缝扩展过程复杂化。模型初步数值计算结果表明,水力裂缝扩展明显区别于现有沿地层扩展的假设模式。研究认为天然裂缝长度和密度对地层岩石杨氏模量有显著影响,水力裂缝和天然裂缝之间的相互作用形成了复杂裂缝网络。

图 2.3 和图 2.4[11]给出了文献中所提提及的天然裂缝网络系统,本文称之为常规天然裂缝网络系统。现有研究已经表明天然裂缝网络系统是影响页岩油气井生产特征和页岩水力压裂裂缝扩展的重要因素。

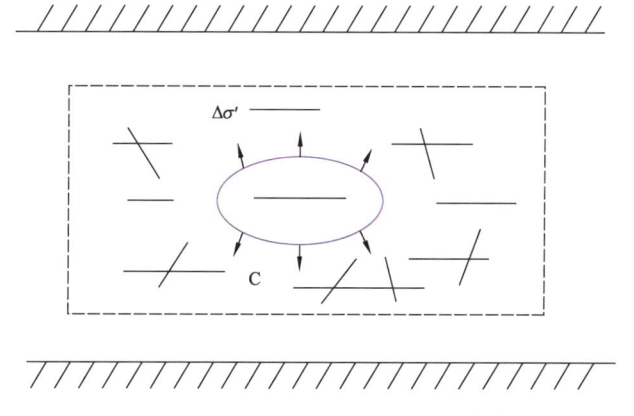

图 2.3 页岩中已有天然裂缝分布[11]

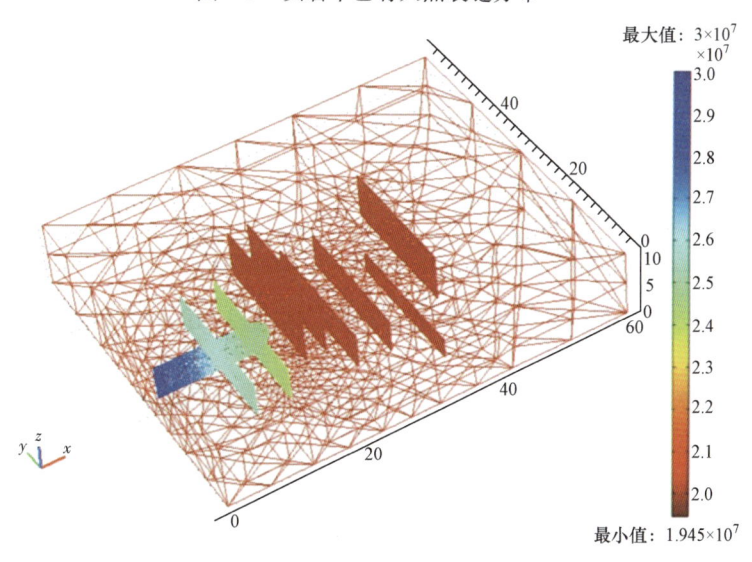

图 2.4 第 20 个时间步长对应的水力裂缝扩展分布[11]

其他作者[12]也开展了复杂裂缝模型模拟研究,指出应力各向异性、天然裂缝以及界面摩擦也是影响复杂裂缝网络生成的重要因素。研究还表明降低应力各向异性或界面摩擦可以改变诱导裂缝的几何形状,由双翼裂缝变为复杂裂缝网络。这些结果说明岩石结构和应力直接影响非常规油气藏水力压裂裂缝网络的复杂程度。

图 2.5[12]表明,模型中考虑页岩中水力裂缝扩展并与天然裂缝相互作用时的天然裂缝网络系统与其他文献中提及的基本相同,即常规天然裂缝网络系统。

近期石油工程领域对天然裂缝网络系统的研究有两个共同点:

(1)页岩地层原有天然裂缝网络系统主导水力压裂诱导裂缝扩展路径,进而直接决定页岩油气井产能;

(2)常规天然裂缝网络系统是页岩地层中的唯一形式。

第一个观点已经得到多数工程师和科学家的广泛认可,然而第二个观点还有待讨论。页岩地层中天然裂缝网络系统可归类为常规天然裂缝网络系统,本文提出另一种方法替代该观点。

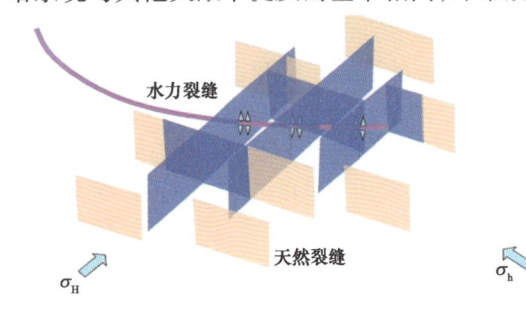

图 2.5　水力裂缝网络和已有天然裂缝示意图[12]

## 2.3　页岩天然裂缝网络系统

以上例子表明,尽管许多科学家和研究人员尝试探索更好、更有效的方法来处理页岩中水力裂缝的扩展问题,但所有方法都以天然裂缝网络系统传统定义为基础。传统天然裂缝网络系统存在于多孔介质中,主要依靠随机计算、裂缝长度、开度和交叉点进行表征,并有 J1 型和 J2 型两种裂缝形式(图 2.2 至图 2.5)。

但是,天然裂缝网络描述方法来源于碳酸盐岩储层,在缺乏基质系统中的有效测量依据时可能并不适用于页岩。页岩天然裂缝网络性质、结构、特征和分布也有可能完全不同于以往商业化、学术和内部模型。

## 2.4　页岩中天然裂缝的新假说

页岩天然裂缝的总体形状和结构如何?是否与碳酸盐岩(或部分碎屑岩)地层随机生成的天然裂缝相似?还是一种结构和性质均匀,具有层状、板状特征的天然裂缝网络,如图 2.6 中露头所示?

图 2.6　从露头清晰可见的页岩天然裂缝实例

页岩是一种细粒沉积岩,由通常称之为"泥"的淤泥和黏土大小的矿物颗粒压实而成。根据岩石组成将页岩划分为"泥岩"沉积岩。页岩与其他泥岩的区别在于易裂和分层。"分层"是指岩石由许多薄层组成,"易裂"是指岩石很容易沿层理破裂为薄片❶。如果页岩具备该特性,页岩天然裂缝网络和图 2.7 中露头观测结果一致,那么会引出以下一系列问题。

(1) 页岩天然裂缝网络特征如何影响水力压裂诱导裂缝扩展?

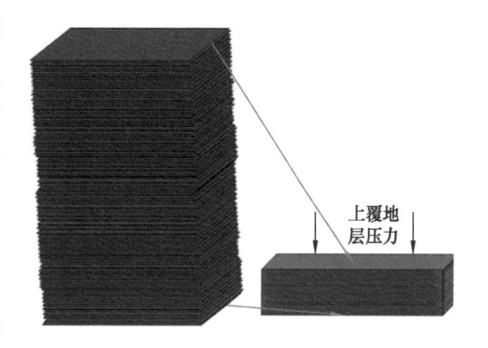

图 2.7 页岩露头 SNFN 性质及其承受上覆压力时的潜在形状示意图

(2) 完全不同于以往的水力压裂诱导裂缝扩展方式如何影响页岩油气井的生产特征?

(3) 天然裂缝特征对页岩油气井短期生产和长期生产有哪些影响?

(4) 这将如何影响已有模型?

(5) 这将为已有模型带来哪些信息?

显然,还有更多问题需要回答。本书假设页岩天然裂缝系统与图 2.6 和图 2.7 相似,然后探索这些假设对应的最终结果。

## 2.5 页岩天然裂缝网络系统的重要性

如果页岩天然裂缝网络系统和本书提及的模型相似,就需要重新进行页岩模型开发以解决前文提出的问题。由于页岩岩板很薄,需要考虑岩板密度或单位厚度地层中天然裂缝的密度。尽管页岩基质或骨架中的流体流动仍然属于扩散运动,然而流体在支撑天然裂缝内的流动,以及天然裂缝与岩石基质之间的相互作用,可能区别于传统流体在多孔介质中的流动规律,而通过平行板状缝耦合扩散的流动可能是一种有效的模拟方式。

另一方面,页岩天然裂缝网络系统的新思路可为页岩水力压裂后大量油气的产出给予合理的解释。原有币状或改进币状的水力压裂诱导裂缝认为可以利用碳酸盐岩和碎屑岩的水力压裂扩展处理方法模拟页岩天然裂缝网络系统。本书提出的方法可替代原有偏离实际的认识。

目前人们广泛认可的观点是:(1) 页岩存在天然裂缝,(2) 诱导水力裂缝倾向于优先开启已有天然裂缝。如果上述两个认识成立,那么下一步就要讨论页岩中天然裂缝网络的形状、特征和分布。

几乎所有已发表论文都以天然裂缝网络随机生成为假设条件,因此需要使用随机生成方法对天然裂缝网络系统进行建模。此外,该假设只包括 J1 型和 J2 型等形式的垂直裂缝。通过确定一系列天然裂缝的统计特征用于开发天然裂缝网络生成的各种算法。天然裂缝网络生成后可采用不同的处理方式以便用于页岩油气藏建模。部分研究中利用近似解析法得到天然裂缝网络的效应和影响,也有一些研究中采用复杂方程组对其进行求解。也有部分学者利用

---

❶ http://geology.com/rocks/shale.shtml.

天然裂缝网络系统识别水力压裂诱导裂缝的扩展规律。所有研究中天然裂缝网络形状、特征和分布是相似的，并且仅包含 J1 型和 J2 型等形式的垂直裂缝。其中不可回避的问题是选定的天然裂缝网络形状、特征和分布更容易实现模拟和求解，还是认为该处理方法和实际情况相符。

首先提出一系列问题：

（1）页岩天然裂缝网络最可能是什么形状？

（2）页岩水力压裂过程中，能否在诱导裂缝生成前或期间开启已有的水平和板状天然裂缝？[1]

（3）水力压裂期间，开启水平板状天然裂缝会带来哪些影响？

（4）如果上述假设正确，现有模拟器是否适用于页岩油气井生产模拟？

多重角度提出问题有助于最终解决问题。如果页岩中主要发育水平天然裂缝网络（而不是图 2.2 至图 2.5 所示的垂直裂缝网络），现有储层模拟模型能否处理？当一个大型水平天然裂缝网络系统中岩板厚度仅为 1~2mm（相当于一堆卡片），在水力压裂时可被开启并促进流体流动。

该方法构建了水力压裂措施前不一定连通的高孔隙度模型（仅在局部和有限范围内连通）。天然裂缝网络在水力压裂后被开启连通，为流体提供高渗透率流动通道。此外，固体岩板致密且非常薄，缺失原有方解石支撑时更容易破裂（可能生成 J1 型、J2 型垂直裂缝），能够为圈闭油气运移提供通道并实现油气持续产出。

## 2.6 "硬数据"和"软数据"

深入介绍传统技术在页岩储层建模中的应用时，有必要区分"硬数据"和"软数据"的概念。本书中提出的页岩油气藏数据驱动分析技术主要利用硬数据实现页岩生产模拟，而多数传统技术主要通过软数据实现模拟。

硬数据是指现场监测和测量到的第一手数据，也是生产期间常规测试的数据。例如，水力压裂措施中的压裂液类型、压裂液用量、支撑剂类型、支撑剂用量、破裂压力、闭合压力及排量等均划分为硬数据。页岩油气藏开发过程中，水力压裂措施相关硬数据记录详细完善且通常可用。表 2.1 显示了水力压裂措施期间采集的部分硬数据列表，以及油藏工程师和油气藏建模人员使用的软数据。

表 2.1 水力压裂特征的硬数据与软数据示例

| 硬数据 | 软数据 |
| --- | --- |
| 液体类型 | 水力裂缝半长 |
| 液体用量(bbl) | 水力裂缝宽度 |
| 前置液用量(bbl) | 水力裂缝高度 |
| 压裂液用量(bbl) | 水力裂缝导流能力 |

---

[1] 这个概念在不同方向的应力大小方面存在明显的问题。似乎上覆地层压力（垂直应力）不是最小应力，因此水平（分层）裂缝可能不是第一批被打开的裂缝，但是考虑这些天然裂缝似乎是一个不容疏忽的问题。

续表

| 硬数据 | 软数据 |
|---|---|
| 支撑剂类型 | 储层改造体积(SRV)： |
| 支撑剂用量(lb) | SRV 高度 |
| 粒径 | SRV 宽度 |
| 支撑剂浓度 | SRV 长度 |
| 最大支撑剂浓度 | SRV 渗透率 |
| 泵注压力：<br>平均泵注压力<br>破裂压力<br>瞬时停泵压力(ISIP)<br>闭合压力 | |

页岩油气井水力压裂过程中的软数据是指经人为解释、估计或推测的变量。诸如水力压裂裂缝半缝长、高度、宽度和导流能力之类无法直接测量的参数。即使利用水力裂缝模拟软件预测这些参数,例如在粗略简化和假设条件下解释出来的币状双翼裂缝(图 2.1)等降低了软数据在压裂方案设计和优化过程中的价值。

另一个页岩水力裂缝建模常用的参数是储层改造体积(SRV)。SRV 因不能直接测量也归类为软数据。SRV 主要作为调整参数(储层改造体积及改造区渗透率或者分配给改造体积不同区域的渗透率值)来实现历史拟合。

## 2.7 页岩储层模拟与建模研究现状

页岩油气藏建模和数值模拟是油气藏工程师的必要手段,根据现有模型修改完善是唯一可行方案。通过修改模型实现对页岩油气藏流体赋存和流动进行模拟研究。尽管在模型修正过程中有关页岩地层的特征信息非常有限,现有模拟器同时包含了离散裂缝网络、双重孔隙度和随应力变化的渗透率等多种算法组合。除此之外,现有模拟器还考虑了浓度驱动的 Fick 流和 Langmuir 等温线的耦合效应。虽然目前还无法描述水力裂缝在天然裂缝系统中的非均匀扩展规律,但这并不影响深入建模研究。

换而言之,整个建模过程中的选择非常有限。主要原因是油气藏建模和模拟一直都被视为石油行业开发过程中的最佳决策工具。尽管已经取得了很多研究进展,特别是在微观孔隙尺度的流体运移领域,但目前还缺乏行业通用的模拟模型。

现有页岩储层建模技术是天然裂缝型碳酸盐岩储层和煤层气储层建模方法演变而来。通过双重孔隙和裂缝型碳酸盐岩地层流体流动模型组合、Fick 定律描述浓度梯度驱动扩散,Langmuir 等温线控制甲烷解吸到天然裂缝系统中,已成为页岩储层建模的基础。许多经验丰富的油藏工程师和建模人员都认识到传统模型应用于页岩油气藏建模的不足之处。然而,在页岩油气藏流体流动数值模拟问题上多数人又都认为该方法是目前可用的最佳选择。虽然近期多数页岩油气藏模拟和建模都普遍采用上述方法,但在具体处理大型多簇多段水力压裂裂缝时存在差异,这些水力压裂裂缝是页岩油气实现经济开采的关键要素。

大量多簇多段水力裂缝提高了页岩油气藏建模的复杂程度,也在一定程度上限制了已有数值模型的应用。由于水力裂缝是页岩油气资源经济开采的关键要素,模拟裂缝扩展形态及其与岩石结构的相互作用已成为页岩油气藏储集和流动模拟的关键环节。因此,当前的关键问题是已有油气藏数值模拟模型如何处理这些大规模的多簇、多段水力裂缝?

现有多簇多段水力裂缝建模方法主要可划分为两类。第一类是显式水力裂缝(EHF)建模方法,第二类称为储层改造体积(SRV)建模方法❶。后续将对两项技术进行简要叙述和讨论。

除显式水力裂缝和储层改造体积建模方法外,页岩油气井的产量模拟和预测还涉及其他两项技术,即递减曲线分析(DCA)和不稳定产量分析(RTA)技术。递减曲线分析和不稳定产量分析因便于理解和应用而备受现场人员欢迎。

### 2.7.1 递减曲线分析

由于简单快速易于应用,递减曲线分析(DCA)是石油行业普遍应用的技术,但同时也导致该方法容易被误用。递减曲线分析方法在页岩油气井中的应用存在一定局限性。很多学者[6,13-17]通过改进递减曲线分析方法提高在页岩油气井的适用性,但该方法依然在实际应用中存在很多局限性。

递减曲线分析方法的主要局限性在于未考虑油气藏流体流动、水力裂缝和储层特征相关的物理过程。例如在 Marcellus 和 Utica 等页岩油气藏开发初期应用时面临很多问题。

Arps 递减模型及近年来的不同改进模型应用于页岩油气井分析时都存在重大缺陷。递减曲线分析方法局限性显而易见,许多文献对其也进行了全面的总结和讨论。递减曲线分析方法与特定流态或生产制度不符的细微限制条件可以忽略,并且已经提出了许多方法来改进这些不足。页岩油气生产数据分析中,一种新兴数据分析方法严重削弱了常规基于统计曲线拟合(包括递减曲线分析)生产动态分析技术的适用性。

页岩油气开发与常规油气开发的主要区别在于完井作业的影响。毫无疑问,长水平段水平井和大规模水力压裂技术组合是页岩油气资源实现效益开发的关键驱动力。页岩油气领域专业人员开始质疑储层特征和岩石性质对页岩油气开发的影响程度。除气藏特征等共性参数外,完井作业参数被视为页岩油气井的重要变量,也是非常规油气与常规油气的主要差异所在。换而言之,完井施工参数直接影响页岩油气井的生产动态,递减曲线分析在页岩油气藏中的应用完全忽略了完井作业的作用。

递减曲线分析方法在页岩油气生产动态分析中的应用基于一系列内在假设条件。常规油气井产量主要受储层性质控制,人为操作条件和完井作业对产量影响相对较小。页岩油气藏开发中,完井作业是影响产量的关键因素。传统基础数据统计的生产动态分析方法假设研究区块所有油气井具备一致或相似的完井效果。然而,大量完井数据显示该假设条件存在一定局限性,分析结果可能误导开发商并增加开发成本。

### 2.7.2 不稳定产量分析

不稳定产量分析(RTA)是石油行业中所周知且被广泛应用的一项技术[22-27],该技术通过一系列分析和图形(图版)近似实现油藏模拟和建模。便捷和结果一致性是不稳定产量分

---

❶ 有些人使用了其他名称,如估算改造体积(ESV)或压碎区,但它们背后的观点都是一样的。

析方法的优势之一。另一方面,几乎所有不稳定产量分析方法在产量预测时都借鉴了油气藏数值模拟方法,因此也同样面临与油气藏数值模拟和建模相同的问题。

## 2.8 显式水力裂缝建模

与其他传统技术相比,显式水力裂缝(EHF)建模是目前最为全面、复杂、烦琐,也是最可靠的页岩油气藏水力裂缝建模方法(图2.8)。页岩油气藏建模和模拟中,显式水力裂缝建模技术集成三种不同的技术(水力裂缝建模、地质建模和油藏数值模拟三种应用软件),具体步骤如下。

(1)水力裂缝建模:采用独立的水力裂缝模拟软件(如 MFrac5❶、FracPro❷ 等)对每簇水力裂缝建模。裂缝建模软件通过压裂作业特征参数反演理想条件下水力压裂诱导裂

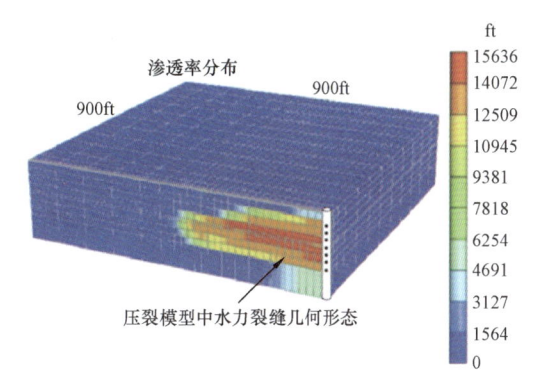

图 2.8 显式水力裂缝(EHF)建模示例[28]

缝特征,压裂作业特征参数包括压裂液用量、支撑剂用量、排量、储层性质和地应力特征参数。需要注意的是,为了便于模型应用,多数情况下输入的储层特征(包括应力)参数来源于推测或假设。由于这些模型中假设水力裂缝为币状形态或改进币状形态(图2.1),计算裂缝特征参数包括半缝长、缝高、缝宽和裂缝导流能力。每一簇水力裂缝都需要重复该过程进行裂缝建模。对于每口井,多达60个或70个水力裂缝簇(按单段3簇计算)需要单独建模。

(2)地质模型建模:与所有油气藏模拟和建模工作相同,地质模型建模是页岩油气生产数值模拟的必要环节。在该环节,利用一切可用的地质、岩石物理和地球物理信息建立一个合理精细的地质模型。即使是单井模型也能够生成一个精细的包含数百万网格的地质模型。通常利用所有油气井数据用于生成构造图和地质体,然后根据适用性将模型离散化并充填数据。该过程通常借助地质建模软件完成,其中部分软件已成为成熟商业化软件并在石油行业广泛应用。地质模型建模过程中通常将离散裂缝网络模型嵌入其中,目前常用统计方法描述离散裂缝网络,最后采用分析或数值技术将离散裂缝网络属性嵌入到地质模型网格块系统中。

(3)裂缝模型嵌入:将水力压裂裂缝特征嵌入地质模型之前首先要建立井筒模型。井模型完成后,将第(1)步(裂缝半缝长、缝高、缝宽和裂缝导流能力等水力裂缝参数)的所有计算特征参数导入地质模型[步骤(2)]。裂缝模型嵌入过程烦琐,但通过它可修正地质建模过程中开发的网格系统以适应水力裂缝特征。通常需要对局部网格进行优化(水平和垂直),最终得到包含大量网格的精细模型。如果模型包含多个平台和井模型时,建模过程非常耗时。精细地质模型通常因包含大量网格而导致计算量陡增,这也一定程度上制约了页岩油气藏全尺

---

❶ Baker-Hughes 公司的 Meyer 压裂软件,www.mfrac.com.
❷ Carbo Ceramics 公司软件,http://www.carboceramics.com/fracpropt-software/.

度建模的可行性(本书介绍了一种解决方案,即第9章中的数据驱动分析法)。模型计算量问题也导致目前针对页岩油气藏的数值模拟研究主要以单井模型为主。还有少数页岩油气藏数值模拟研究以平台为基础。

(4)油藏模拟基础模型:基础模型建模同时还需要进行一些扩展操作并添加约束条件。需要定义合适的外部边界条件进行首次运行以检查模型收敛性。

(5)基础模型历史拟合:基础模型运行结果与观测值之间的差异(例如实际产量)表明模型与实际模型间的接近程度。历史拟合过程中通过修正地质参数和水力裂缝特征参数直到拟合结果满足需求。

(6)产量预测:在预测模式下运行历史拟合模型,以预测页岩油气井未来生产动态。

近期研究显示,许多建模人员不再采用显式水力裂缝建模方法。这可能受限于页岩油气井显式水力裂缝(EHF)模型和历史拟合所需精细程度。对于包含中等数量井数的模型,完成上述操作需要大量时间。如果要建立包含数十口或百口井的全尺度油气藏模型,该模型在建模和历史拟合上几乎不可行。

## 2.9 储层改造体积

第二种页岩油气井生产模拟的技术称为储层改造体积(SRV)建模技术。储层改造体积建模技术是在油藏数值模拟和建模中处理大规模多簇多段水力裂缝的另一种简便方法。与显示水力压裂裂缝建模相比,储层改造体积建模在建模效率上可提高几个数量级。这是因为该建模方法并未对每个单独的水力裂缝进行精细建模,而是假设在井眼周围存在一个高渗透率三维改造体积(图2.9和图2.10)。通过修改渗透率和储层改造体积尺寸,建模人员可以在短时间内拟合给定油气井的生产动态。

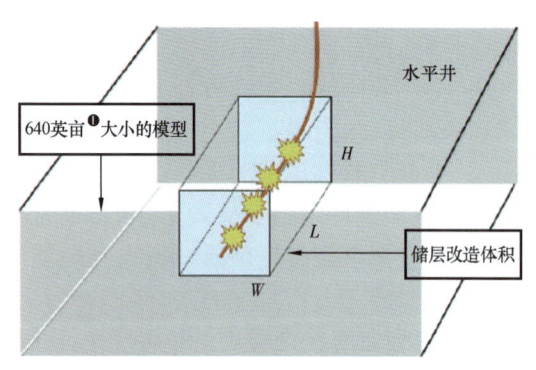

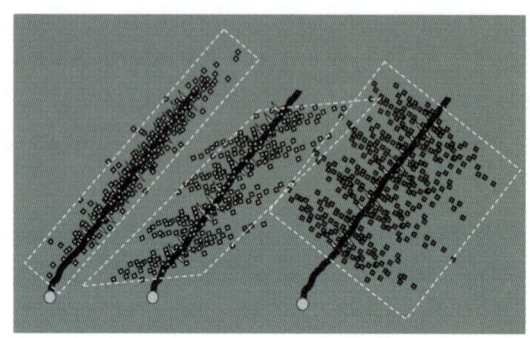

图 2.9　储层改造体积示例[29]　　图 2.10　储层改造体积示例[30]

在认识储层改造体积对产量的影响前,首要问题是如何计算或更准确地估算储层改造体积的大小。考虑到储层改造体积因水力裂缝而产生这一事实,需要明确储层改造体积是连续介质还是每条水力裂缝都具有离散特征,以及这些离散体是否相互连通。此外,还需要确定储层改造体积的长宽比(高度、宽度与长度之比)。

---

❶ 1英亩约为0.405公顷。

近期很多研究在探索储层改造体积与微地震监测结果的相关关系。换而言之,研究指出通过收集和解释微地震数据可估算储层改造体积的大小。正如下文所述,同样有持反对观点的研究和依据。此外,研究表明储层改造体积大小直接影响给定油气井的生产潜力(图2.11)。众所周知,页岩油气井的产量很大程度上取决于与岩石接触的程度。因此,储层改造体积和裂缝导流能力是控制页岩油气井产量的关键要素。

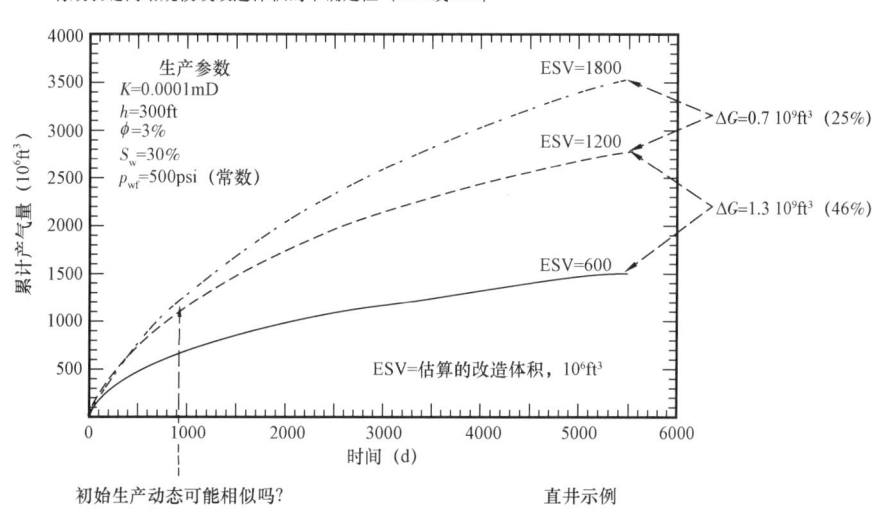

图 2.11 累计产量对储层改造体积的敏感性[31]

页岩油气井产量对储层改造体积和裂缝导流能力的敏感性揭示了该技术预测结果的不确定性。尽管有人尝试考虑渗透率应力敏感(裂缝开启和闭合为时间和产量的函数)来解决储层改造体积的动态属性,但整个理念仍停留在对现有工具和技术进行改进以解决新问题的阶段。本书认为,虽然储层改造体积可用于模拟和历史拟合油气井产量,但在产量预测上依然存在不确定性。此外,储层改造体积模拟技术无法为给定页岩油气井最佳压裂设计提供认识。

## 2.10 微地震

利用微地震事件(目前从原始数据解释得到的)估算储层改造体积存在一定不确定性。微地震监测技术为 Eagle Ford 页岩水力压裂效果提供了重要认识[32],但在 Marcellus 页岩油气藏中微地震监测结果和生产测井结果不一致[33]。

在 Marcellus 等部分页岩油气藏中,如图 2.12 所示,尽管微地震监测结果给出了储层中正在或已经发生的压裂事件,但监测结果并不能为产量等重要参数提供认识。微地震监测作为一种评价水力压裂效果的工具,不管是否得以验证其结果,仍然存在争议。随微地震监测数据积累和公布,该问题仍有待解决。因此利用微地震事件监测范围估算储层改造体积还为时过早,与实际微地震监测数据应用相比,该方法更需要发挥已采集数据的有效性。

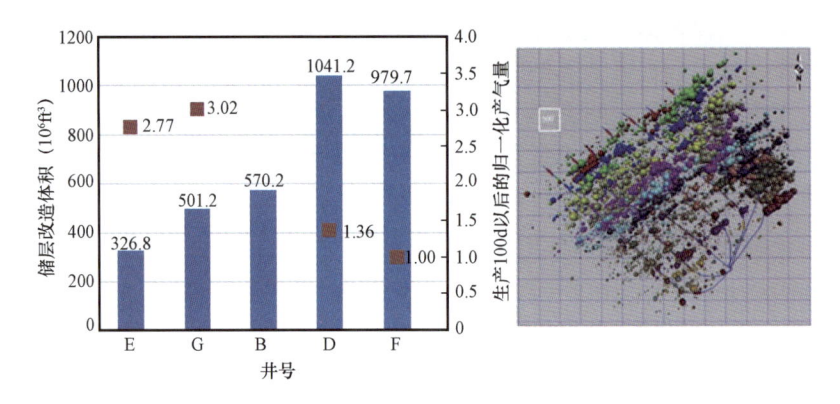

图 2.12　微地震事件、储层改造体积及其对产量的贡献[33]

"软数据"的本质决定其不能用于优化变量。换而言之,不可能通过调整泵注液量和支撑剂量设计给定油气井压裂方案,并实现预期的裂缝半缝长、缝高和导流能力。同样,也不可能通过调整压裂作业期间泵注流体和支撑剂量或通过调整排量和施工压力来设计 SRV(尺寸和渗透率)❶。因此,软数据可能有助于工程师和建模人员实现历史拟合,但无法切实分析压裂作业期间的实际影响。

---

❶ 那些选择通过微地震事件将"硬数据"与储层改造体积相关联的人,要么在技术上过于幼稚,没有意识到这一做法的不成熟,要么试图证明其商业伙伴提供的服务是合理的。

# 第3章 页岩分析

在油气上游行业的勘探与开发的钻探、完井、增产、修井、注入和生产作业期间,可以从常规收集的数据(其中大部分未被利用)中提取很多有价值的信息,因此人们对数据驱动分析在油气行业的应用越来越感兴趣。曾经并不被看好的相关学术研究现在已经成为热点,引起了广泛关注。新锐创业公司正在涌入市场,其中一些具有高质量的产品和扎实的专业知识,而另一些纯粹是基于营销噱头和投机取巧。

油气数据分析(Petroleum Data Analytics,PDA)是数据驱动分析和大数据分析在油气上游行业中的应用。它是一种综合技术应用,可充分利用油气行业中收集的数据,以便分析、模拟和优化生产运营。由于此技术的出发点是数据,而不是物理和地质,因此它提供了一种在过去一个世纪中油气行业一直使用的常规解决方案的替代方案。页岩分析(Shale Analytics)是指油气数据分析在所有与页岩相关的问题中的应用。由于研究人员对页岩中油气储集和运移现象的机理和物理学了解十分有限,因此在页岩储层开发过程中,如何从收集的数据中挖掘需要的价值,页岩分析可以在这个方面发挥至关重要的作用。

页岩分析可定义为大数据分析(数据科学,包括数据挖掘、人工智能、机器学习和模式识别)在页岩中的应用。页岩分析涵盖了所有提高页岩成藏组合的采收率和开发效率的数据驱动技术、工作流程和解决方案的相关技术。传统技术,如产量动态分析(RTA)和数值模拟,严重依赖于裂缝半长、裂缝高度、裂缝宽度和裂缝导电性等软数据,而页岩分析专注于使用硬数据(现场测量数据)来完成其所有任务,包括但不限于如下几方面。

(1) 对已经投产井的完井作业进行详细检查(经验表明,由于过去几年已经钻完井和正在投产的井数量非常大,人们对过去完成的工作的看法通常与实际情况不符)。

(2) 在已测量或用于设计的参数看似混乱的状态中找到趋势和模式。

(3) 识别每套储层和设计参数的重要性,并找到控制产量的主要影响因素。

(4) 对油气田中可能与特定类型的完井设计类似的区域进行分类和排名。

(5) 建立具有预测能力的模型,这些模型可根据测量得到的储层特征、井距、完井参数和详细的压裂作业实践来计算(估算)井的动态情况(产量)。

(6) 用盲井验证预测模型(盲井是从一开始就预留、在预测模型开发过程中从未使用过的井)。

(7) 生成适用于该油气田不同区域的表现良好的类型曲线,能够根据多种储层特征和设计参数来总结井的动态。

(8) 将预测模型与蒙特卡洛模拟相结合,以便能够:① 量化与井产能有关的不确定性;② 测量和比较该油气田以往压裂作业的质量;③ 确定由质量较差的完井作业而可能无法控制的储量和产量;④ 对服务公司在完井设计和实施方面所取得的成就进行衡量和排名;⑤ 对先前完井和增产作业的成功程度进行排名。

(9) 将预测模型与进化优化算法相结合,以便确定新井压裂的最佳(或接近最佳)设计。

(10) 根据现场测量数据绘制天然裂缝网络图。

（11）确定需要重新压裂的候选井，并对它们进行排序，推荐最合适的完井设计。

页岩分析方法已经在马塞勒斯（Marcellus）、尤蒂卡（Utica）、鹰滩（Eagle Ford）、巴肯（Bakken）和奈厄布拉勒（Niobrara）页岩的3000多口井中证明了其完成上述任务的能力。页岩分析的成功很大程度上取决于专业领域知识（地质学、岩石物理学和地球物理学的实践知识以及储层和开发工程）与机器学习、人工智能、模式识别和数据挖掘先进技术的紧密结合，这些技术结合了有监督和无监督数据驱动算法。

油气行业对大数据分析（Big Data Analytics）的兴趣正在上升。大多数运营商一直积极组建数据科学和数据分析部门。即使在许多钻井、油藏和开发工程工作面临风险的时候，运营商和服务公司也在聘用数据科学家。但是，笔者认为一些公司没有采取最佳途径以最大限度地利用大数据分析所提供的优势。管理层必须意识到，如果大数据分析未在其运营中取得切实的成果，并且如果数据科学未能兑现宣传期间做出的承诺，问题可能出在公司将大数据分析融入其中的方法上。当然，为了不让自己看起来很糟，许多决策者并不准备公开承认实施方法的无效性，但是许多公司的最终结果实在不容忽视。以下是笔者提出的观点，即为什么当前大数据分析和数据科学在油气行业中举步维艰，并没有达到最佳状态，而在其他行业却蓬勃发展。

自从20世纪90年代中期作为一门学科被引入以来，"数据科学（Data Science）"一直被用作应用统计学的代名词。如今，数据科学已在多个学科中使用，并且获得大规模普及。引起混乱的是数据科学的本质，因为它被应用于石油和天然气行业等基于物理的学科，而不是非基于物理的学科。一旦将数据科学应用于工业领域，并且当它开始超越简单的学术问题时，这种区别就会浮出水面。

那么，将数据科学应用于基于物理的学科与基于非物理的学科之间有什么区别？当数据科学应用于非基于物理的问题时，它仅仅是统计应用。数据科学在社交网络和社交媒体、消费者关系、人口统计或政治［某些甚至可能包括医学和（或）制药科学的清单］中的应用采用纯粹的统计形式，因为尚无控制偏微分方程组（或其他的数学方程式），这些方程已被用来模拟人类行为或人类生理学对药物的反应。在这种情况下（非基于物理的领域），相关性和因果关系之间的关系无法通过物理实验来解决，并且通常由科学家和统计学家使用心理学、社会学、生物学推理来进行论证或解释，只要它们不荒谬即可。

另外，将数据科学应用于基于物理学的问题时，则是完全不同的情况，例如自动驾驶汽车、反应器内多相流体流动（CFD）、多孔介质（储层模拟和建模）、页岩中的完井设计和优化（页岩分析）。尽管参数具有复杂性，但基于物理学的问题解决所感兴趣的参数间的相互作用，几十年来科学家和工程师对其已经理解并用于建模。因此，将从此类现象生成的数据（无论是通过传感器进行测量还是通过模拟生成）视为仅需要处理以了解其相互作用的数字，这是对问题的严重错误对待和过度简化，几乎不会产生有用的结果，这就是为什么许多这样的尝试，充其量只能得到一些没有吸引力和平庸的结果，以至于许多工程师（和科学家）已经得出结论：数据科学在工业和工程学科中几乎没有什么重要的应用。

问题出现了：如果工程师和科学家已经对感兴趣的参数之间的相互作用理解和建模了几十年，那么数据科学将如何为工业和工程问题作出贡献？答案是："解决问题的效率显著提高（有时会改变游戏规则和转型）"。如此一来，这个解决方案可能会从学术练习变成一个现实的解决方案。例如,众所周知,可以解决以构建和控制无人驾驶汽车的许多控制方程式。然而,解这些复杂的高阶非线性偏微分方程组,并将其纳入到实时和现实生活过程中,该过程就是实际在街上控制和驾驶汽车,这超出了当今(或在可预见的将来)任何计算机的能力。数据驱动分析和机器学习对完成此类任务作出了重要贡献。随着新一代的工程师和科学家接触数据科学,并开始在日常生活中使用它,数据科学的前景一片光明。解决方案是:(1)阐明和区分数据科学在基于物理学和非基于物理学的学科中的应用;(2)展示数据科学在工程和工业应用方面的价值和改变游戏规则的应用;(3)培养精通数据科学的新一代工程师和科学家。换句话说,目标应该是培训和开发能够理解并有能力将数据科学家(Data Scientist)有效地用于解决问题的工程师。本书所介绍的分析、建模和优化的技术包括人工智能和数据挖掘。更具体地说,是人工神经网络、进化优化、模糊集理论,以及有监督的和无监督的硬聚类和软聚类分析。本章接下来各节会对每种技术做一些简要说明。通过更深入地了解本书所提供的参考文献,可以学到更多有关这些技术的知识。

## 3.1 人工智能

人工智能(AI)是计算机科学的一个领域,它致力于创造可以表现出人类认为智能行为的机器。自古以来,创造智能机器的能力一直吸引着人们。如今,随着计算机的出现和对人工智能编程技术50年的研究,智能机器的梦想正在成为现实。研究人员正在创建一种系统,该系统可以模仿人类的思维、理解语音、击败最优秀的国际象棋人类棋手,赢得富有挑战性的"Jeopardy(危险边缘)"竞赛,以及数不清的前所未有的其他壮举。

人工智能是计算机科学、生理学和哲学的结合。人工智能是一个广泛的主题,包含了从机器视觉到专家系统的不同领域。人工智能领域的共同之处在于创造出能"思考"的机器。为了将机器归类为"思考",有必要给智能下个定义。智能在多大程度上包括例如解决复杂的问题,或做出归纳和建立关系?那么感知和理解又如何呢?

人工智能可以定义为一个试图模仿生命的分析工具的集合。人工智能技术展现了学习和应对新情况的能力。人工神经网络、进化算法和模糊逻辑都被归类为人工智能技术。这些技术具有"原因(reason)"的一个或多个属性,例如泛化、发现、关联和抽象。在过去的二十年中,人工智能已发展成一套成熟的分析工具,可以帮助解决以前很难解决或无法解决的问题。现在的趋势是将这些工具与常规工具(例如统计分析)集成在一起,以构建可以解决挑战性难题的复杂系统。这些工具现在已经在许多不同领域中使用,并已经发现了其用于商业产品的方式。人工智能用于医疗诊断、信用卡欺诈检测、银行贷款审批、智能家电、自动地铁系统控制、自动驾驶汽车、自动变速器、金融资产管理、机器人导航系统等领域。

在石油和天然气工业中,这些工具已用于解决与钻井、储层模拟和建模、压力瞬态分析、测井解释、油藏描述以及选择增产措施井等相关问题。

## 3.2 数据挖掘

随着数据量的增加,人类的认知能力难以再通过常规技术从中解译出重要的信息。为了从数据库中的原始数据推论信息和知识,必须使用数据挖掘和机器学习技术。

数据挖掘是从数据中提取隐藏模式的过程。随着常规收集的数据量显著增加,数据挖掘正成为一种日益重要的工具,它可以将收集的数据转换为信息。尽管将数据挖掘技术引入油气勘探和开发行业的历史还比较短,但它已广泛用于各种应用,例如市场营销、欺诈检测和科学发现。数据挖掘可以应用于任何规模大小的数据集。但是,尽管可以使用它来挖掘已收集的数据中的隐藏模式,但显然,它既不能发现数据中尚不存在的模式,也不能发现尚未收集的数据中的模式。

数据挖掘(有时也称为数据库中的知识发现,Knowledge Discovery in Databases,KDD)被定义为"从数据中提取隐含的、以前未知的、潜在有用的信息"。它使用人工智能、机器学习、统计和可视化技术,以人类易于理解的形式挖掘和展现知识。

数据挖掘从一开始就吸引了科学研究、商业、银行部门、情报机构等领域的许多人的注意。但是,它的应用并不像现在这样容易。企业使用数据挖掘来改善营销并了解客户的购买模式。损耗分析、客户细分和交叉销售是通过数据挖掘找出新的途径,使企业可以增加收入的重要途径。

通过识别欺诈交易中涉及的模式,数据挖掘可用于银行领域的信用卡欺诈检测。它也可以通过对潜在客户进行分类并预测不良贷款来降低信用风险。联邦调查局(FBI)和中央情报局(CIA)等情报机构使用数据挖掘来识别恐怖威胁。在"911"事件之后,数据挖掘已成为发现恐怖主义阴谋的主要手段之一。

尼古拉斯·卡尔(Nicholas Carr)在热门文章《IT 无关紧要》[35]中指出,如今 IT 的应用非常广泛,以至于任何特定的组织都不会因为使用 IT 而对其他组织具有任何战略优势。他得出结论,IT 已经失去了其战略重要性。但是,笔者认为,在当今的油气勘探与开发环境中,数据挖掘已成为一种工具,可以为有远见的人们在日常运营中提供战略和竞争优势。越来越明显的是,国家石油公司(NOC)、国际石油公司(IOC)和独立运营商可以利用数据挖掘技术,从收集的数据中获得重要的信息,从而创造出相对于竞争对手的战略优势。

数据挖掘涉及多个步骤。这些步骤包括以下内容。

(1)数据整合:事实情况是,在当今石油和天然气行业中,数据从来不会以执行数据挖掘所需的形式存在。通常有多个数据源,并且数据存在于多个数据库中。需要从不同数据源收集和整合数据,以便为数据挖掘做好准备。

(2)数据选择:一旦数据被整合,通常用于特定目的。需要对收集的数据进行研究,并且应针对给定的数据挖掘项目,选择适合于组织中手头任务的数据特定部分。例如,钻探项目可能不需要人力资源数据。

(3)数据清洗:收集的数据通常是不"干净"的,并且可能包含错误、缺失值、噪声或不一致。为了消除这种异常,需要对所选数据应用不同的技术。

(4)数据提取和汇总:可能需要对已收集的数据进行汇总(尤其是作业数据),并且是在其行为的主要本质保持不变的情况下。例如,如果压力和温度数据是通过井下压力计以一秒钟的频率收集的,则在特定数据挖掘项目使用之前,可能需要将其汇总或提取为分钟级别的数据。

(5)数据转换:即使在清洗和提取数据之后,数据也可能尚未准备好进行挖掘。通常需要将数据转换为适合挖掘的格式。用于实现此目的的技术是平滑、聚合、正则化等。

(6) 数据挖掘：机器学习以及诸如聚类和关联分析之类的技术是用于数据挖掘的许多不同技术之一。描述性和预测性数据挖掘均可用于这类数据。该项工作的目标将决定数据挖掘中使用的类型和技术。

(7) 模式评估和知识表示：此步骤涉及可视化、转换以及从生成的模式中删除冗余模式。

(8) 决策或应用发现的知识：利用所获得的知识来做出更好的决策是这最后一步的目标。

## 3.3 人工神经网络

关于人工神经网络(ANN)的文章有很多了。可以参考有关书籍和文章以深入了解该主题和所有相关算法。本节的目的是对其进行简短的概述，以使读者容易理解本书中介绍的主题。如果想要更详细地了解这项技术，强烈建议读者参考此处引用的书籍和文章。

神经网络的研究可以追溯到 McCulloch 和 Pitts 的一篇论文[34]。1958 年，Frank Rosenblatt 发明了感知机[35]。Rosenblatt 证明：给定线性可分的类，感知机可以在有限数量的训练试验中建立分离各个类的权重向量（一种模式分类工作）。他还提出，他的证明与权重的初始值无关。大概在同一时期，Widrow 和 Hoff[36]开发了一个类似的网络，称为 Adeline。Minskey 和 Papert[37]在名为《感知机》的书中指出，该定理很明显适用于结构能够计算的那些问题。他们表明，单层感知机无法解决诸如简单的"异或"(XOR)问题之类的基本计算。

Rosenblatt[35]还研究了更多层的结构，并认为它们可以克服简单感知机的局限性。但是，尚无已知的学习算法可以确定实现给定计算所需的权重。Minskey 和 Papert 质疑是否可以找到这样的方法，并建议应采用其他人工智能方法。此次讨论之后，大多数计算机科学界人士在二十年的时间内都放弃了对神经网络技术的研究[38]。在 20 世纪 80 年代初期，Hopfield 使得神经网络研究得以复兴。Hopfield 的努力与例如反向传播(BP)等新的学习算法的发展相吻合。自这次复兴以来，神经网络的研究和应用的增长非常惊人。

### 3.3.1 神经网络的结构

人工神经网络是一种信息处理系统，具有与生物神经网络相同的某些表现特征。因此，在给出人工神经网络的详细定义之前，有必要先简要介绍一下生物神经网络。

所有的生物都是由细胞组成的。神经系统的基本组成部分是神经细胞，称为神经元。图 3.1 显示了两个双极神经元的示意图。典型的神经元包含细胞核所在的细胞体、树突和轴突。信息以一连串的电化学脉冲（信号）的形式从树突进入细胞体。基于这种输入性质，神经元将以兴奋性或抑制性方式得到激活，并提供输出，该输出将通过轴突传递并连接到其他神经元，从而成为接收神经元的输入。神经通路中两个神经元之间的点，即其中一个神经元的轴突末端与另一组织的细胞体或树突紧密相邻的接近点，称为突触。从第一个神经元发出的信号会在第二个神经元中引发一系列的电化学脉冲（信号）。

据估计，人脑包含(10~5000)亿个神经元[39]。这些神经元被分为模块，每个模块包含约 500 个神经网络[40]。每个网络可能包含大约 10 万个神经元，其中每个神经元都与成百上千个其他神经元相连。这种架构是人类如此自然而然的复杂行为背后的主要驱动力。诸如接球、喝水或在拥挤的市场中行走之类的简单任务需要进行大量复杂而协调的计算，甚至复杂的计算机都无法执行这些任务，而人类却经常在不假思索的情况下例行完成。

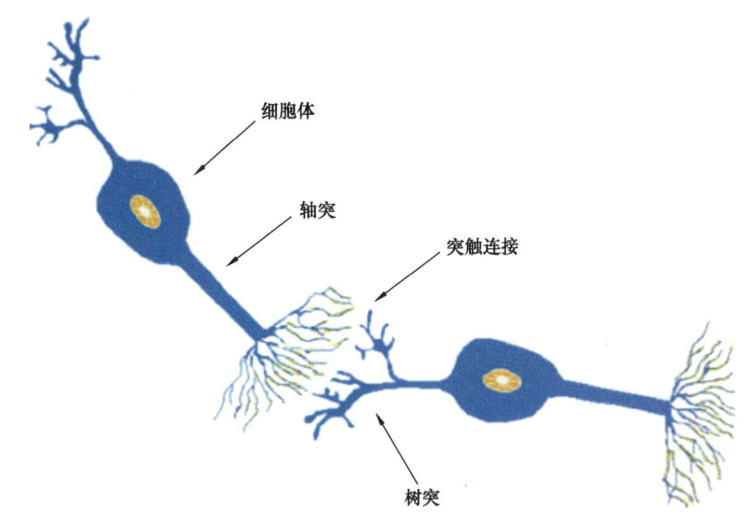

图 3.1　两个双极神经元的示意图

当人们意识到人脑中的神经元的循环时间为 10～100ms,而典型台式计算机芯片的循环时间以纳秒为单位(比人脑快约 1000 万倍)时,这就变得更加有趣了。人脑虽然比普通台式计算机慢 100 万倍,但由于它具有大规模并行结构,因此在执行任务时可以比计算机快几个数量级。

人工神经网络是上述过程的粗略近似和简化模拟。人工神经网络可以定义为具有类似于生物神经网络的某些性能特征的信息处理系统。基于以下假设,开发出了为人类认知或神经生物学的数学模型的一般化的人工神经网络。

(1) 信息处理发生在被称为神经元的简单处理元中。

(2) 信号通过连接链路在神经元之间传递。

(3) 每个连接链路都有一个相关权重,在典型的神经网络中,将该权重与传输的信号相乘。

(4) 每个神经元对其网络输入施加一个激活函数(通常是非线性的)来确定其输出信号[41]。

图 3.2 是人工神经网络中一个典型神经元(处理单元)的示意图。其他神经元的输出乘以连接的权重,然后作为输入进入神经元。因此,一个人工神经元具有多个输入而只有一个输出。将输入

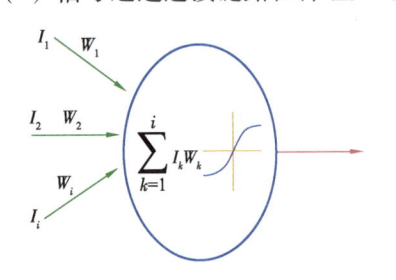

图 3.2　人工神经元或处理单元的示意图

求和,然后施加于激活函数,结果就是神经元的输出。

### 3.3.2　神经网络的运行机理

人工神经网络是按特定形式排列的一组神经元集合。神经元分为几层,在多层网络中,通常有一个输入层、一个或多个隐藏层和一个输出层。输入层中神经元的数量与作为输入呈现给网络的参数的数量相对应。输出层也是如此。应当注意,神经网络分析并不局限于单个输出,而是可以训练神经网络来构建具有多个输出的数据驱动模型。单个隐藏层或多个隐藏层

中的神经元主要负责特征提取。

它们提供了更大的维度,并适应诸如分类和模式识别等任务。图3.3为全连接的三层神经网络示意图。神经网络有很多种。

神经网络的科学家和开发者为神经网络提供了不同的分类。最流行的一种分类是基于训练方法的分类。根据训练方法,神经网络可以分为两大类,即有监督和无监督的神经网络。无监督神经网络,也称为自组织映射,主要是聚类算法和分类算法。在石油和天然气工业中,它们被用于解释测井和识别岩性。它们之所以被称为无监督,是因为训练神经网络的人员没有向网络提供任何反馈。要求网络将输入向量分类为组和簇。这就要求输入数据具有一定程度的冗余,因此,冗余就是知识[42]。

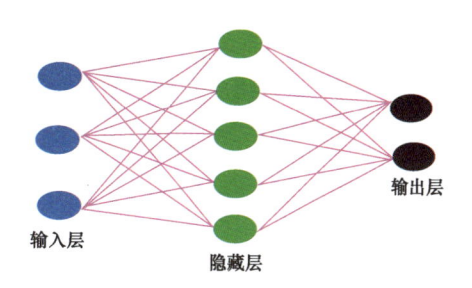

图3.3 一个三层的神经网络示意图

在石油和天然气工业的上游行业中,大多数实际应用的神经网络应用都是基于有监督的训练算法。在有监督的训练过程中,输入和输出均会呈现给网络,以允许在反馈的基础上进行学习。选择一个特定的体系架构、拓扑和训练算法,并对网络进行训练,直到其收敛到一个可接受的解决方案为止。在训练过程中,神经网络试图收敛到系统表现的内部表示。尽管按照定义,神经网络是无模型的函数逼近器,但有些人还是选择将经过训练的网络称为神经模型。在本书中,首选的术语是"数据驱动"模型。

这些连接大致对应于生物系统中的轴突和突触,它们在节点之间提供了信号传输路径,几层可以互连。接收输入的层称为输入层。除了缓冲输入信号外,它通常不执行任何其他功能。在大多数情况下,在该层中执行的计算是对输入参数进行归一化,使得在训练开始时,神经网络能够平等对待以孔隙度(通常以分数表示)和初始压力(一般每平方英寸有几千磅)等为代表的参数。网络的输出由输出层生成。其他层都称为隐藏层,因为它们在网络内部,并不与外部环境直接接触。有时将它们比作网络系统中的"黑箱"。但是,它们只是不立即可见,并不意味着不能检查这些层的函数。在一个神经网络中可能存在零到几个隐藏层,在一个全连接的网络中,一层的各个输出都传递到下一层的各个节点。

在典型的神经数据处理过程中,数据集分为三个独立的部分,分别称为训练集、校准集和验证集。训练集用于建立所需的网络。在此过程中(取决于所使用的训练算法),训练集中的期望输出用于帮助网络调整其神经元或处理元之间的权重。在训练过程中出现的一个问题是何时终止训练?为了了解系统行为,网络应遍历多少次训练集中的数据?训练什么时候停止?这些都是合理的问题,因为网络可能会训练过度。在神经网络相关文献中,过度训练也称为记忆化。一旦一个网络记住了一个数据集,它就无法进行泛化。它将非常准确地匹配训练数据集,但在泛化方面存在问题。过度训练的神经网络的表现类似于复杂的非线性回归分析。

过度训练不适合用于某些神经网络算法,因为它们没有使用迭代过程进行训练。记忆化和过度训练在那些历史上最流行的解决工程问题的网络中可以适用。其中包括在训练期间使用迭代过程的反向传播网络。

为了避免过度训练或记忆化，通常的做法是频繁停止训练过程，并将网络应用于校准数据集。由于校准数据集的输出不呈现给网络（在训练期间），可以通过其对校准集输出的预测效果来评估网络的泛化能力。一旦训练过程成功完成，就将网络应用于验证数据集。

在训练过程中，每个人工神经元（处理单元）处理几种基本函数。首先，它评估输入信号并确定每个信号的强度。其次，它计算组合输入信号的总和，并将该总和与某个阈值水平进行比较。最后，它决定应该输出什么。在神经元内，输入到输出的转换使用激活函数进行。图3.4显示了两个常用的激活（转化）函数。

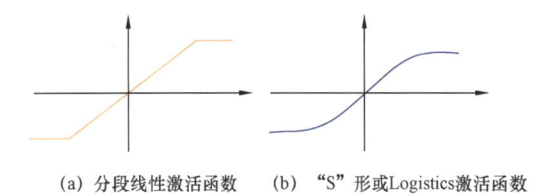

(a) 分段线性激活函数　(b) "S"形或Logistics激活函数

图3.4　人工神经元中常用的激活函数

所有输入都同时进入处理单元（在隐藏层中）。作为响应，神经元会根据某个阈值水平"触发"或"不触发"。就像在生物神经元中一样，神经元将被允许有单个输出信号，即多输入、单输出。此外，就像输入以外的其他事物会影响真实的神经元一样，某些网络也会为其他影响提供一种机制。有时，这种额外的输入被称为偏置项或强制项。当系统需要遗忘某些东西时，这个术语也可能指代遗忘[43]。

最初，每个输入都会被分配一个随机的相对权重（在某些基于实际的实践者经验的高级应用中，最初分配的相对权重可能不是随机的）。在训练过程中，会调整输入的权重。输入的权重表示其与下一层神经元的连接强度。连接的权重将影响该输入的作用和效果。这类似于生物神经元的不同突触强度。在共同产生影响的情况下，某些输入比其他输入更重要。权值是网络中决定输入信号强度的自适应系数。处理元的初始权重可以根据各种不同输入以及网络自己的修改规则来进行修改。

在数学上，可以将输入和输入上的权重视为矢量，例如输入的 $I_1$、$I_2$、$I_3$、$I_4$、$\cdots$、$I_n$，以及权重值 $W_1$、$W_2$、$W_3$、$W_4$、$\cdots$、$W_n$。总输入信号是两个向量的点积，或称为内积。在几何上，两个向量的内积可以被视为它们相似性的度量。如果向量指向同一方向，则内积最大。如果矢量指向相反方向（180°），则内积最小。

进入神经元的信号可以是正的（兴奋性）或负的（抑制性）。正的输入促进处理单元的触发，而负的输入趋向于阻止处理单元触发。在训练过程中，处理单元上可以附加一些本地内存，以存储先前计算的结果（权重）。训练是通过连续不断地改变权重直到收敛来完成的。改变权重的能力允许网络根据输入来修改其行为或进行学习。例如，假设一个经过训练的网络能够正确计算一口新钻井的初始产量。在训练的早期阶段，神经网络计算出新井的初始产量为150bbl/d，而实际初始产量为1000bbl/d。在连续的迭代（训练）中，对初始产量增加（神经网络的输出）做出响应的连接权重会增强，而对初始产量降低做出响应的连接权重会减弱，直到它们降至阈值以下，从而实现初始产量的正确计算。

在反向传播算法[44]（上游油气业务中最常用的有监督训练算法之一）中，将网络输出与期望输出进行比较，该期望输出是训练数据集的一部分，并且将差值（误差）通过网络反向传播。在此误差的反向传播期间，神经元之间连接的权重值会受到调整。这个过程以迭代方式继续下去。当网络的输出接近所需输出的可接受范围时，网络将收敛。

### 3.3.3 神经网络训练期间的实际考虑因素

神经网络的训练涉及大量的技术。在本书的这一部分,将分享一些多年来针对石油和天然气相关问题开发数据驱动模型的个人经验。这些主要是实际的考虑因素,可能与其他行业的类似做法一致,也可能不一致,但是在过去的二十年中,它们对于笔者而言非常有效。

了解机器学习的方式并不复杂,包括神经网络的建立与训练在内的与神经网络相关的数学[44]。它包括向量微积分和一些常规函数的微分。成为一名优秀的油藏或生产工程师、有能力的石油工程建模师,对于构建和有效利用本书中所述的数据驱动模型至关重要。要成为一名有能力的石油数据科学家,有必要成为一名合格的石油工程师,而并不需要拥有数学、统计学或机器学习的学位。

要开发一个功能性的数据驱动模型,无需成为机器学习或人工神经网络方面的专家。但是,需要能够理解该技术的基本原理,并最终成为该技术的有效用户和实践者。尽管大学并未将这些技能作为任何石油工程课程的一部分进行授课,但掌握这些技能并不是一项遥不可及的任务,任何拥有学士学位的石油工程师都应该能够通过一些培训和学习来掌握它。重要的是要理解并接受机器学习的理念。这意味着尽管作为一名工程师,你已经学会了以一种特定方式解决问题,但你需要理解并接受解决工程相关问题的方法不止一种。

工程师用来解决问题的技术遵循一条明确的路径,即确定所涉及的参数,然后(使用数学方法)构造这些参数之间的关系以建立模型。使用机器学习解决问题的原理是完全不同的。鉴于在诸如人工神经网络之类的机器学习算法中,模型是使用数据构建的,因此解决工程问题所遵循的路径与作为石油工程师所学到的方法有所不同。为了使用数据解决问题,你必须能够教计算机有关问题及其解决方案的算法,这个过程称为有监督的学习。你必须创建(实际上是收集)大量的记录(样本),其中包括输入(所涉及的参数)和输出(你试图解决的问题的解决方案)。在训练期间,这些记录(耦合的输入输出对)将被呈现给机器学习算法,通过重复(以及一些学习算法和重复),机器最终将学习到问题是如何解决的。该算法通过建立输入和输出之间映射的内部表示来实现。

在本书的上一节中,介绍了该技术的基本原理。在本节,将简要讨论该技术的一些实际方面。这些实际方面将帮助数据驱动的建模者学习如何训练良好且有用的神经网络。神经网络训练包括本节中涵盖的以下几个步骤。

#### 3.3.3.1 选择输入参数

由于所有模型都是错误的,因此科学家无法通过过多的推敲来获得一个"正确的"模型。相反,正如奥卡姆的威廉(William of Occam)所说❶,科学家应该寻求对自然现象的经济性描述。正如设计出简单而令人回味的模型的能力是伟大科学家的一种标志一样,过度精细化描述和过度参数化通常是平庸的标志[45]。为了避免使神经网络模型过度参数化,需要使用正确数量的变量。

从数据库中已包含的变量(可能输入的值)中选择将用于训练神经网络的输入参数并非易事。为某一个特定项目生成的数据库通常包含非常大量的参数,所有这些参数都是神经网

---

❶ 奥卡姆剃刀定律是由奥卡姆的威廉(1287—1347)设计的解决问题的原则。该原则指出,在几个不同假设中,应该选择假设最少的那个。在缺乏确定性的情况下,做出的假设越少越好。

络的潜在输入参数,将为数据驱动模型进行训练,其中包括静态参数、动态参数以及几个邻井的相似参数。这些参数被指定为平面文件中的列,并最终用于训练数据驱动的模型(神经网络)。

并非数据库中包含的所有参数都用于训练神经网络。实际上,强烈建议限制用于构建(训练、校准和验证)神经网络的参数数量。对于输入参数的这种限制不应解释为其他参数在搭建模型或计算模型的输出中不起任何作用。忽略某些参数并使用其他一些参数来构建数据驱动的模型,仅意味着参数的子集在确定模型输出中起着很重要的作用,以至于它们可能会掩盖(或有时隐含地代表了)其他参数。这样就可以仅使用这些参数并安全地忽略其他参数来建立模型。

因此,应该只选择这些参数的一个子集,并将其用作数据驱动模型的输入。建立成功的数据驱动模型的经验表明,选择必须作为模型输入参数的过程需要满足以下三个条件。

(1)应该确定(数据库中的)所有现有参数对模型输出的效果(或影响)并对其进行排序。然后,将这些排序参数中最高的百分之几用作模型的输入。这项工作说起来容易做起来难。有许多技术可用于帮助数据驱动的建模者识别参数对所选输出的影响。这些技术可以如线性回归一样简单,也可以像模糊模式识别❶一样复杂。一些人使用了主成分分析[46]来完成这项任务。

(2)在确定要用于神经网络训练的输入参数列表中,必须存在可以验证模型的物理参数和(或)地质参数。如果这些参数也包括在上一步中排名靠前的参数之内,那就非常好了,否则,数据驱动的建模者必须确保它们已包含在模型中。能够验证数据驱动模型已经理解了物理学原理并与之保持一致,这是数据驱动建模的重要组成部分。

(3)在许多情况下,数据驱动模型是为了优化生产而开发的。在采油过程中确定优化的油嘴参数设置就是这种情况的一个很好的例子。在这种情况下,为优化生产所需的参数应包括在输入参数集中。如果优化参数已经是上一步中排名较高的参数之一,那就是很好了,否则,数据驱动的建模者必须确保将它们包含在模型中。

机器学习文献中有很多用于此目的的技术。在这些文献中,该技术称为"特征选择"。

#### 3.3.3.2 数据集的分割

一旦选择了用于训练神经网络的参数超集,时空数据库中的数据将被转化为平面文件。平面文件中的数据需要分为三个部分:训练、校准和验证。正如将在下一节中讨论的那样,这三部分的处理方式决定了训练过程的本质。在本节中,将简要讨论每个数据段的特征及其用途和目的。

通常,这三部分中最大的是训练数据集。这是用于训练神经网络并创建输入参数和输出参数之间关系的数据。训练数据集必须包含所有希望教给数据驱动模型的内容。需要注意的是,在训练集中出现的参数范围决定了数据驱动模型的适用范围。例如,如果训练集中的渗透率范围在 2~200mD 之间,则数据驱动模型对于渗透率值小于 2mD 的数据和大于 200mD 的数据记录就会表现不佳。众所周知,这是由于大多数机器学习算法(包括神经网络)即便在输入参数和输出之间的关系高度非线性的情况下,其内部插值功能都会很强大。但是,机器学习算法同样为人所熟知的特点是其外推能力并不强。

正如在 3.3.1 节中提到的,输入参数通过一组隐藏层的神经元与输出参数相连接。神经

---

❶ 这是由 Intelligent Solutions 股份有限公司开发的一种专用算法,用于其数据驱动的建模应用程序 IMprove™(www.IntelligentSolutionsInc.com)中。

元之间的连接强度[输入神经元与隐藏神经元之间、隐藏神经元内部(如果存在)以及隐藏神经元与输出神经元之间]的连接强度取决于与每个连接参数的权重。在训练过程中,通过迭代学习过程确定每个连接的最佳权重。

在训练过程中,神经网络中神经元之间的权重(也称为突触连接)会找到其最优值。这些最优值的集合形成了用于计算输出参数的系数矩阵。因此,训练数据集的作用是帮助建模者确定神经网络中神经元之间的强度。网络能否收敛到理想的权重集并转化为训练良好的智能神经网络模型,取决于训练数据集的信息内容。当神经网络用于数据驱动模型目的的训练时,训练数据集的大小可能高达整个数据集的最多80%或最少40%。该百分比是数据库中记录数量的函数。

校准数据集在训练过程中并不直接使用,并且实际上并没有直接改变神经元之间的连接权重。校准数据集是一个盲数据集,每训练一个期次(Epoch)❶之后用来测试神经网络的质量和优劣。在许多领域中,也将其称为"测试集"。校准数据集本质上是一个监视器,它观察训练过程并决定何时停止训练过程,只有当网络与其对校准数据集(随机选择的本质上是盲数据集的数据集合)的预测情况一样好的时候停止训练。

因此,在每一期次训练之后(当网络查看训练数据集中的所有记录一次时),将保存权重,并用校准数据集对网络进行测试,以查看网络预测性能对于该盲数据集是否有任何改善。在每一期次训练之后进行网络预测能力的测试,以监视其泛化能力。通常使用一个或多个指标(例如 $R^2$、相关系数或均方误差 MSE)来计算网络的泛化能力。通过将神经网络计算的输出值与现场的那些测量值(实际或真实的输出)进行比较,可以使用这些指标来确定一组突触连接权重使得作为输入参数的函数的输出值与现场测量值的贴近程度,并用于训练神经网络。

只要对校准数据集而言此度量标准有所改善,就意味着训练可以继续并且网络仍在学习中。在为数据驱动的建模目的训练神经网络时,校准数据集的大小通常在整个数据集的10%～30%之间,具体取决于整个数据库的大小。

最后一个、但可能是最重要的数据集(段)是验证或校核数据集。该数据集在神经网络的训练或校准过程中不起作用。它从一开始就被选中并放在一边,作为一个盲数据集使用。实际上,在训练过程结束之前该数据集被放置在一边不发挥任何作用。该盲数据集用于验证训练后的神经网络的泛化能力。

虽然在神经网络的训练和校准过程中没有发挥任何作用,但此数据集验证了神经网络的预测能力的稳健性。由正在训练的神经网络产生的数据驱动模型与验证或校核数据集的结果一样好。当神经网络为数据驱动的建模目标进行训练时,验证(校核)数据集的大小通常在整个数据集的10%～30%之间,具体取决于数据库的大小。

由于将数据库分为三个数据集,因此确保这些数据集的信息内容彼此之间具有可比性非常重要。如果它们不同,并且在很多情况下它们确实不同,那么最好使训练数据集具有三个数据集中最大、最全面的信息内容。这将确保健康的训练行为,并增加训练良好且健壮的神经网络的可能性。在信息论的背景下,信息内容及其与熵的关系是一个有趣的主题,那些从事于数

---

❶ 当训练集中的所有数据记录都已经过神经网络,并计算了神经网络输出与实际现场测量值之间的误差时,就完成了一个期次的训练。

据驱动分析和机器学习的人们应该理解[47]。

### 3.3.3.3 结构和拓扑

神经网络的结构和拓扑结构由几个因素决定,并且假设可以具有无限种可能的形式。但是,几乎所有这些因素都包括几种因素的组合,例如隐藏层的数量、每个隐藏层中的隐藏神经元的数量、激活函数的组合以及神经元之间连接的性质等因素。本节的目的是简要讨论一些最流行的结构,尤其是那些在与石油和天然气相关的应用程序的数据驱动模型开发中获得过成功的结构。换句话说,目的不是要把本书的这一章变成神经网络教程,而是要介绍一些过去在开发数据驱动模型期间被笔者证明是成功的实践,并且向那些即将进入数据驱动的建模领域的人介绍一些可以作为"经验法则"的案例。

就神经元之间的连接而言,在数据驱动模型中最成功使用的结构是全连接的神经网络。在全连接的网络中,每个输入神经元都与每个隐藏神经元相连接,并且每个隐藏神经元都与输出神经元相连接,该网络称为全连接网络,如图3.5至图3.7所示。

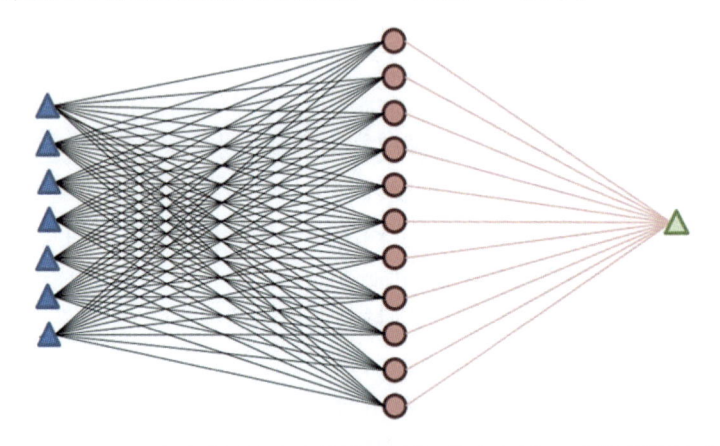

图3.5 具有一个隐藏层的全连接神经网络,其中包括11个隐藏神经元、7个输入神经元和1个输出神经元

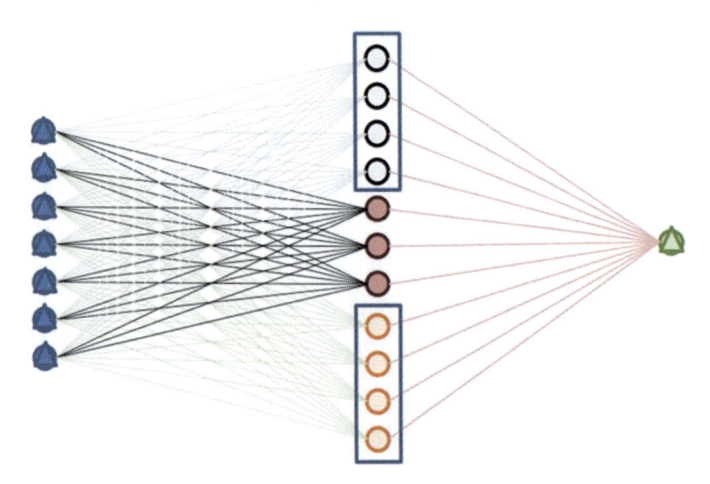

图3.6 具有一个隐藏层的全连接神经网络,包括11个隐藏神经元、7个输入神经元和1个输出神经元,且包含3组不同的激活函数

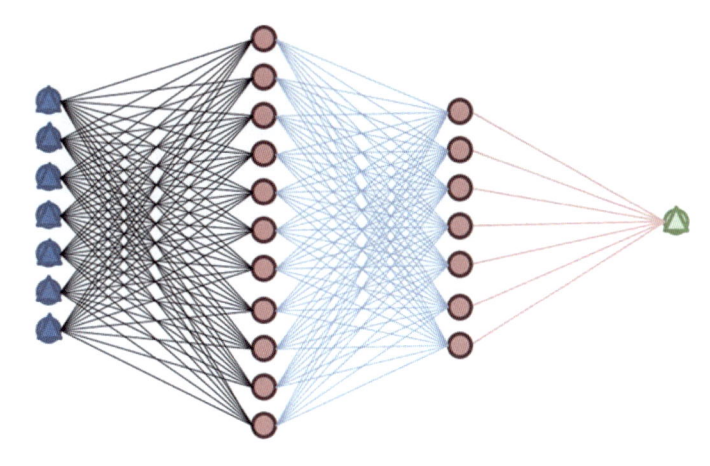

图 3.7　具有两个隐藏层的全连接神经网络,分别包含 11 个和 7 个隐藏神经元,
以及 7 个输入神经元和 1 个输出神经元

图 3.5 展示了用于开发数据驱动模型的最简单也是最流行的神经网络,它构成了数据驱动模型的主要引擎。这是一个简单的三层全连接的神经网络。这三层是输入层、隐藏层和输出层。此外,虽然输出层中输出神经元的数量可以不止一个,但在数据驱动模型中的经验表明,除某些特定情况外,输出层中包含单个输出神经元的效果最佳。

此外,在使用过大量各种各样的网络结构之后,笔者的经验表明,如果使用图 3.5 所示的简单结构不能训练一个良好的网络❶,那么通过其他结构训练成功的机会也会很小。换句话说,在建立神经网络或者建立数据驱动模型时,神经网络的结构不会对训练数据驱动模型造成影响或破坏从而导致失败,而是数据库的质量和信息内容决定能否成功。如果在开发数据驱动的模型时发现持续存在的问题(无法正确训练网络或没有良好的预测能力),则需要重新审查数据库,而不是调整神经网络的结构和拓扑。

在笔者看来,当机器学习的从业人员(特别是在石油和天然气行业的上游人士)侧重于神经网络结构,或自然而然地将数据驱动的建模工作的重点放在神经网络结构上,以及如何对其进行修改以便控制模型的训练,必须将其视为无知且缺乏机器学习技术实践者的实质和技能,而非专业性的体现。你会发现,只要神经网络结构中非常基本的问题(隐藏层和隐藏神经元的数量、学习率和动量)合理且可靠,机器学习方面的专家将主要专注于用于训练神经网络的数据集的信息内容和细节。有关神经网络的结构和拓扑的细节可能会增强对结果产生的影响,但不会对建立或破坏的数据驱动模型发挥作用。

有时,更改某些激活函数有助于微调神经网络的性能,如图 3.6 所示。在该图中,隐藏神经元被分为三个部分,每组隐藏神经元可以被赋予不同的激活函数。有关激活函数的一些详细信息在上一节中已经做了介绍。笔者不建议将神经网络模型的初始结构设计为图 3.6 所示的样子,但是,如果需要的话,可以采用图 3.6 和图 3.7 对一个已被证明良好的网络进行网络性能的增强,以及对该网络的性能增强方面进行一些微调。

---

❶ 一个"良好的网络"由什么构成? 一个良好的网络是一个可以训练、校准和验证的网络,它可以很好地学习并具有强大的预测能力。其余的都与问题有关。

一旦神经网络的结构确定,就需要确定学习算法了。到目前为止,最流行的学习(训练)算法是"误差反向传播"[44]或简称为"反向传播"。在该学习算法中,网络根据当前的权重值(神经元与突触之间的连接强度)计算一系列输出,并将其对所有记录的计算输出与实际(测量)输出(正在尝试匹配的输出)进行比较。

然后,将网络输出值和测量值(也称为目标值)之间的计算误差在整个网络结构中进行反向传播,目的是根据计算误差的大小来修改神经元之间的突触权重。继续执行该过程,直到误差的反向传播和连接权重的更改不再增强网络性能为止。

在此训练过程中涉及几个参数并可以对其进行修改,进而影响到网络训练的进展。这些参数包括网络的学习率和每组神经元(各层)之间权重的动量,以及激活函数的性质。但是,就像前面提到的那样,这些因素都不会决定神经网络的成功与否,而是会在微调神经网络的结果方面发挥作用。数据库的信息内容(本质上是与石油工程和地球科学相关的领域专业知识)是数据驱动模型成功与否的最重要因素。

### 3.3.3.4 训练过程

由于已知神经网络是通用函数逼近器,假设它们能够完全复制(增殖)训练数据集。换句话说,给定充足的时间和足够多的隐藏神经元,神经网络应该能够从所有输入中以100%的精度重现训练集的输出。这是统计方法或数学样条曲线拟合过程所期望的。但在神经网络中,这种结果是非常不可取的,必须避免。这是由于一个神经网络在训练集上会非常精确,实际上已经逐个记忆了所有训练记录,所以几乎没有预测价值。

这一过程通常称为过度训练或过度拟合,在人工智能的术语中,这称为"记忆化",必须要避免。过度训练的神经网络会记住训练集中的数据,并且几乎可以完全重现输出值,而并不会学习。因此,它不能泛化,也将无法预测新的数据记录的结果。这样的模型(如果它真的可以称为模型的话)仅仅是统计曲线拟合,没有任何价值。

目前许多商业软件应用程序所使用的一些用于填充地理细胞元模型的地质统计技术就是这种技术的例子。一些最流行的地质建模软件应用程序已经认识到这一事实,并将神经网络纳入其工具的一部分。然而,仔细查看这些应用软件中神经网络的实现方式,可以发现它们仅仅是营销手段,这些软件将它们作为统计曲线拟合技术加以整合,这使得神经网络与其他地质统计技术一样无用。

校准数据集的作用之一是防止过度训练。在训练过程中观察网络表现是一种好的习惯,以了解神经网络是否正在向解决方案收敛,或者是否需要建模人员的注意。从这一观察中可以学到很多。均方误差与训练期次的简单关系图能显示神经网络的训练和收敛行为。此外,如果同时为训练数据集和校准数据集绘制了均方误差(在每期次训练之后),则可以从它们的对应对比表现中学到很多东西。图3.8和图3.9显示了这类绘图的几个例子。

图3.8和图3.9分别包含三组示例。每组示例均包含两个图。左侧的数字显示校准数据集的均方误差与训练期次数,右侧的数字显示训练数据集的均方误差与训练期次数。需要记住训练和校准数据集是完全独立的,且大小不同。通常,训练数据集占整个数据集的80%,而校准数据集占整个数据集的10%。图3.8和图3.9中的每对图分别表示一个神经网络的训练过程。每个图均包括三组示例。

在健康的训练过程中,校准数据集中的误差(图3.8和图3.9左侧的二维图)在改变神经网络的权重方面不起任何作用,预计其表现与训练数据集(图3.8和图3.9右侧的二维图)十分相似。图3.8显示了几个训练过程健康的例子。在图3.8所示的曲线图中,绘制了均方误差与训练期次的关系图。

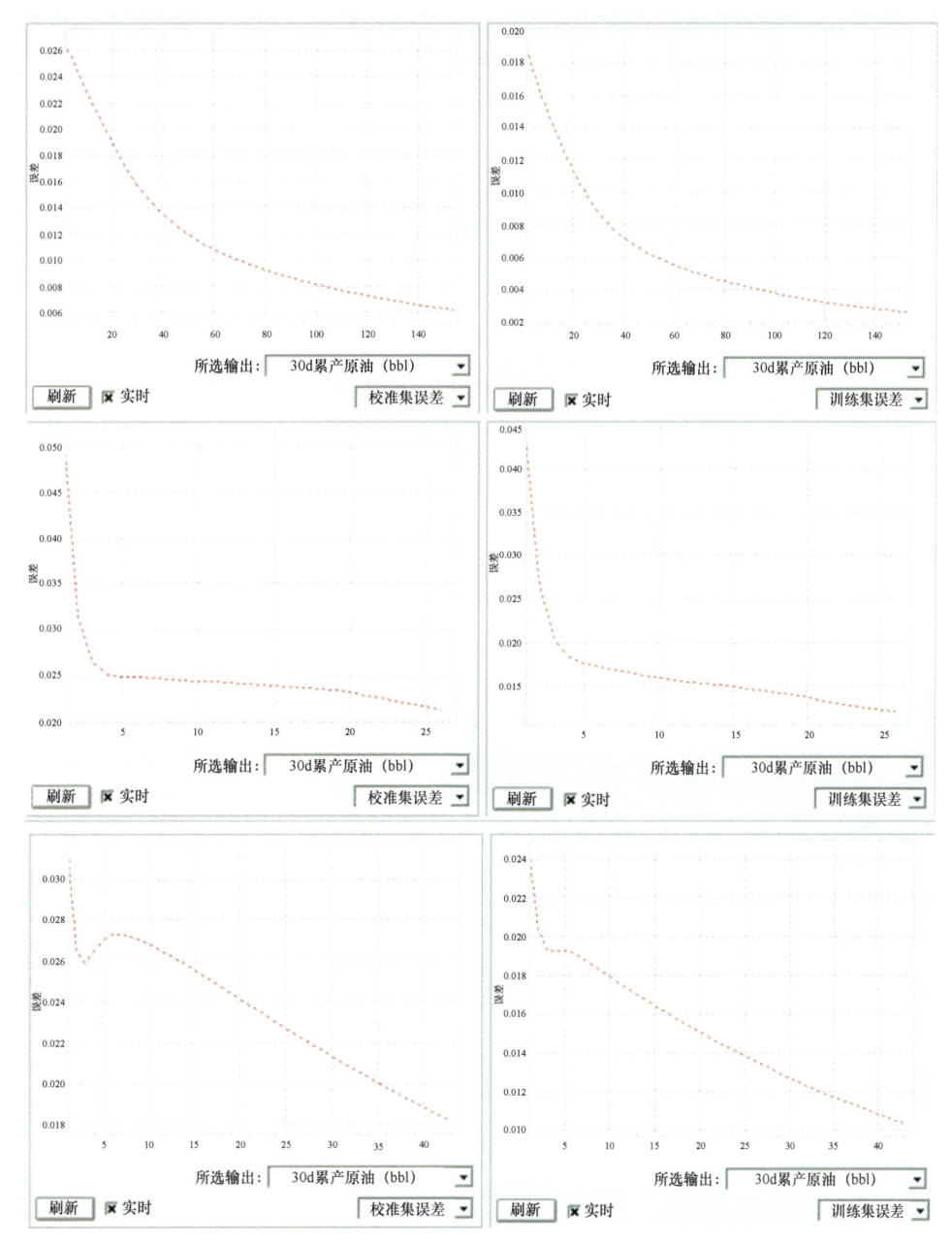

图 3.8 均方误差与训练期次的函数关系图。左图显示校准数据集的误差,右图显示训练数据集的误差。图中三个示例显示了误差表现的互相印证,说明训练过程的进行符合要求

如果图3.8中的图形实时更新,那么建模者可以实时观察训练进度的误差表现,并决定训练过程应该继续或是停止,以便可以对网络结构或数据集进行某些修改。一旦确定训练过程

已进入潜在的死胡同(缺乏收敛性)并且不再学习,则可能有必要采取这样的措施。

健康的训练过程定义为持续不断地进行有效学习,并且随着每期次训练,网络都在不断完善。这种健康训练过程的标志之一是两个图之间行为的相似性,如图3.8所示。在该图所示的三个示例中,校准数据集和训练数据集中的误差具有相似的斜率和表现。这是很重要的,因为校准数据集是盲数据集且独立于训练集,这种误差表现中的相似性表明了数据集分割的有效性。

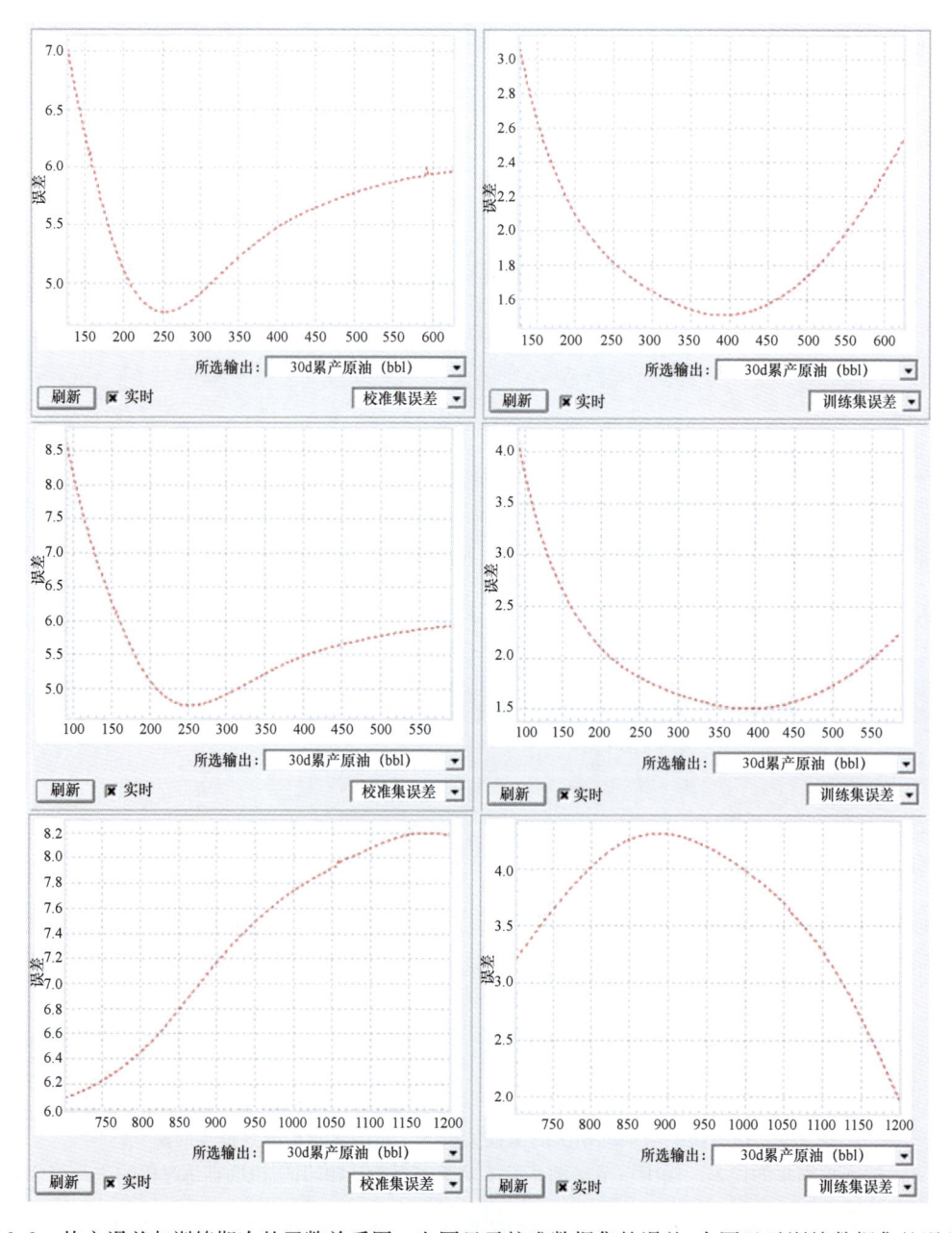

图3.9 均方误差与训练期次的函数关系图。左图显示校准数据集的误差,右图显示训练数据集的误差。图中三个示例误差表现不同,斜率相反,表明训练过程无法顺利进行

反之,不健康的训练过程是指训练数据集和校准数据集的误差表现不同,有时甚至会表现相反。图3.9显示了三个不正常误差表现的示例。也就是说,还应该提到的是,鉴于诸如反向传播之类的梯度下降算法的工作原理,可以预料到有时会观察到这两个数据集之间的误差特征有所不同,但这只是暂时的。在这种情况下,如果给算法足够的时间,它将自行纠正,并且误差表现也会变得更健康。当然,这是正要解决的问题以及正在使用的准备数据集的功能,建模者必须仔细观察和判断。

此时,可以问的一个合理问题是:是什么导致了训练表现不健康,以及如何克服它? 例如,如果保存的最佳网络是校准数据集最佳(最高)的 $R^2$ 和(或)最低均方误差的网络,那么如何尝试避免过早(早成熟的)收敛? 如图3.9所示,过早收敛定义的情况是,训练数据集的误差在减小,而校准数据集的误差却趋势相反。如上一节所述,此问题的答案取决于训练、校准和验证数据集的信息内容。换句话说,发生这种现象的原因之一是数据库的分割方式。为了阐明这一点,笔者提供了一个示例,使用图3.10至图3.12进行说明。

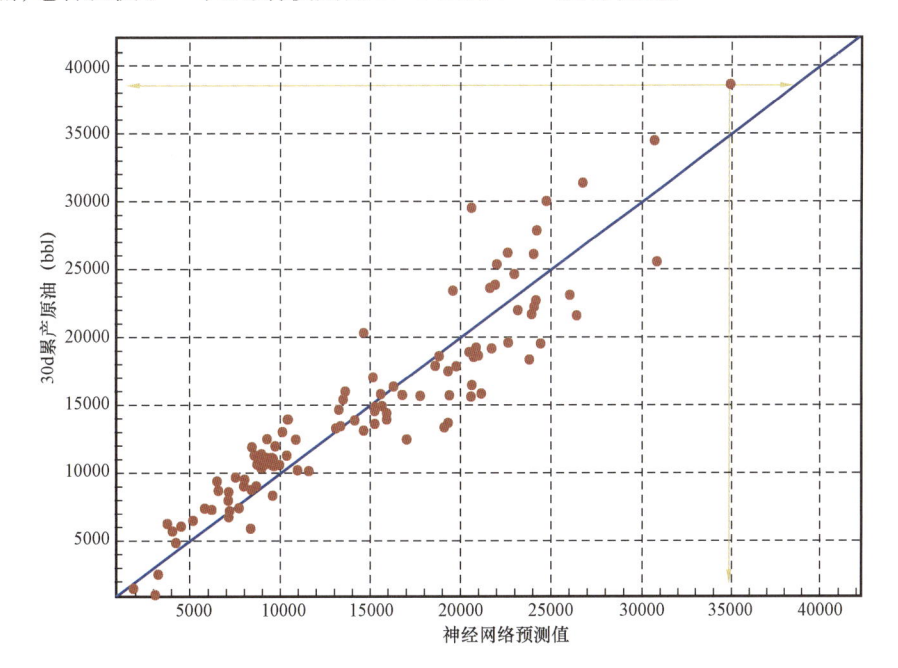

图3.10 训练数据集的观测(测量)输出与神经网络预测值的交会图。最大的现场测量值为38500bbl

在这些图中,可以看到训练数据集中的输出(30d 累计产油)的现场测量值($y$轴)的最大值为38500❶bbl(图3.10),而对于验证数据集中的输出的现场测量值为45500bbl(图3.12)。显然,该模型没有进行过任何现场测量值大于38500bbl 的样本训练。

因此,原因是该模型没有学习过这样的 30d 累计产量值这么大的情况合集。这显然就是需要避免的训练、校准和验证数据集的信息内容不一致的结果❷。

---

❶ 原文为3850bbl,但根据图3.10至图3.12,显然应为38500bbl,后文的45500bbl、37000bbl 同理——译者注。
❷ 笔者不了解哪些用于训练神经网络的软件可以提供此类问题的解决方法。在前面的页下注之一中提到的软件(Intelligent Solutions 有限股份公司的 IMprove™)是石油和天然气行业中唯一包含检测和纠正此类问题的方法的应用程序。这是由于为解决上游勘探和生产问题而构建的数据驱动模型时,需要识别并解决可能遇到的实际问题。

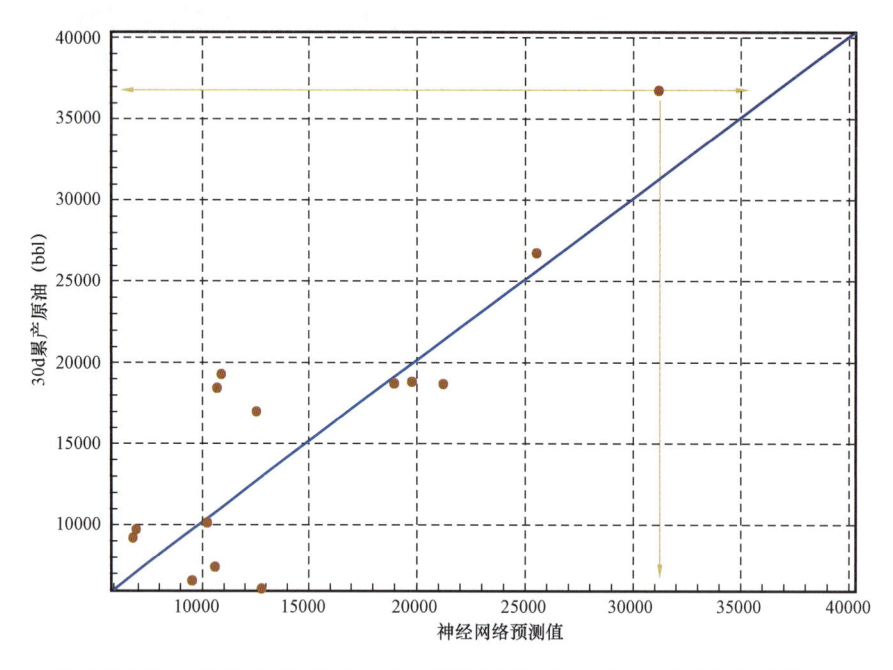

图 3.11 校准数据集的观测(测量)输出与神经网络预测的交会图。最大现场的测量值为 37000bbl

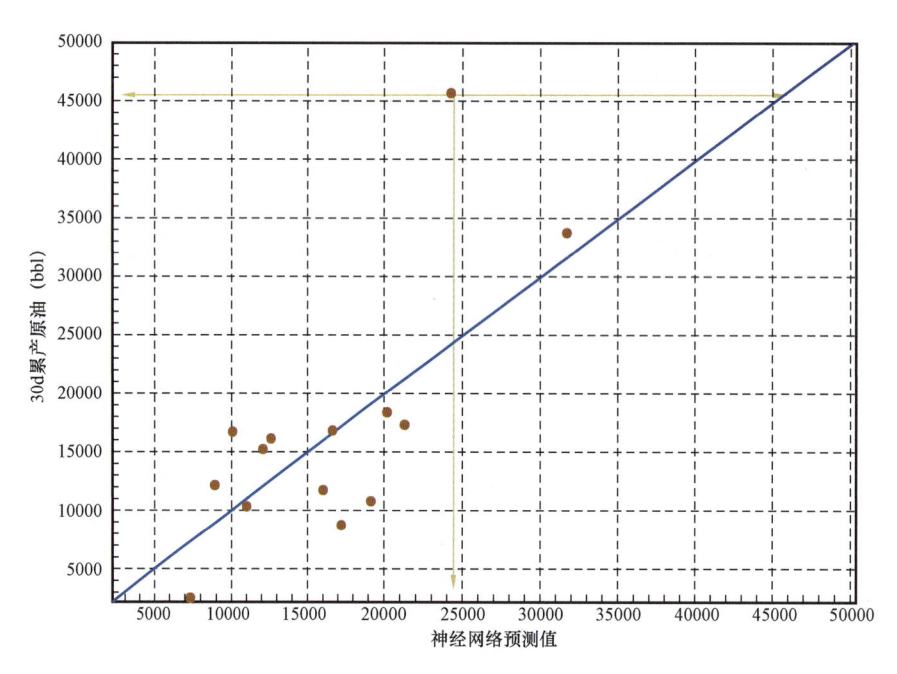

图 3.12 验证数据集的观测(测量)输出与神经网络预测的交会图。最大现场的测量值为 45500bbl

3.3.3.5 收敛

在数据驱动模型的范畴内,收敛指的是监督训练过程的建模人员或软件的智能代理认为到了某个点,训练的网络不能更好了,因此需要结束训练过程。正如你可能会注意到的,这与数学迭代过程中定义收敛的方式有些不同。在此,不建议确定足够小的增量误差来作为收敛条件,因为这样的误差值可能永远无法实现。数据驱动模型中可接受的误差值在很大程度上取决于问题本身。

在数据驱动的模型中,最佳的收敛标准类型是校准数据集的最高 $R^2$ 或最低均方误差。要注意的重要一点:在许多情况下,这些值可能会产生误导(尽管它们仍然是最佳度量),建议在决定是否停止训练,或是否仍应继续寻找更好的数据驱动模型前,分别检查该油气田所有井的结果。

## 3.4 模糊逻辑

今天的科学是建立在两千多年前亚里士多德(Aristotle)所形成的明确逻辑基础之上的。亚里士多德的逻辑是以二元的方式看待世界,如黑与白、是与否、0 与 1。19 世纪末,德国数学家乔治·康托尔(George Cantor)在亚里士多德二元逻辑的基础上发展了集合论,使这种逻辑进入现代科学。之后概率论的引入,使二元逻辑具有了合理性和可操作性。康托尔的理论将集合定义为确定的、可区分的对象的集合。图 3.13 是康托尔的集合论及其最常见的运算(如补集、交集、并集)的一个简单例子。

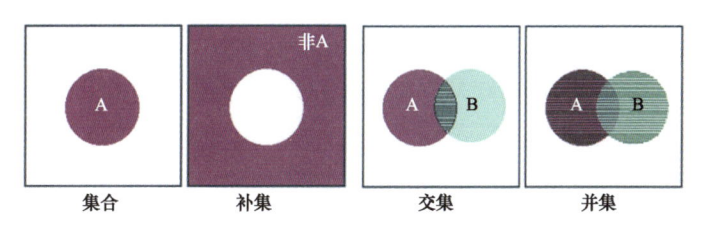

图 3.13　常规明确集合的几种运算

关于模糊性的第一次研究可以追溯到 20 世纪的第一个十年,当时美国哲学家查尔斯·桑德斯·皮尔士(Charles Sanders Peirce)指出:"模糊性在逻辑学中的作用就像力学中的摩擦一样,是无法消除的"[48]。20 世纪 20 年代初,波兰数学家和逻辑学家扬·卢卡谢维奇(Jan Lukasiewicz)提出了三值逻辑,并谈到了多值逻辑[49]。1937 年,量子哲学家马克斯·布莱克(Max Black)发表了一篇关于模糊集的论文[50]。这些科学家奠定了模糊逻辑的基础。

洛菲 A·扎德(Lotfi A. Zadeh)被公认为模糊逻辑之父。1965 年,当他在加州大学伯克利分校担任电气工程系的系主任时,发表了具有里程碑意义的论文"模糊集"[51]。扎德提出了包括"隶属值"在内的许多关键的概念,并提供了一个全面的框架,将该理论应用于许多工程和科学问题。这个框架包含了模糊集的经典运算,包括将模糊集理论应用于现实世界问题所必需的所有数学工具。

扎德第一次使用了"模糊"(fuzzy)这个词,并由此引发了许多反对意见。他成了这个领域不知疲倦的代言人。他经常受到严厉的批评。比如 R. E. 卡尔曼(Kalman)教授 1972 年在波尔多的一次会议上说:"模糊化是一种科学上的放任;它往往会在没有进行艰苦的科学研究的情况下,就提出了哗众取宠的口号"[52]。值得注意的是,卡尔曼是扎德的学生,也是著名的卡尔曼滤波器的发明者。卡尔曼滤波器是电气工程中的一种主要统计工具,在石油和天然气工业中也被用于计算机辅助历史拟合。尽管面临种种困难,模糊逻辑仍然蓬勃发展,并已成为智能系统许多发展背后的主要推动力量。

在西方文化中,"模糊"一词带有否定的含义。"模糊逻辑"一词似乎既误导了人们的注意力,又在赞美精神上的迷雾[53]。另外,东方文化包含了矛盾共存的概念,因为它出现在阴阳符号中。亚里士多德的逻辑宣扬"A"或"非A",而佛教则处处是"A"和"非A"(图3.14)。

许多人认为:东方文化对这种观念的宽容是模糊逻辑在日本取得成功的主要原因。当模糊逻辑在美国受到攻击时,日本工业界却正忙于围绕它建立一个价值数十亿美元的产业。到20世纪90年代末,日本拥有2000多项与模糊相关的专利。他们已经使用模糊技术制造智能家用电器,如洗衣机和吸尘器(松下和日立)、电饭煲(松下和三洋)、空调(三菱)和微波炉(夏普、三洋和东芝)等。松下利用模糊技术开发了摄像机中的数字图像稳定器。自适应模糊系统(一种与神经网络混合的系统)在许多日本汽车中都能找到。日产已经获得了模糊自动变速器的专利,这种变速器现在已经在三菱和本田等许多其他品牌的汽车中非常受欢迎[52]。

图 3.14　阴阳符

### 3.4.1　模糊集合理论

人类的思维、推理和决策过程并不是明确的。人们用含糊和不精确的词语来解释他们的想法或互相交流。人类推理、思考和决策过程的不精确和模糊与黑白计算机算法和方法的清晰、科学的推理之间存在矛盾。这种矛盾导致了用计算机辅助人类进行决策的不切实际的方法,这是传统的基于规则的系统(也称为专家系统)缺乏成功的主要原因❶。专家系统作为一项技术始于20世纪50年代初,一直停留在实验室研究中,从未突破到消费市场。

从本质上讲,模糊逻辑提供了用文字进行计算的手段。使用模糊逻辑,专家们不再被迫将他们的知识总结成机器或计算机能理解的语言。传统的专家系统所不能达到的目标最终在模糊专家系统的应用中得以实现。模糊逻辑由表示非统计、不确定性的模糊集和近似推理组成,其中包括用于进行推理的操作[54]。

模糊集理论提供了一种表示不确定性的方法。不确定性通常是由于事件的随机性,或者是由于所掌握的有关想要试图解决的问题的信息存在的不精确性和模糊性。在一个随机过程中,一个事件从多种可能性中产生的结果严格来说是偶然的结果。当不确定性是事件随机性的产物时,概率论就是一种恰当的工具。观测和测量可用于解决统计或随机的不确定性。例如,一旦将一枚硬币抛出去了,就不再有随机性或统计上的不确定性。

大多数的不确定性,尤其是在处理复杂系统时,都是由于缺乏信息造成的。一个系统复杂性的结果是一种不确定性,它是由不精确、研究人员无法执行适当测量、缺乏知识或模糊(如

---

❶ 几十年来,"人工智能"(Artificial Intelligence, AI)一词在20世纪50年代早期的一些历史事件中一直是基于规则的专家系统的同义词。这就是为什么直到21世纪初,科学家、专业人士和从业者都不愿用"人工智能"这个词来指代他们的研究工作。

自然语言固有的模糊性)而产生的不确定性。模糊集理论是一种非常好的工具,用于模拟与模糊性、不精确性和(或)与手头问题的特定元素相关的信息缺乏相关的不确定性[55]。

模糊逻辑通过模糊集合来实现这一重要任务。在清晰集合中,一个对象要么属于一个集合,要么不属于该集合。在模糊集合中,一切都是度的问题。因此,一个对象在一定程度上属于一个集合。例如,2015年1月3日(星期六)的油价是每桶52.69美元。考虑到过去几个月的油价,这个价格似乎相当低(在2014年最后几个月,石油价格暴跌了大约50%)。但什么是低油价? 几个月前,油价约为每桶100美元。

据总部位于巴黎的国际能源署(IEA)估计:页岩油的生产成本为每桶50～100美元,而中东和北非的常规石油供应价格为每桶10～25美元[56]。考虑到美国目前生产每桶油的成本,现在的石油价格可以说是低的。如果武断地认为"低"油价的下限是55.00美元,并使用明确的数据集,那么55.01美元的油价就不低了。然而,试想一下,如果这是石油公司高管用来做决定的标准,想象一下即将到来的裁员人数。模糊逻辑提出了石油价格的模糊集,如图3.15所示。

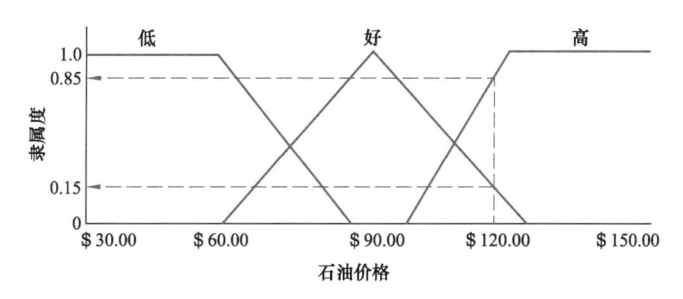

图3.15 表示石油价格的模糊集

最常用的表示模糊集和隶属度信息的形式见式(3.1)。
模糊隶属函数的数学表示如下:

$$\mu_A(x) = m \tag{3.1}$$

这种表示提供了如下信息:模糊集 $A$ 中 $x$ 的隶属度 $\mu$ 为 $m$。根据图3.15所示的模糊集,当石油价格为每桶120.00美元时,其模糊集"好"的隶属度为0.15,模糊集"高"的隶属度为0.85。使用公式(3.1)中所示的符号来表示石油价格隶属度值,可以使用公式(3.2)中的符号。

石油价格模糊隶属函数的数学表示如下:

$$\mu_{\text{Good}}(\$120.00) = 0.15, \mu_{\text{High}}(\$120.00) = 0.85 \tag{3.2}$$

## 3.4.2 近似推理

当决策是基于模糊语言变量("低""好""高")、使用模糊集运算符("与""或"),这个过程被称为"近似推理"(Approximate Reasoning)。这个过程比传统的专家系统更真实地模拟了人类专家的推理过程。例如,如果目标是建立一个模糊专家系统来帮助研究人员对提高采收率作业提出建议,那么可以利用石油价格和公司的已探明储量来提出这样的建议。利用图3.15中石油价格的模糊集和图3.16中的模糊集表示公司的总探明储量,可以试图建立一个模糊系统,以帮助研究人员对提高采收率作业提出建议,如图3.17所示。

近似推理是通过模糊规则实现的。此处所述系统的模糊规则可以采用以下的形式。

规则 1#：如果石油价格为"高"且公司的总探明储量为"低"，则"强烈建议"采取提高采收率作业。

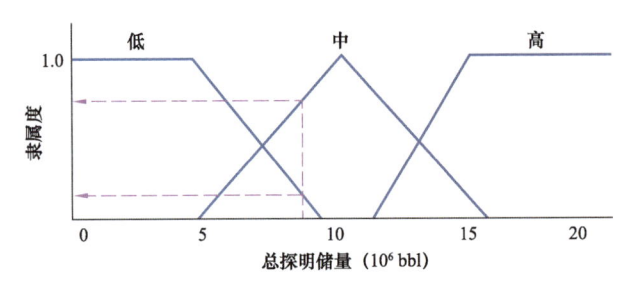

图 3.16 表示总探明储量的模糊集

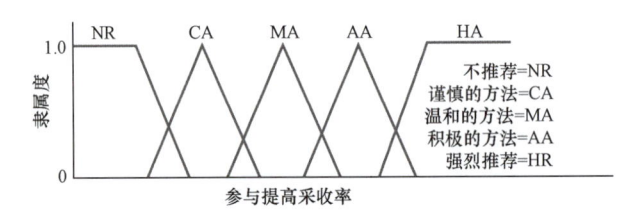

图 3.17 表示参与提高采收率的决策的模糊集

图 3.18 用于近似推理的模糊规则

由于该模糊系统由两个变量组成，每个变量由三个模糊集组成，因此该系统将包含 $9(3^2)$ 个模糊规则。这些规则可以设置在矩阵中，如图 3.18 所示。

图 3.18 的矩阵中出现的缩写对应于图 3.17 中定义的模糊集。从上面的例子可以得出结论：随着新变量的增加，模糊系统中规则的数量急剧增加。在上面的例子中再增加一个由三个模糊集组成的变量，规则的数量从 $9(3^2)$ 增加到 $27(3^3)$。人们将这种现象称为"维数灾难"。

### 3.4.3 模糊推理

一个完整的模糊系统包括一个模糊推理机。模糊推理有助于根据已定义的模糊规则建立模糊关系。在一个模糊推理过程中，将会并行地触发几个模糊规则。与传统专家系统中规则的顺序评估不同，并行规则触发更接近于人类的推理过程。与顺序过程不同，在这种过程中，变量中包含的某些信息可能会由于所采取的逐步方法而被忽略。并行触发规则使得可以同时考虑所有的信息内容。

有许多不同的模糊推理方法。其中一种流行的方法被称为曼达尼（Mamdani）推理法[57]。这种推理方法在图 3.19 中用图形方式进行了说明。在这张图中，考虑的是石油价格为每桶 120.00 美元，而该公司已探明储量约为 $900 \times 10^4$ bbl。石油价格用模糊集"好"和"高"的隶属度来表示，而总探明储量用模糊集"低"和"中"表示。如图 3.18 所示，这导致四个规则同时被触发。

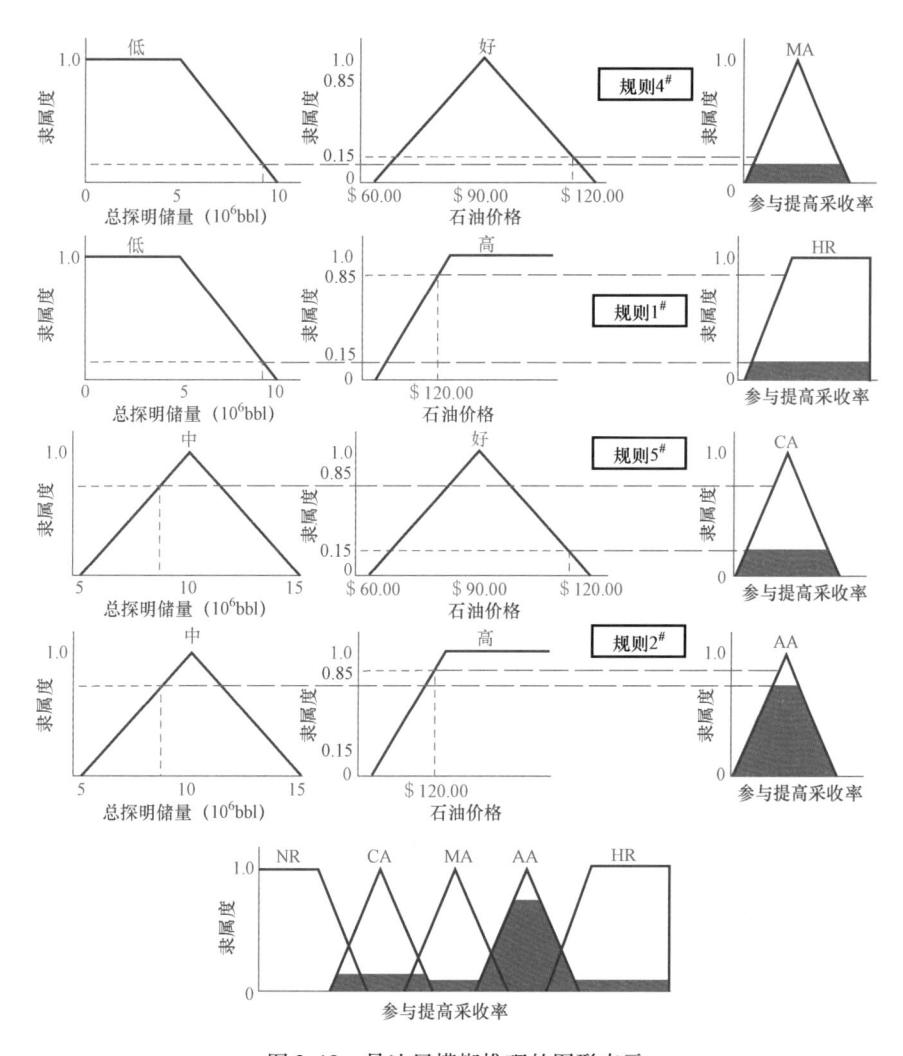

图 3.19 曼达尼模糊推理的图形表示

根据图 3.18,这些规则是 1#、2#、3# 和 5#。在每个规则中,将模糊集运算和两个输入(前提)变量之间的交集评估为最小值,并因此映射到相应的输出(结果)。推理的结果是输出变量的不同模糊集的集合,如图 3.18 的底部所示。

通过对输出进行去模糊化,可以从映射到输出模糊集的结果中提取一个明确的值。最常用的去模糊化方法之一是在输出模糊集合中寻找阴影区域的质心。

## 3.5 进化优化

与其他人工智能(AI)和数据驱动的分析算法一样,进化优化算法有其本质的根源。它尝试使用计算机算法和指令来模仿进化过程。那么,为什么要模拟这个进化过程呢? 答案是显而易见的,因为主要是想弄清楚进化过程主要解决什么问题,以及是否愿意去解决这个问题? 进化实际上也是一个优化的过程[58],进化过程中一个主要的原则就是遗传性。每一代都继承了上一代的演化特征,同时将部分特征传给下一代。这些特征主要包括它们的进步、成长和发展。上一代到下一代的遗传主要是通过基因进行的。

从19世纪60年代开始,受达尔文进化论启发,出现了一系列新的智能优化分析工具。"进化优化"是这些工具的一个统称。进化优化包括进化规划、基因算法、进化策略和进化计算等。这些工具(名字)看起来比较类似,对于许多人来说,他们认为意思也是一样的。但是对于这个行业里面的专业人士来说,这些术语的意思差别还是比较大的。进化优化这个术语最早是Koza提出的[59],该术语是指为了解决复杂的问题,从简单的、特定任务的计算机程序得到一些复杂的计算机程序。在进化策略中[60],将实验方案的组成部分视为个体的行为特征,而不是基因算法中的染色体的基因。为了实现一些目标,进化程序将基因算法与特定的数据结构结合起来[61]。

### 3.5.1 遗传算法

达尔文在1859年发表了题目为"物种起源于自然选择"的论文,提出"适者生存"理论;结合威斯曼(Weismann)的选择论以及孟德尔(Mendel)的遗传学,形成了现在广为人知的"进化论"。事实上,进化过程只有在下面四个条件存在时才会发生:

(1)个体有繁殖能力;
(2)有一个由自繁殖个体组成的群体;
(3)自繁殖个体组成的群体具有多样性;
(4)物种生存能力差异的多样性可以保证足以适应环境的变化。

在自然界中,生物为了适应动态环境变化而在不断进化。生物的"适应性"主要是根据它们对环境的适应程度来定义。生物的适应性决定了它们能够存活多长时间,有多少机会能把基因传给下一代。在生物进化过程中,只有胜利者才能生存,才能继续其进化过程。如果生物能够通过适应环境而生存下来,那么它一定是在做一些正确的事情。生物的特征一般都编码在其基因中,它们把基因通过遗传过程传给后代。个体越健康,其生存和繁殖的机会就越高。

智力和演化过程是密不可分的。智力被定义为系统在一系列环境中调整其行为以达到目标的能力[60]。通过计算机指令和算法可以模拟进化过程。研究人员试图模仿进化过程中与解决问题能力相关的智力。在真实生活中,这种持续的适应创造了非常强壮的有机体。通过许多代的遗传,最好的基因被传递给了后代。其结果通常是一个很好的解决问题的方法。在用计算机模拟进化的过程中,遗传算子实现了基因的代际传递。

这些算子(交叉、反转和变异)是从当前种群的合适个体中产生新一代个体的主要工具。通过这些算子的持续循环,拥有了一个非常强大的搜索引擎,这个引擎具有智能搜索需要的最关键的平衡,即在开发(利用已经得到的信息)和探索(搜索新领域)之间保持平衡。尽管这个过程从生物学家的角度来看很简单,但是这些算法实则非常复杂,以至于无法提供一个强大有效的搜索机制。

### 3.5.2 遗传算法的机理

基因的优化过程可以分为以下几步:
(1)初始种群的形成;
(2)对种群中每个个体的适应性评价;
(3)基于个体适应性的排名;

（4）基于适应性进行个体筛选，然后产生下一代；
（5）利用交叉、反转和突变等遗传操作，产生新的种群；
（6）继续这个过程，返回步骤（2），直到问题的目标得到满足。

通常使用覆盖整个问题的随机过程来生成初始种群，这将可以确保基因库的多样性。每个问题都以染色体的形式进行编码。每个染色体都是一组基因的集合。每个基因代表问题中的一个参数。在经典的遗传算法中，字符串"0"和"1"或位串代表每个基因（参数）。因此，染色体是一个长字符串，其中包含一个个体的所有基因（参数）。图3.20是一个种群中的一个个体的典型染色体，这个染色体具有五个基因。很明显，这个染色体可以通过使用这五个参数来找到一个最合适的方法来解决问题。

图3.20 具有5个基因的染色体

每个个体的适应性是通过适应函数确定的。优化的目的主要是寻找一个最小值和最大值。这方面的例子包括将误差最小化，该问题必须收敛到目标值，或使页岩井的油气产量最大化。一旦评估了群体中每个个体的适应性之后，会对所有的个体进行排名。有了这个排名，接下来就是筛选繁殖下一代的父母了。这个筛选过程使得高排名个体具有更高繁殖的可能性，并且随着排名的降低，繁殖的可能性也会跟着降低。

在完成筛选过程之后，遗传算子（交叉、反转和变异）将协同工作，从而生成新的一代种群。优胜劣汰的进化过程发生在整个选择和繁殖阶段。一个个体的排名越高，它繁殖和将其基因传给下一代的机会就越大。

在交叉过程中，首先选择双亲个体，然后随机确定染色体上的一个断裂位置，同时双亲的染色体在同一个位置断裂，并发生染色体交换。这个过程将会从双亲中形成两个新的个体。一对父母在不同时间染色体可能会在不同位置发生断裂，从而生出超过一对的后代。图3.21是最简单的交叉过程。

除了简单的交叉，还有其他的交叉方案，比如双交叉和随机交叉。在双交叉过程中，每一个父代的染色体在两个位置发生断裂，然后进行交换。在随机交叉过程中，父代的染色体可能会在好几个地方发生断裂。图3.22展示的是双交叉过程。

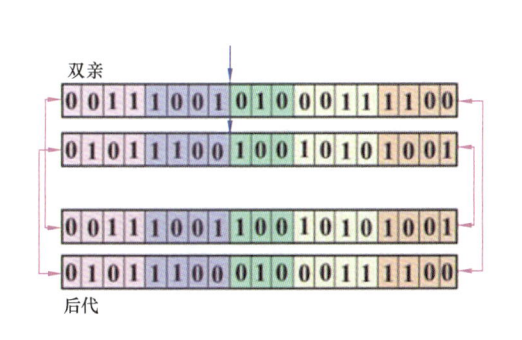

图3.21 简单交叉算子

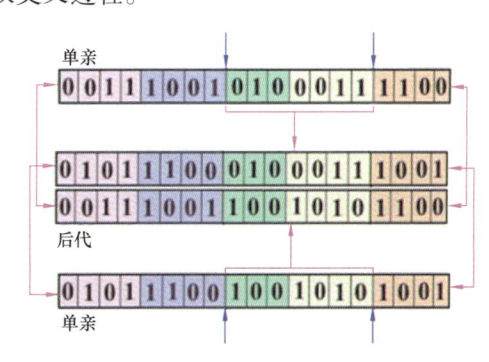

图3.22 双交叉算子

正如之前提到过的,除了交叉还有两种其他的基因算子,包括反转和变异过程。在这两种过程中,都是单亲繁殖而不是双亲繁殖过程。反转算子是将父代中的所有"0"更改为"1",并将所有"1"更改为"0",以生成子代。变异算子是在基因上随意寻找一个点,然后改变这个点上的遗传信息。"反转"和"变异"发生的可能性一般要小于"交叉"的可能性。图3.23和图3.24展示的就是反转和变异的过程。在这些图片中,一个颜色代表一个参数。

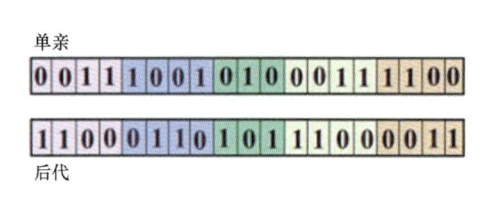

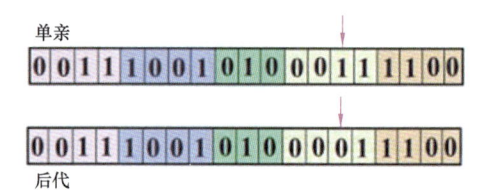

图3.23　反转算子　　　　　　　　图3.24　变异算子

一旦完成新的一代之后,将重复上述使用适应函数的评估过程,继续按照之前的步骤重复。在每一代中,排名最高的个体将是所要解决问题的最优解,同时每当更新后有更好的个体形成时,又将会成为新的最优解。一般可以使用几个标准来评估这个过程的收敛性。如果目标是使误差最小化,则收敛准则可以是问题可以容忍的误差量。还有另一个标准,如果在4~5代都没有进化出一个更好的新个体时,收敛也会发生。每一代的总适应性也可以作为一个收敛标准。可以求取每一代适应性的总和,如果该总和在几代都没有增加,那么这个操作就可以停止了。在许多类似程序中,一般将特定的遗传代数作为收敛标准。

你可能也已经注意到了,上面的过程也就是经典的遗传算法。在这个演算过程中也存在一些变数。比如,如果使用位串以外的数据结构,有些问题对遗传优化的响应会更好。一旦确定了最适合问题的数据结构,就要修改遗传算子,使其适应数据结构。遗传算子有特定的用途,确保后代是父代的组合,以满足遗传原则。当数据结构改变时,遗传原则不应受到破坏。

另一个重要的问题是对算法引入约束条件。在大多数情况下,必须在此过程中对一定的约束进行编码,这样生成的个体才是合法的。个体的合法性定义为其对问题约束的遵从性。例如,在为设计新车而开发的遗传算法中,必须满足基本标准,包括所有四个轮胎都必须在地面上,才能将设计视为"合法的"。虽然这看起来很简单,但它是一种需要编码到算法中作为约束的知识,以便该过程是按预期运行的。

## 3.6　聚类分析

聚类分析从本质上看是一种无监督的过程。它的目的是在看似混乱的超维数据中发现秩序和模式。聚类分析是在无监督的情况下将数据进行分组。分类是根据数据记录之间的相似性进行的,这样类似的数据记录将被分类到同一组中。数据驱动分析的目标之一是最大限度地利用数据集的信息内容。信息内容与数据中的秩序直接相关。换句话说,如果一个人能够识别数据中的秩序,"秩序"将引导分析人员了解信息的内容。聚类分析是发现数据秩序的一种方法。大多数聚类分析技术都是无监督的。

大多数聚类算法不依赖于常规统计方法都具有的假设,例如数据的潜在统计分布,因此它们在先验知识很少的情况下很有用。聚类算法可以广泛用于揭示数据中的潜在结构,包括分类、图像处理、模式识别、建模和识别[62]。

与"秩序"相反的是"混沌"。大型数据集,特别是当它们包含大量变量(高维)时,往往看起来很混乱。人类不能在超过三个维度的空间里进行绘图或想象。有时可以使用创新技术来将数据可视化为四个维度,有时甚至是五个维度。这可以通过将数据绘制在三维图像中,然后用所绘制点的大小或颜色显示另一个维度的大小来实现。然而,随着数据集中的记录和参数(平面文件中的行和列)的数量增加,以发现数据中的趋势和模式(秩序)为目标的可视化变得越来越困难,效率也越来越低。

人们研发聚类算法是为了发现数据中的"秩序",特别是对于大型数据集,可视化对发现模式和趋势的影响开始减弱。关于进行聚类分析的算法,需要注意几个问题。首先是选择要使用的维度。然后是聚类的数量。当将一种聚类算法应用于数据集时,需要提供这两项参数。这是一组研究人员通常事先没有的信息,需要使用领域专业知识和(或)"反复试验"才能使其得到正确的值。另一种方法是尝试这两个变量的大量组合[所涉及的维度(参数)的数量和组合以及聚类的数量],然后确定最佳的聚类结果。很显然,对于每个数据集,都有一个参数的最佳数量和组合,以及可以从一套数据集中得到(过滤)最大数量信息的聚类的最佳数量。然而,找到这些最佳的聚类数和参数组合是关键。

下一个问题是"如何确定聚类分析的一个结果是否比另一个好?"答案是:"产生更好秩序(更少混乱)的聚类分析才是更好的分析。"但如何衡量秩序呢?可以用熵来测量混沌:混沌的程度越高,熵就越高。因此,能够得到较少熵的分析应该具有较高的秩序,因此是较好的分析。人们将熵定义为一个系统中无序度的量度。熵是一种状态函数,香农(Shannon)熵[47]通常用来度量一个系统的熵。

在完成聚类分析后,数据集中的每个记录都属于已识别的多个聚类中的一个(图3.25)。该数据记录在给定聚类中的存在决定了它与聚类中心的相似性。因此,在一个聚类中的所有数据记录共享某些特性,这些特性将它们与属于其他聚类中的数据记录分开。

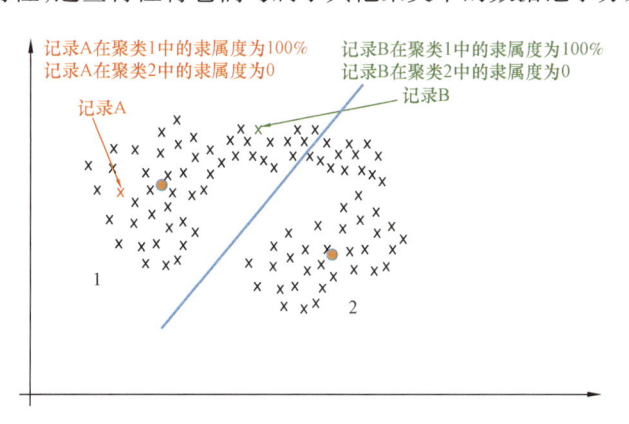

图 3.25 在聚类分析中,不同的聚类通过清晰的线分离,并使用二值逻辑进行聚类

## 3.7 模糊聚类分析

在传统的聚类分析中(如图3.25所示),不同的聚类被清晰的边界所分开。在图3.25中,由红叉和绿叉标识的两个数据点属于聚类"1",而不属于聚类"2"。聚类中心由棕色圆圈标

识。两个已识别的数据点在聚类"1"中的隶属度为"1",在聚类"2"中的隶属度为"0"。

如果图 3.25 是不可观察的(例如,图 3.25 是超维数据集的一部分,而不是两个维度),并且你只会接触到算法的输出,那么你就会假设这两个点非常相似。例如,如果聚类中心代表岩石质量(1 = 好页岩,2 = 差页岩),则这两口井都是在"好"质量的页岩中完井的。然而,如图 3.25 所示,实际情况与这种解释大不相同。模糊聚类分析[63]是模糊集理论[51]在聚类分析中的一种实现,它是几年前提出的。根据模糊集理论的内涵,模糊聚类分析表明聚类中的隶属度不是 0 或 100%。一个聚类中一条记录的隶属度是基于模糊隶属函数确定的。每个记录都是所有聚类的一部分,但在一定程度上属于每个聚类。这是聚类分析的扩展,它允许数据记录成为多个聚类的一部分成员,而不是 100% 地属于一个聚类、完全不属于其他聚类。

图 3.25 清楚地说明了这一点,其中两个聚类"1"和"2"用一条明确的实线分隔开。如前所述,两个被标识为"记录 A"和"记录 B"的记录都在聚类 1 中。这两个记录在聚类 1 和聚类 2 中具有相同的隶属度。这两个记录都属于聚类1(100%)和聚类2(0%)。换句话说,它们在聚类 1 中的隶属度是 1,在聚类 2 中的隶属度是 0。仔细观察图 3.25 中的"记录 A"和"记录 B"可以发现,尽管这两个记录都位于聚类"1"中,但它们是不同的。换言之,通过将"记录 A"和"记录 B"聚到一个类中,确实从这个数据集中释放了"一些"信息内容,但是是否可以从这个数据集中提取更多关于这两个记录的信息?答案是"可以"。

图 3.26 显示了与图 3.25 相同的数据集,但是在图 3.26 中,聚类"1"和聚类"2"没有被明确的界线分开。在保持聚类"1"和聚类"2"中的中心相同的同时,在该图所示的算法中,为每个聚类的每条记录分配一个部分隶属度。当比较记录"A"与记录"B"时,可以看到记录"A"更接近聚类中心"1",而不是聚类中心"2"。记录"B"也是如此(这就是为什么它们都被分配到图 3.25 中的聚类"1"),但是,这些记录与聚类中心的接近程度是不一样的。它们都属于聚类"1",而不是属于聚类"2",但这种归属与明确聚类分析所表明的不同。

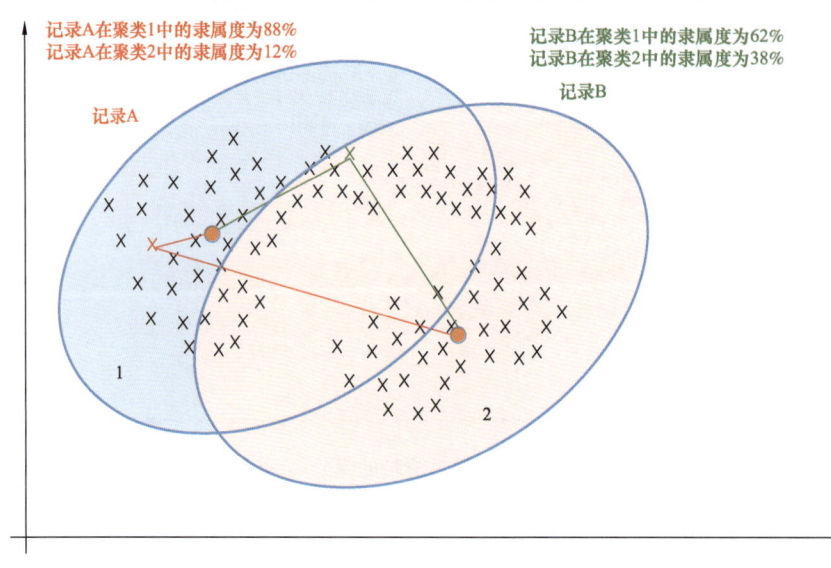

图 3.26 在模糊聚类分析中,不同的聚类不再是通过明确的界线分开,而是采用多值逻辑(模糊逻辑)进行识别,以发现数据中的秩序

当使用模糊聚类分析时,可以为每个聚类的每条记录指定部分隶属度。例如,根据图3.26,记录"A"属于聚类"1"的隶属度为0.88,属于聚类"2"的隶属度为0.12。此外,记录"B"属于聚类"1"的隶属度为0.62,属于聚类"2"的隶属度为0.38。这说明模糊聚类分析与传统的聚类分析相比,可以输出更多的数据信息,而且在笔者看来,模糊聚类分析比传统的聚类分析更好。

## 3.8 有监督模糊聚类分析

如前所述,聚类分析(无论是明确的还是模糊的)都是一种无监督的数据挖掘技术。它的目的是分析数据集,并尝试从数据集中尽可能得到更多的信息内容。在聚类分析算法中,目标是为尽可能多的聚类找到聚类中心的最佳位置。有监督模糊聚类分析(也可应用于常规聚类分析,其结果称为有监督聚类分析)是笔者为解决与页岩相关数据集分析有关的特点而开发的一种算法。在有监督的模糊聚类分析中,其目标是允许领域专家在分析中作为指导。第5章介绍了这种应用的一个很好的例子。在有监督模糊聚类分析中,领域专家识别并强制确定聚类数目和聚类中心的位置。在上述章节中,使用了"差""一般"和"好"岩石(页岩)质量的定义,以分析完井作业对生产的影响。

几种新的分析类型可以源于有监督模糊聚类分析的思想。在下面的两个章节中,将介绍两个这样的分析。当然,为了使用有监督的模糊聚类分析,人们需要使用一个应用软件,该应用软件能够使得领域专家和数据挖掘算法之间进行交互。图5.2和图5.3是在页岩相关数据挖掘分析中使用有监督模糊聚类分析的示例。

### 3.8.1 井质量分析

井质量分析(WQA)是有监督模糊聚类分析在油气上游行业中的一个新应用软件,是专门为油气相关问题数据驱动分析而开发的一种新的创新算法❶。在井质量分析中,利用模糊集对各井的产量进行分类。换句话说,允许不同井质量定义的边界有所重叠。下面用一个例子来阐明这个方法。图3.27显示了在马塞勒斯(Marcellus)页岩中完井的130多口井的180d累计产气量。图3.27显示了每口井完成相应生产指标(180d累计产气量)所用的总段数。要注意的重要一点是这些数据点在图中的分散程度。从这些数据中很难看出任何趋势或模式。井质量分析的目的是观察是否可以从这种看似混乱的特征中发现并显示出任何模式或变化趋势。

为了进行这些分析,首先将井分成几类。在第一次尝试中,将这些井分为"差""一般"和"好"三类❷。然而,与人工的、明确的分类不同,对每口井的质量使用了一个自然的、模糊的定义。姑且称这种明确的分类为人工分类,因为它不同于人脑(自然行为方式的标准)对物体进行分类的方式。例如,实际情况是,没有一个天然气产量值(单位为:千立方英尺)能够用来真正区分"差"井和"一般"井。不管你把分界线放在哪里,这样的分类都是不现实的,实际上是荒谬的。

---

❶ 当然,在与其他行业相关的问题上使用这些分析是完全可行的。在本次分析中,由于笔者使用的是井,所以使用"井质量分析"(Well Quality Analysis)的名称。

❷ 稍后,会看到类的数量将增加到4个,然后再增加到5个。

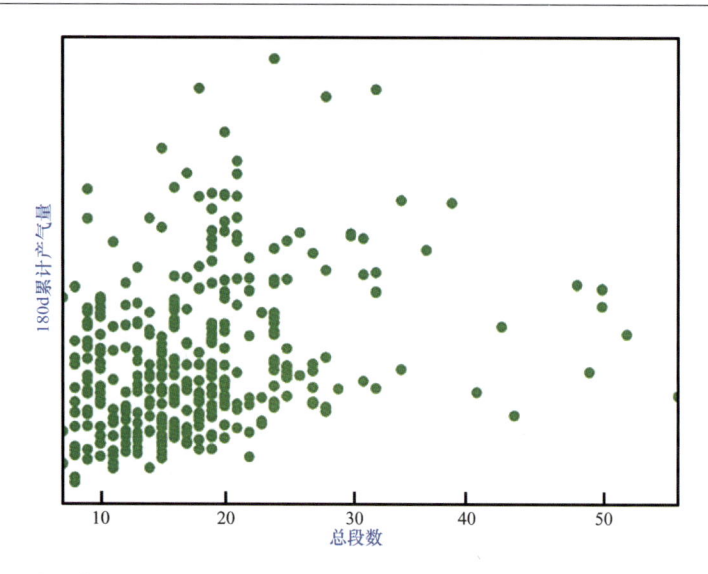

图 3.27 在马塞勒斯页岩中完井的 130 多口井的 180d 累计产气量与总段数的交会图

例如,如果使用"180d 累计产量"为 $100 \times 10^6 \text{ft}^3$ 作为"差"井和"一般"井之间的边界,则一口"180d 累计产量"值为 $99.999 \times 10^6 \text{ft}^3$ 井将被归类为"差"井,而一口"180d 累计产量"为 $100.001 \times 10^6 \text{ft}^3$ 的井将被归类为"一般"井。在这种分类中,180d 累计产量不到 $2 \times 10^3 \text{ft}^3$(约 $11 \text{ft}^3$ 的天然气,这低于某些测量工具的精度)造成了整个井类别之间的差异。这个例子展示了明确的(或传统的)聚类分析在应用于井分类以进行有意义的分析时所表现出来的可笑本质。顺便说一句,有一点值得注意的是:在数据分析领域(石油和天然气上游行业)的几乎所有人[1]在对油气生产井进行分类时都使用传统的聚类分析。

图 3.28 中的上图显示:该马塞勒斯页岩储层中的井被分为三个模糊集,分别被标识为"差""一般"和"好"的井。图 3.28 中的中间图显示:同一组井分为四个模糊集,分别为"差""一般""好"和"非常好"的井。图 3.28 中的底部图显示:同一组井分为五个模糊集,分别为"差""一般""好""非常好"和"极好"井。这里需要介绍的一个概念是"粒度"(granularity)。"粒度"的定义为在一次分析或一个数据集中所显示的规模和(或)详细程度。这将在下一节中再次讨论这个概念。图 3.28 显示了在本分析中定义和分类井质量的粒度已从三类井变为五类井。

为了运行井质量分析软件,首先根据图 3.28 所示的定义,对马塞勒斯页岩区块中的所有井进行分类。然后使用每口井的隶属函数来计算试图分析的参数的贡献(在这个例子中,该参数是总段数)。例如,被分类为 100% 差的井的总段数将分配给所有"差"井的类别,而被确定为部分"差"和部分"一般"的井的总段数将根据该隶属函数分配到每个类别。例如,图 3.28 顶部图中所示的井在"差"井类别中的隶属度为 0.77,在"一般"井类别中的隶属度为 0.23。因此,将相应地分配该井的总段数。

将上述算法应用于该区块中的所有井(有三个类别)将得到如图 3.29 所示的柱状图。图 3.29 显示,该区块中所有井的平均完井段数约为每口井 18 段(图 3.29 中粉红色背景的条形

---

[1] 这是除了 Intelligent Solutions 股份有限公司以外的所有公司,他们开发了用于井质量分析的算法。

图)。然而,从趋势和模式来看(黄色背景中的三条柱状图),"差"井的平均完井段数小于15段,"一般"井和"好"井的平均完井段数分别为18段和21段。图3.29所示的模式没有任何不清楚的地方。

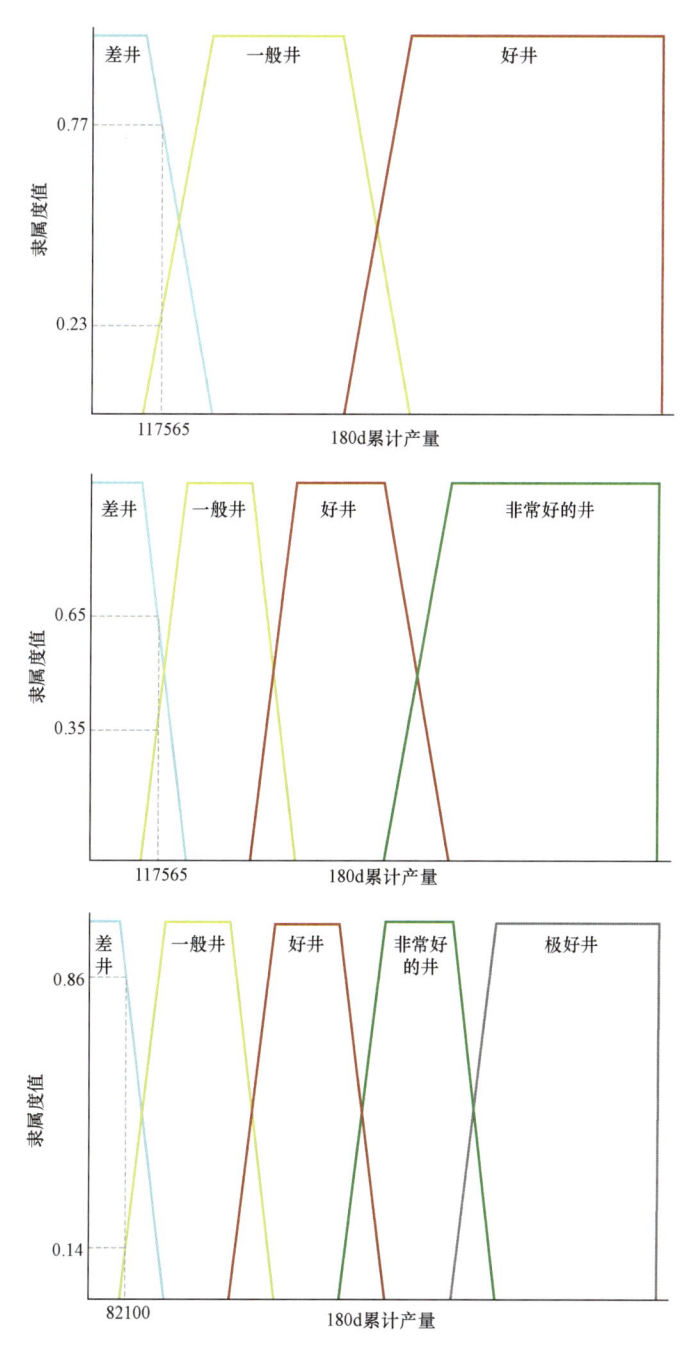

图3.28 根据180d累计产量对图3.27中的井进行分类。同样数量的井可分为三类(上图)、四类(中图)、五类(下图)

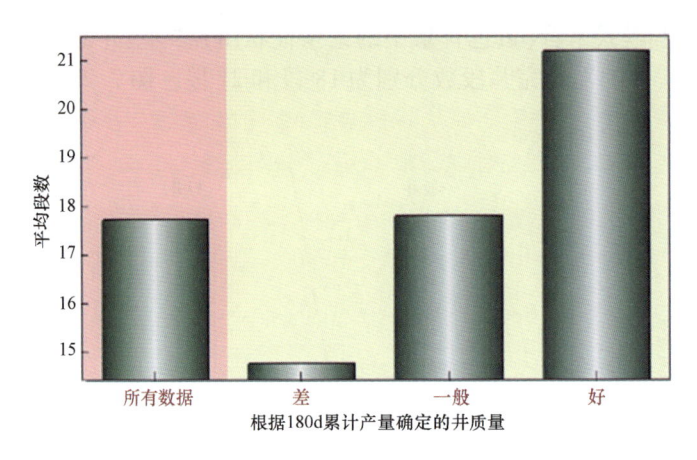

图3.29 对马塞勒斯页岩的130多口井进行井质量分析,结果表明:井的完井段数越多,完井质量越高

随着分析的粒度从3个类增加到4个类,再增加到5个类(如图3.28的中间图和底部图所示),从图3.29中推断的结果的一般特性将保持不变。从图3.30可以清楚地看到这一点。图3.30显示:当用4个类来分析该储层中总段数对于井产能的贡献时,那么"差"井完井所用的平均段数小于14段,而"一般"井、"好"井和"非常好"井完井所用的平均段数分别为18段、20段和22段。图3.30显示分析粒度增加到5个类时的分析结果。

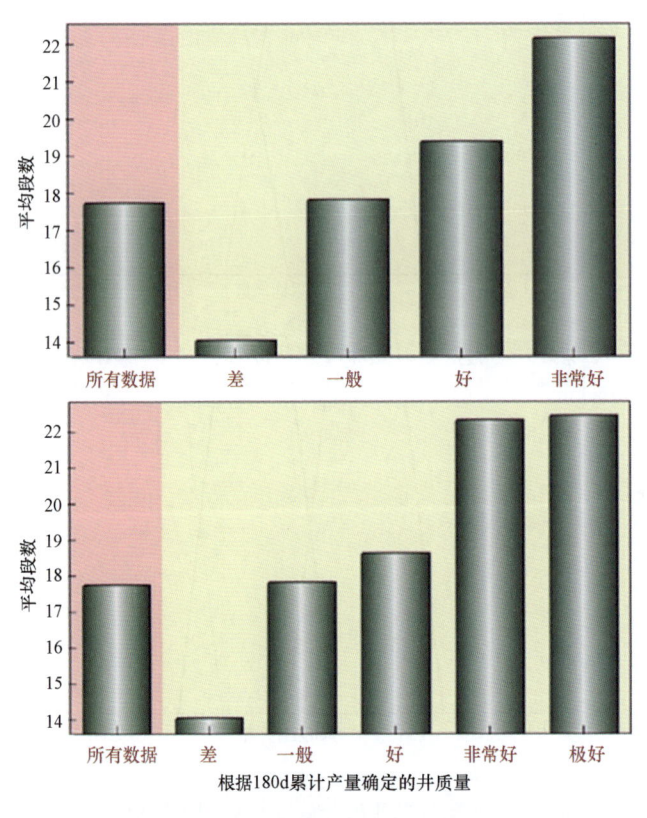

图3.30 使用4个和5个模糊集用于马塞勒斯页岩井质量分析

图 3.27 至图 3.30 清楚地展示了模糊集理论在井质量分析中发现和呈现隐藏趋势和模式的威力,这些隐藏趋势和模式嵌入在原始数据中,并且可以提取和显示。在下一节中,将进一步采用本节中提出的想法,以展示如何从看似混乱和分散的数据中提取连续的趋势。

### 3.8.2 模糊模式识别

模糊模式识别是有监督模糊聚类分析的另一种实现,它与一种优化算法相结合,以便在看似混乱的数据中发现趋势。在这里实施和解释的模糊模式识别可以认为对前一节解释的井质量分析的一种扩展。如果将上一节中解释的分析粒度增加到最大(清楚地显示出趋势的最佳值),那么就可以有大量的类,而不是三个类、四个类或五个类,这些类可以提供连续的趋势,结果是直线图而不是条形图。图 3.31 显示了模糊模式识别在总段数和产量指标(180d 累计产量)中的应用。

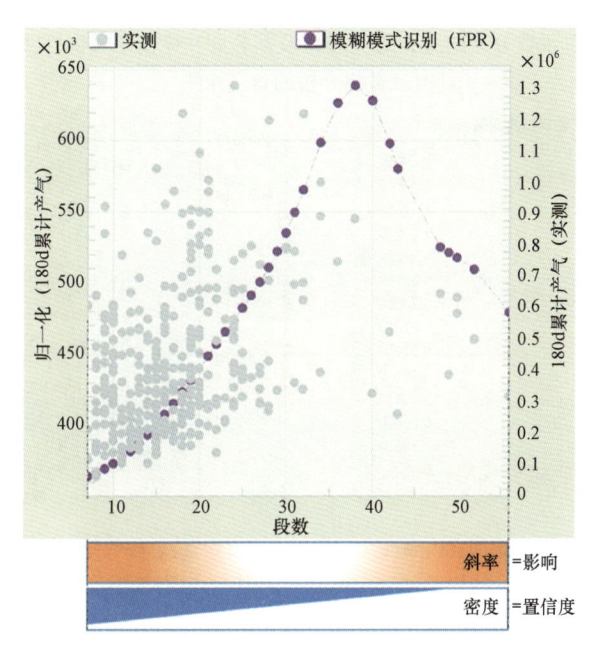

图 3.31 总段数与产量指标的模糊模式识别。用紫色点和线显示的趋势不是移动平均线或任何类型的回归。它是使用最佳数量的模糊聚类对数据集进行有监督模糊聚类分析的结果

关于图 3.31,有两方面的事项需要强调一下。在这同一幅图中绘制的灰色点显示了用于生成模糊模式识别曲线的实际数据。紫色线的斜率决定了 $x$ 轴(总段数)对 $y$ 轴(180d 累积产量)的影响,而图 3.31 上(灰色)数据点的密度则表明了紫色模糊模式识别曲线所显示的趋势的置信度。在图 3.31 底部的两个颜色条表示置信度和该参数的影响。

下文列出了图 3.32 至图 3.39,以便用图形方式来解释模糊模式识别曲线分析所涉及的步骤。图 3.32 显示了正在分析的自变量(总段数)的分布直方图,该图还显示了将自变量的分布直方图叠加在模糊模式识别曲线上。图 3.33、图 3.34 和图 3.35 显示了可用数据密度的分布直方图如何帮助识别自变量对因变量影响的置信度。

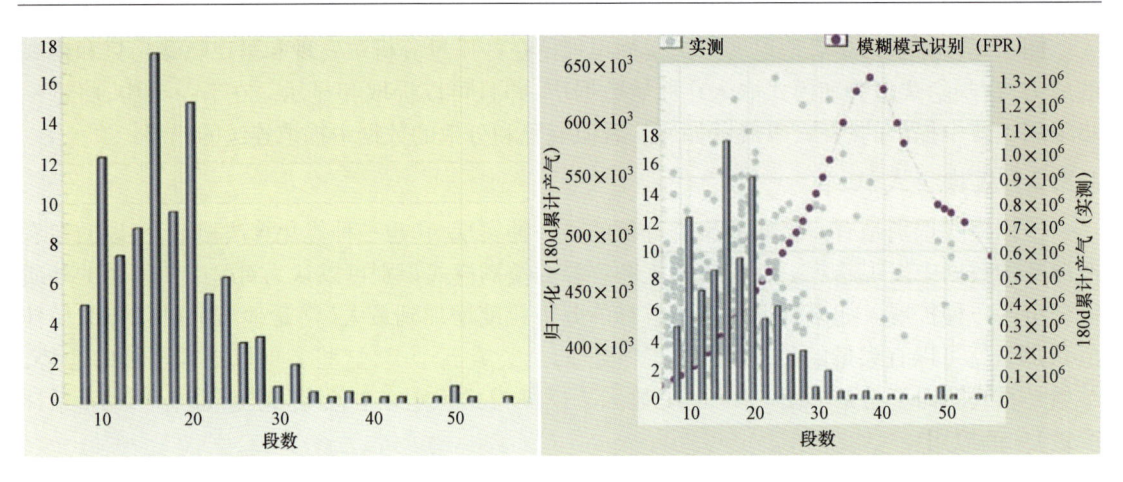

图 3.32 数据集中总段数分布的直方图(左图)及其叠加在模糊模式识别结果图上(右图),
以确定影响分析的置信水平

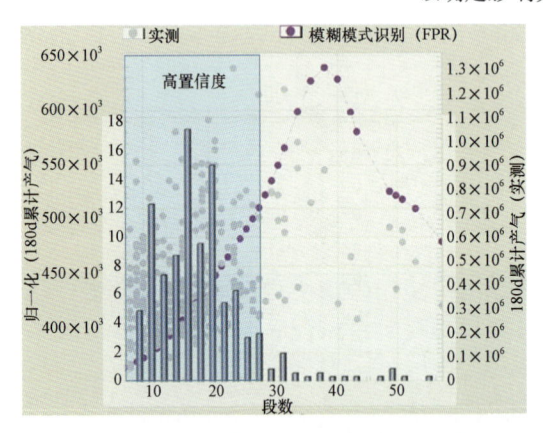

图 3.33 将总段数分布的直方图叠加在模糊模式识别上,识别出了具有高置信度的影响部分

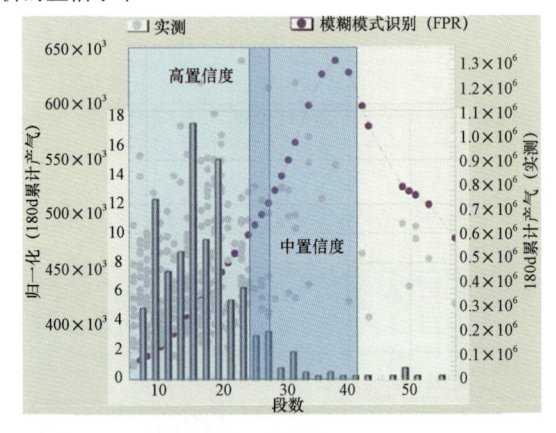

图 3.34 将总段数分布的直方图叠加在模糊模式识别上,识别出了具有高、中置信度的影响部分

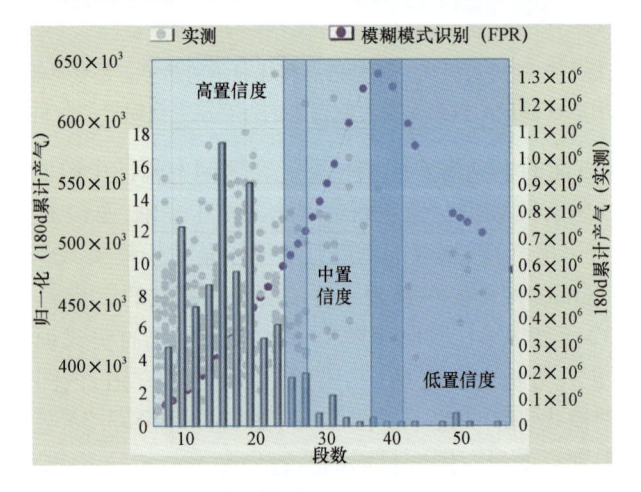

图 3.35 将总段数分布的直方图叠加在模糊模式识别上,识别出了具有高、中、低置信度的影响部分

如上述这些图所示,在存在大量数据的自变量范围内,自变量对因变量的影响表现出更高的置信度。为了保持分析的模糊性,这些图中所显示的置信度通过语义(如高、中、低)来识别,并且它们之间存在重叠的区域。

模糊模式识别曲线的斜率指示了自变量($x$ 轴—总段数)对应变量($y$ 轴—180d 累计产量)的影响。图 3.36 是总段数对 180d 累计产量(如图 3.31 所示)的影响示意图。图 3.37 将图 3.36 中的影响区域划分为高(大斜率)、低(小到无斜率)和中等(小斜率)几部分。在图 3.38 中,将图 3.32 至图 3.35 中的自变量分布直方图叠加在图 3.37 上,以显示对影响分析各部分的置信水平。

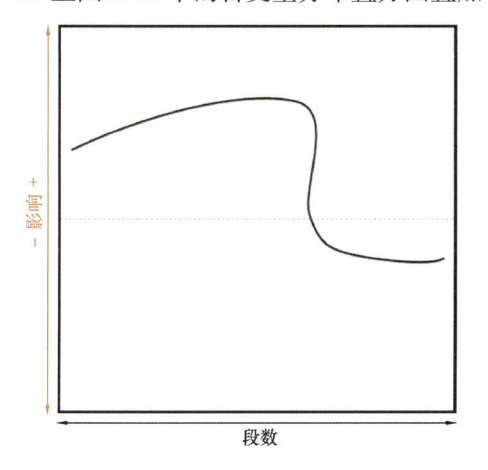

图 3.36　模糊模式识别图的说明。模糊模式识别曲线的斜率表示自变量($x$ 轴)对应变量($y$ 轴)的影响

图 3.37　模糊模式识别图的说明。模糊模式识别曲线的部分表示自变量($x$ 轴)对应变量($y$ 轴)的高、中和低影响

最后,图 3.39 显示了完整分析的结果。在图 3.39 中,显示了两组关于自变量(总段数)对因变量(180d 累计产量)影响的限定语义。如图 3.39 所示,其被分为指示高影响和高置信度的部分(图的左侧)到指示低影响和低置信度的部分。可以得到的结论是:从模糊模式识别曲线中可以学到很多东西,尤其是当它与原始数据(图 3.27)进行比较时。

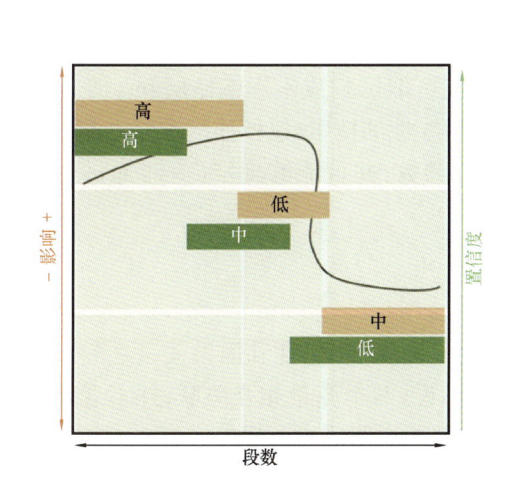

图 3.38　模糊模式识别图的说明。在影响曲线上叠加了置信度

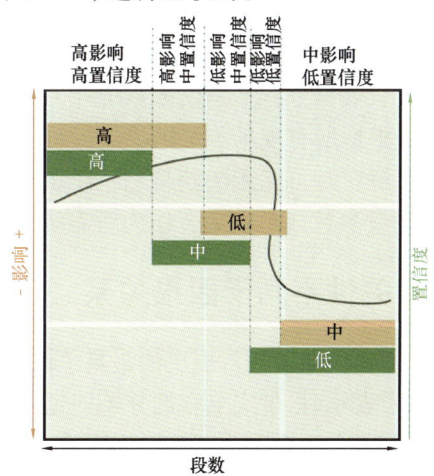

图 3.39　模糊模式识别图的说明。分析结果结合了影响曲线和置信度曲线,以分析该模糊模式识别图

# 第4章 实际影响因素

随着数据分析在油气行业上游企业中的普遍应用,以及找到了解决非常规资源(例如页岩油气)储层和生产管理中一些最重要问题的方法,许多大数据分析和数据驱动建模的爱好者决定进入油气行业上游领域中进行冒险尝试,测试他们对石油和天然气有关的问题的解决能力。但是这些没有什么地球科学或石油工程背景的爱好者犯了一个常见错误,即用处理社交媒体、零售业甚至是制药行业所面临的问题方法来处理与油气行业有关的问题,因此他们在石油和天然气上游领域中尝试应用的是纯粹的统计(甚至机器学习)方法。

在这个过程中,他们完全忽视了油气行业面临的问题的本质以及七十多年的成功实践和经验教训。因此,这些非专业领域的专家尝试重新发明方法工具(采用了不同的工具和方法)来处理相关问题,但通常只能产生无意义的结果,有时产生的结果甚至令人尴尬。油气行业所感兴趣的过程虽然非常复杂,但具有物理学和地球科学方面坚实的基础,因此如果缺乏对油气行业中贯穿所有问题的物理和地球科学原理的了解,或者有时无视这些原理,会严重阻碍任何数据驱动或数据分析的工作。在本章中,要解决的是在与油气相关的大数据分析和数据驱动建模应用中,尤其是针对页岩油气藏及其生产管理时,需要考虑的重要问题。

## 4.1 物理学与地质学在页岩数据分析中的作用

尽管本书介绍的技术并非始于物理学第一原理,但它们是基于物理学(地球科学)模型的,而将物理学和地球科学纳入这些技术并非传统做法。模型中包括了储层特征和地质特征参数,这些特征参数是可以测量的,而在模型开发过程中有意忽略了解释(偏差)。尽管在数据驱动模型的开发过程中没有明确地(从数学上)确定流体通过多孔介质的流动,但是如果没有对储层、油气藏工程以及地球科学方面的扎实了解和经验,就不可能成功开发此类模型。

物理学和地质学是用于开发(训练、校准和验证)数据驱动模型的数据集同化的基础和框架,因此页岩数据分析不是仅依靠统计关系去盲目查找可能影响或不影响储层和生产动态的参数,而是根据所有现场测量结果进行有针对性和有指导性的搜索,以便捕捉参数之间的相关性,从而了解有时可能无法获得(因测量困难)的所需参数,并且能够确定(有时通过试错过程)最佳测量参数或参数集合作为所需特性的代表。

## 4.2 相关性不同于因果关系

工程师和科学家通常提出的最具争议性的问题之一是,当相关性和因果关系之间的关系用统计学来表示时,事实上它们并不一定等同。换句话说,两个变量相互关联,并不意味着一个变量是另一个的原因。图4.1至图4.3三个例子清楚地说明了这一现象。

这些图中的数据来自公共数据库。图4.1显示了美国在科学、航天和技术方面的支出(以百万美元计)与自缢、勒死和窒息自杀死亡的人数之间的关系,相关系数惊人地高达0.992,然而,毫无疑问,这两种现象完全没有关系。这是一个相关性与因果关系明显无关的例子。

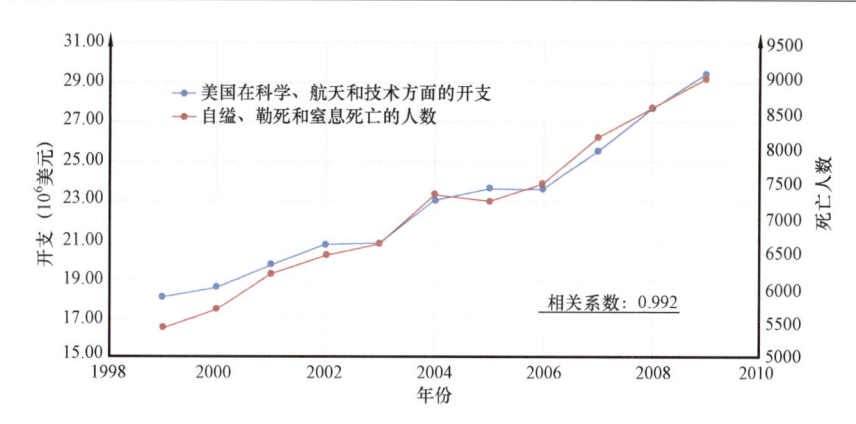

图 4.1 一个相关性和因果关系之间缺乏联系的例子:美国在科学、航天和技术方面的开支与自缢、勒死和窒息自杀死亡的人数之间高度相关

同样,图 4.2 是缅因州的离婚率和人造黄油人均消费量随时间的变化。这两条曲线显示了 0.993 的相关性,而它们之间却完全没有关系。图 4.3 显示,美国从挪威进口的原油与火车相撞死亡司机的相关系数为 0.955,这是相关性与因果关系之间缺乏相互关系的又一个生动例子。

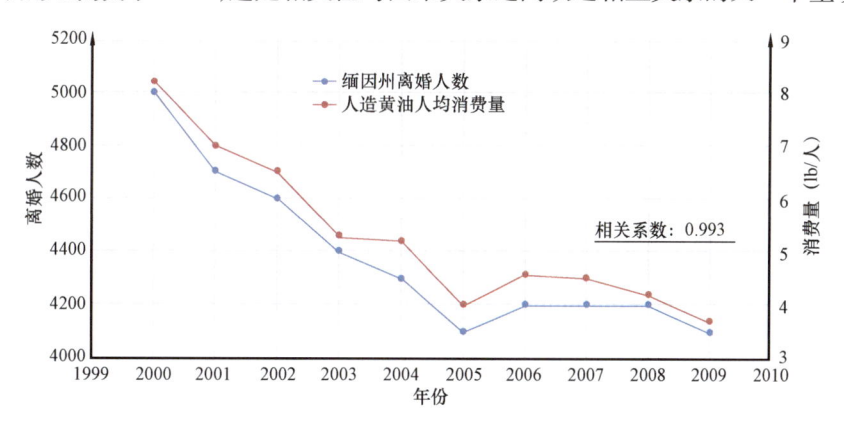

图 4.2 另一个相关性和因果关系之间缺乏联系的例子:
缅因州的离婚率与美国人造黄油的人均消费量高度相关

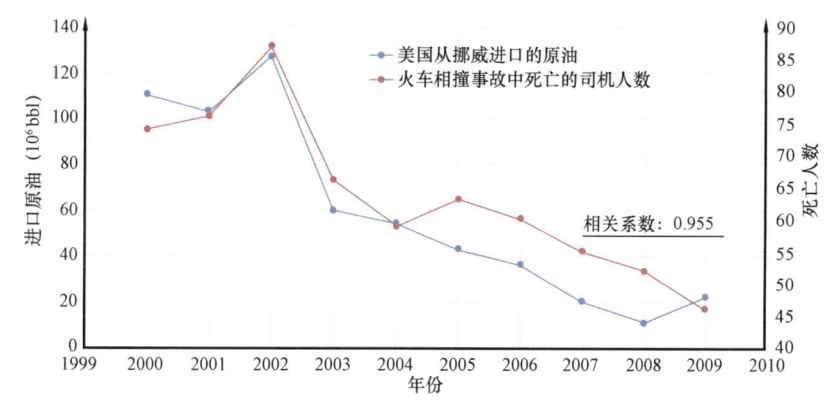

图 4.3 另一个相关性和因果关系之间缺乏联系的例子:美国从挪威进口的原油与火车相撞事故中死亡的司机人数高度相关

展示上述示例的目的是为了强调以下事实：就数据驱动建模而言，仅显示相关性还不够，该模型还必须具有物理学和地质学意义。当然，只有呈现良好的相关性，物理学和地质学的重要性才会得到具体体现，否则整个案例分析完全没有意义。换句话说，一旦有了可以得到良好预测结果的模型，就可以分析参数之间内在的相互作用，以查看它是否真正具有物理和地质意义。

这就是数据驱动建模与非专业人员的经验技术的区别，后者完全依赖于统计学和数学，而无需考虑物理和地质情况。此外，还要纠正那些对技术有肤浅理解的人有时针对数据驱动技术的曲解。这些人将数据驱动建模称为"黑匣子"技术，这是由于他们对该技术缺乏了解。如果"黑匣子"是用来强调没有可以完全和全面地解释数据驱动模型行为的确定的数学公式这一事实，那么该术语的使用是正确的。但是，如果是指模型的功能无法理解或验证，那么这就是对该术语的滥用。实际上，对经过训练的数据驱动模型中不同参数之间的所有相互作用进行充分研究，就能够确保其具有物理和地质意义。从这个角度来看，数据驱动模型中没有任何东西可以使其成为"黑匣子"。

## 4.3 数据的质量控制和质量保证

研究人员所面对的现实是真实数据的嘈杂。唯一可以期望获得干净数据的时间点是在使用计算机模拟模型生成数据时。在任何情况下任何时间使用真实数据和现场测量值时，数据中都必定包含噪声。但这一事实不能阻止将真实数据用作构建模型的主要信息来源。在数据驱动模型中，当考虑数据质量时，需要考虑一些特定的问题，要将严格的数据质量控制和质量保证作为数据驱动建模的重要组成部分。

鉴于页岩数据分析包含数据驱动建模技术，因此数据的质量控制和质量保证（QC/QA）至关重要。著名的短语"垃圾进，垃圾出"在数据驱动建模过程中具有了新的含义，因为模型的基础完全取决于所输入的内容（数据）。

但是在储层和生产模拟中进行数据驱动分析时，对于数据质量控制和质量保证存在误区。在这种情况下，数据质量控制和质量保证具有超出正常数据质量控制的工程意义。在数据驱动建模中，建模者使用数据作为唯一可用的工具向计算机（机器）教授储层和（或）生产工程的相关知识，重点是将储层和生产工程事实传达给计算机。这一做法的一个很好的应用实例是将生产动态传递给计算机，因为生产动态通常是页岩数据分析在数据驱动模型应用中的最重要输出结果之一。

下面通过两个例子来说明有关数据驱动模型的数据质量控制和质量保证。第一个例子与储层厚度有关，第二个例子与产量有关。在这两个例子中，讨论"无数据"（电子表格中的空白单元格）与"0"（零）之间的区别。遗憾的是有些人犯了一个严重的错误，认为这两个是等效的。

例如，当参数为储层厚度时，零值具有非常特殊的含义。假设正在为有两个储层 $R_1$ 和 $R_2$ 的油田开发一个数据驱动的模型。数据库中的每条记录是指该油田中一口井一个月的产量，需要两个以"英尺"为单位的储层厚度值，一个是 $R_1$ 的厚度，另一个是 $R_2$ 的厚度。如果把一个储层（假设是储层 $R_1$）厚度值设为"0"，则只是为了说明这口已完井的特定井所在的位置不存在(尖灭)储层 $R_1$，因此对于这口井来说，全部产量来自储层 $R_2$。

但是如果储层 $R_1$ 的厚度不是"0"而是留作空白，则意味着(出于某种原因)不知道该井所在位置的该储层厚度。因此，如果没有理由让研究人员认为该位置不存在该储层，那么必须要确定该位置的储层厚度值。与其他任何值(该油田中的一般储层厚度)一样，在该井位"0"值可能也是正确的，因此在这种情况下，最好的解决办法是利用地质统计学补充该井位的储层厚度值。

接下来将探讨产量的数据质量。由于涉及的是实际问题而不是学术问题，为了训练计算机进行相关性分析而提供的产量剖面非常嘈杂。因此与计算机交流观察到的噪声源非常重要，这样就可以针对预测产量剖面中可能出现的噪声类型对模型进行训练。换言之，需要教会计算机：如果在生产过程中没有干扰，一口油气井将以清晰和良好的动态生产。这种良好动态的输出结果就是递减曲线，或者是由数值模拟生成的油气井产量剖面。但人们永远不会从一口实际的油气井中看到这种动态。图 4.4 中上部的曲线是一个很好的实例。

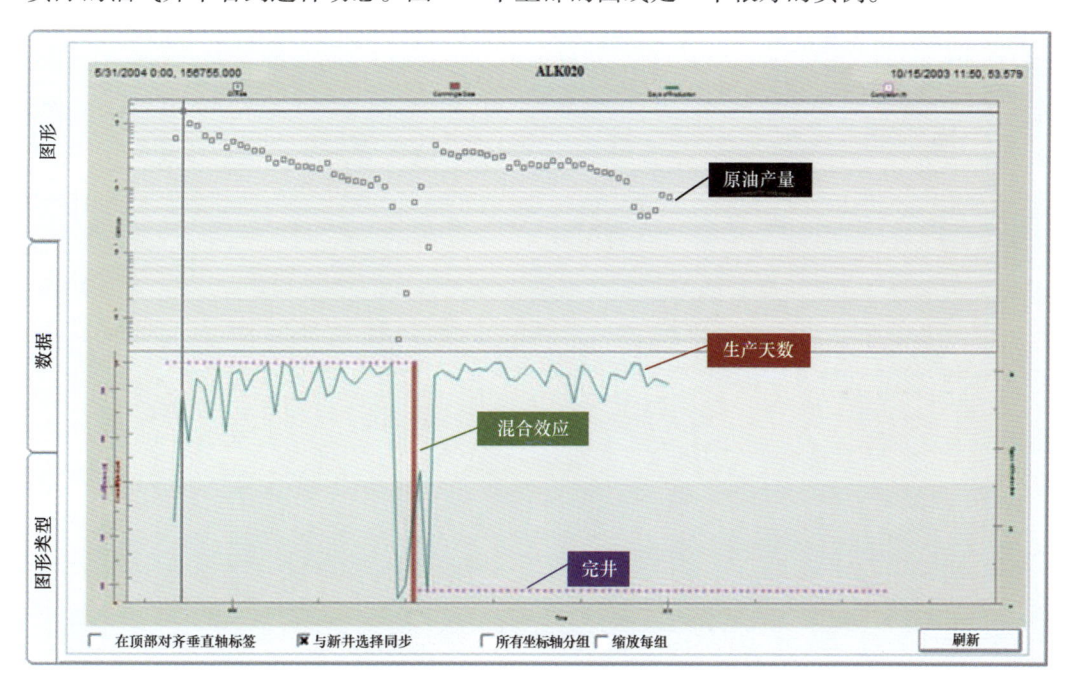

图 4.4 波斯湾一口油井的生产动态。产量上的噪声(上部图形中每月桶数)源于生产运行约束条件的不一致，如井口压力(油嘴尺寸)、生产天数以及完井修正

图 4.4 为波斯湾海上一口油井的实际产油量(每月总桶数)。在该曲线中可以观察到两种类型的数据噪声。第一种是白噪声，通常是因测量结果不一致造成的。这种噪声有微小的上下波动，但不会扰乱产油剖面的总体趋势。然而第二种类型的噪声，即本次讨论的主角，是引起生产趋势变化的噪声，如图 4.4 中在产量开始下降趋势之前的第二个月产量高于首月。此外，在油井半生命周期时，产量中断几乎为零，之后产量开始增长甚至高于中断时的产量水平，之后又开始一个新的趋势，以此类推。

在训练期间需要传递给计算机的信息是，这种生产动态是人为干预(生产运行约束)引起的,而不是井的正常生产动态。图 4.4 的下部图形包括几个可能的图形中的两个,可以帮助解释产油剖面的形态。在下部图形中,绘制了每月的生产天数和完井情况随时间的变化(相同的产量 $x$ 轴)。该图形显示在第一个月中,油井仅生产了几天(该月中旬开始生产),而从第二个月开始,生产天数开始变得越发一致。这解释了从第一个月到第二个月总产油量增长的原因。此外,图形还显示在产油剖面的中间段,油井关闭然后再次打开。当油井再次投入生产时,地层的新区域被打开,并为产量作出贡献。这些信息有助于了解石油生产中的动态(上部图形)。

通过在数据驱动模型的训练过程中提供这些类型的信息,可帮助模型对这些信息进行反卷积。上部图形所示的产油量是所有实际情况的典型案例,产量因受多种因素的影响而复杂化,例如井眼轨迹特征、地层(储层)特征、完井特征以及最终的生产特征。

通过提供足够多的上述特征组合的案例,可帮助模型区分每个相关参数的贡献以及具备最终反卷积信息的能力。这是模型在将来尝试进行产量预测时能够合理运行的唯一方法。

# 第5章 页岩油气产量控制因素

究竟是储层质量还是完井质量决定或控制页岩油气井的产能？在"页岩革命"之前，人们恐怕永远不会听到这样的问题。储层特征对油气井产能的控制众所周知，如果井打在储层质量较差的区域，则产量很低。人们对"甜点"的概念与识别非常重视。但之后随着页岩油气开始生产，加上页岩油气井的完井效果也至关重要，一些人开始提出了这样的问题："是储层质量还是完井质量控制了页岩油气井的产量？"

用页岩数据分析来解答这个重要的问题。这是一种不给出最终结论的方法，换言之，必须先对每个页岩区块进行相似分析，然后才能回答目标区块（在目标页岩区块中）的问题。该分析基于"硬数据"或现场测量数据，因此不对页岩中的油气储集和（或）运移现象进行物理假设，就像所有其他的页岩数据分析应用一样，让数据自己说话。

案例研究包含了美国东北部页岩区块的大量油气井。利用净厚度、孔隙度、含水饱和度和总有机碳（TOC）等特征，对每口井生产储层进行定性分类，此外根据产量对井进行分类。检验了"常识"（传统观念）假设，即储层质量与油气井产能呈正相关（页岩油气井完井后，储层质量越好，产量越高），现场数据要么肯定这一假设，要么否定这一假设。如果肯定了该假设，则可以得出这样的结论：完井作业并未削减产能，产能总体上与储层特征相一致。分析的下一步是确定完井作业的变化趋势和最佳做法。

然而，如果假设被否定（在储层质量更好的页岩中完井的油气井不会获得更高的产能），则应该得出这样的结论：完井作业是导致优质页岩无法获得更佳产能的罪魁祸首。由于更好的储层质量为获得更高的产量提供了必要的前提条件，如果不能满足这一点，那么产量必然与针对油气井所采取的措施有关（在完井期间）。在这种情况下，对完井作业主要趋势的分析应视为确定需要改进的作业（或当该作业会削减产能时，应加以避免）。

## 5.1 传统认识

在本书的这一章里，通过页岩数据分析展示了许多人们先入为主观念（传统观念）下的生产。本章中的分析表明，完井作业对劣质和优质页岩的生产影响差异很大。换言之，为劣质页岩带来高产的完井作业对优质页岩不一定有利。这项研究结果清楚地表明，在页岩完井作业中，"一刀切"的做法是一个糟糕的选择。

石油和天然气工业几十年来形成的传统观念认为，质量更好的储层产生更多的碳氢化合物。换句话说，如图5.1中的蓝线所示，储层特征与产量之间存在正相关关系。由于大量的人为干预（以长水平段完井，具有大量的水力裂缝），页岩油气井的生产已成为可能，许多施工人员开始询问以往不常问的、一直被视为基本事实的

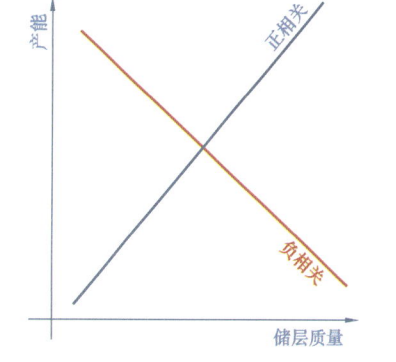

图 5.1 传统观念认为油气井的产能随着储层质量的提高而提高

问题,问题主要针对储层特征(岩石质量)的影响及其与完井作业的关系。

乍一看,这样的问题应该很容易回答。如果从施工上得出的答案并不是很明显(请参见本章末尾的图 5.14 和图 5.15 示例,当将原始数据绘制成图时没有看到趋势),那么可以参考模型来寻找答案,这一过程不应该过于复杂。在建立的模型中,可以保持完井和水力压裂特征参数不变,只改变储层特征参数,观察其对生产的影响,从而回答上述问题。这听起来相当简单和直截了当,但实际上这样(能够现实地解决此类问题)的模型并不存在。在第 2 章已探讨了页岩储层建模的现状。

换言之,目前用于模拟页岩中流体流动(进而模拟产量)的公式并不能真正表达正在发生的事情,因此科学家和工程师无法完全相信这些模型产生的结果。这在多个层面上都是如此,包括流体储集、运移和诱导裂缝的模拟。

为了回答之前对目标区块提出的问题,现在只参考现场实际的测量数据,或者称其为"硬数据"。这里展示的结果并不具有普遍性,建议对每个油田现场进行类似的研究。硬数据是指井斜、方位角、测井曲线(伽马射线、密度、声波等)、水平井段和压裂段长度、流体类型和用量、支撑剂类型和用量、瞬时停泵压力、破裂和闭合压力以及相应的泵注排量等现场测量数据。

就储层特征而言,使用产层净厚度、孔隙度、含气饱和度和 TOC 来确定岩石质量,此外使用压力校正产量作为产能指标。将本书(第 3 章)之前介绍的页岩数据分析技术用于本章所展示的分析。

## 5.2 页岩储层质量

监督的模糊聚类分析的设计使具有领域专业知识的工程师和地球科学家能够确定页岩(地层)质量,这是一个简单但非常重要的修改,以适应本文展示的分析类型。同样,该分析的目的是要回答有关储层质量对页岩油气井产量的重要性和影响的具体问题,以及与完井作业的影响有何不同。如果不对模糊聚类分析算法进行必要的修改,就不可能进行此类分析。

对原始模糊聚类分析算法的修改(以增加对算法的监督)基于一个简单的观察,允许研究人员将某些领域专业知识应用到纯粹的数据驱动分析中。换句话说,当工程师和地球科学家接触到数据驱动分析时,其尝试解决被他们共同到观察的问题。由于真正了解有关页岩质量的某些基本物理性质,因此将以这种方式指导(监督)分析,以便能够确定目标井页岩储层特征在多大程度上与已知物理性质相似。例如,如果可以区分岩石(页岩)的质量,从而就能够清楚地强调"好"和"差"的岩石(页岩)之间的差异,那么本分析的目标就是要了解这些岩石(页岩)质量类别中每口井的储层质量的隶属度。换句话说,应该可以确定目标井储层特征的相对"良好度"。

接下来是根据测量的参数来判断岩石(页岩)的质量。由于页岩油气储量的计算仍然是一个持续的研究课题,为了安全起见并使本研究结果能够为所有各持己见的工程师和科学家所接受,不会使用任何公式计算储量(作为储层质量的代表)。取而代之的是,将尝试确定能够为任何具有储量计算背景的人所接受的任何类型储层(包括页岩储层)的特征参数。区分岩石(页岩)质量"好"和"差"的规则将基于以下简单的观察结果(在其他一切都是同等的条件下):

(1) 产层净厚度大的储层,油气储量应比产层净厚度小的储层高;

(2) 孔隙度高的储层,油气储量应比孔隙度低的储层高;

(3) 含油饱和度高的储层,油气储量应比含油饱和度低的储层高;
(4) TOC 高的储层,油气储量应比 TOC 低的储层高。

为了确定页岩储层质量,将使用上述四个无争议的规则。测量数据将成为分类的基础。需要注意的是,只要决定采用现场实际的测量数据,那么只能使用"拥有的数据",而不是使用"希望拥有的数据"。在这个特定的油田现场,有四个可用的储层特征参数:产层净厚度、孔隙度、含气饱和度和 TOC。在其他情况下,可能可以提供更多的数据(地质力学特征参数),这些数据也可以参与确定岩石(页岩)质量。

参照上述规则,如图 5.2 所示,定义并施加(监督)了三个类别中心的位置作为"好"(较大的红色圆圈)、"中"(较大的绿色圆圈)和"差"(较大的蓝色圆圈)的页岩储层质量。通过这种方式,每一口具有这四个参数给定值的井将获得所有三个类别的隶属资格。换句话说,这个区域的每一口井都被分配了一组三个隶属度。每口井周围的储层有"好""中""差"之分,分别对应不同隶属度(图 5.3)。

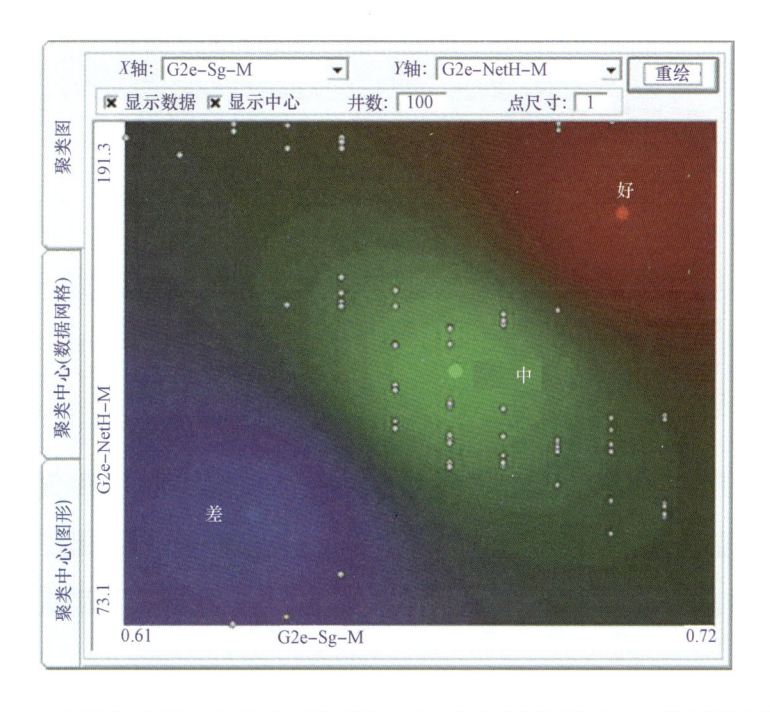

图 5.2 产层净厚度与含气饱和度关系图。较小的白色圆圈代表每口井的测量位置。彩色大圆圈的位置确定了对"好""中"和"差"岩石质量的定义

使用这种技术,实现了两个重要目标。图 5.2 和图 5.3 均为产层净厚度与含气饱和度的交会图。针对这四个储层特征参数的所有组合都生成了类似的交会图,并定义了岩石质量"好""中""差"的类别中心。应注意的是,根据这些定义,现在对"好""中""差"页岩储层质量有了一个明确且无争议的定义。此外,由于有监督的模糊聚类分析算法,知道了每口井在这些储层质量中完成的程度(模糊隶属度函数)。例如,图 5.3 中确定的 1#井(每个小白圈代表一口井的储层特征测量值)在"好""中""差"三个模糊聚类中都有隶属关系,但隶属度不同。如图 5.3 所示,1#井在"中"储层质量的隶属度远高于其他两个类别。

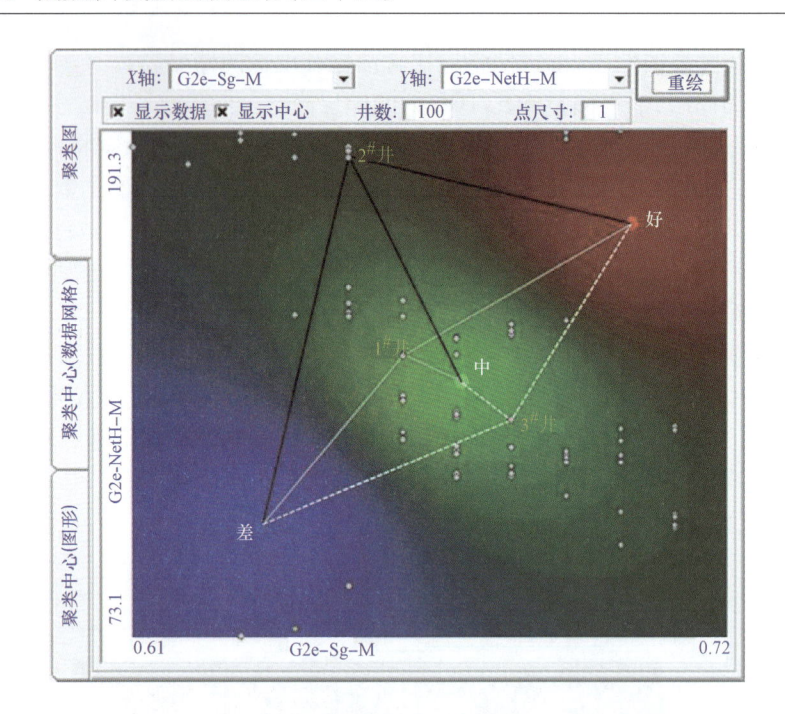

图 5.3　每口井在三个模糊聚类(储层质量)中都具有隶属度

图 5.4 和图 5.5 提供了有关监督模糊聚类分析结果的图形和统计信息。图 5.4 显示,储层质量"好"的一组井最终的产层净厚度、孔隙度、含气饱和度和 TOC 值均高于位于储层特征参数为"中"和"差"的区域的井。此外,图 5.5 表明每个类别的储层特征统计数据均符合根据储层质量对井进行分类的初衷。

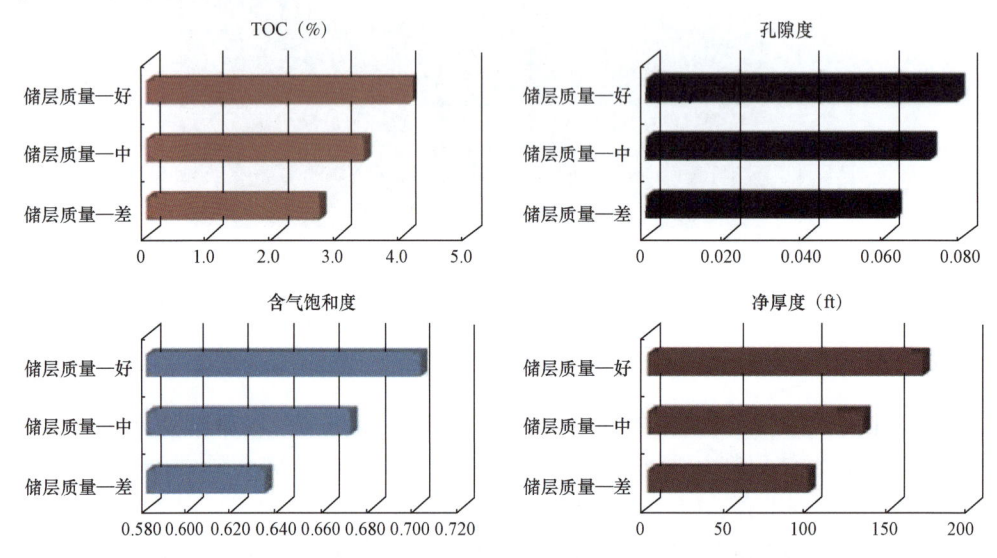

图 5.4　本节提到的规则在页岩储层质量分类中应用于现场数据的结果

图 5.5 中的统计数据表明,39 口井的储层在"差"储层质量类别中的隶属度较高,127 口井的储层在"中"储层质量类别中的隶属度较高,55 口井的储层在"好"储层质量类别中的隶

属度较高。既然已经确定了相关类别中每口井的隶属度,接下来将首先尝试确定和比较这些类别中井的生产动态,然后再尝试确定主导各类井某种生产动态的完井参数。

聚类统计数据

| 类别 | 1 | 2 | 3 |
| --- | --- | --- | --- |
| 井质量 | 储层质量—差 | 储层质量—中 | 储层质量—好 |
| 井数 | 39 | 127 | 55 |
| 平均熵值 | 0.45 | 0.31 | 0.47 |
| 平均隶属度 | 0.61 | 0.73 | 0.58 |
| TOC(%) | 2.7 | 3.4 | 4.1 |
| 孔隙度 | 0.062 | 0.071 | 0.078 |
| 净厚度 | 99 | 133 | 170 |
| 含气饱和度 | 0.633 | 0.671 | 0.702 |

图 5.5　每一类储层质量模糊类别的统计数据

在继续之前,介绍一下生产指标,它是本次分析中每口井需要计算的最后一个参数。生产指标为每口井压力校正后的三个月累计产量。在这一部分的分析中,探讨了每一类(集群)井的生产动态,目的是了解根据储层特征(考虑其在所属类别中的隶属度)被归类为"差"井的产量是否低于被确定为"中等"井和"好"井的产量?同样,根据储层特征(考虑其在所属类别中的隶属度)被确定为"中等"井的产量是否低于被确定为"好"井的产量,且高于被确定为"差"井的产量?按照"传统观念",井的产量与其储层特征正相关。但是,"传统观念"是否适用于"非常规资源"?笔者希望下一节的分析结果能对这个问题有所启示。

## 5.3　粒度

在给出结果之前,最后需要解释的是粒度的概念。粒度被定义为在数据集或其他现象集中数据细化的级别或程度。在发现或分析数据集中的模式时,粒度的概念变得很重要。一旦趋势或模式能够容忍(保持一致)一定程度的粒度,它就是有效的。换言之,如果随着粒度的增加,趋势和(或)模式能够保持(保持不变)在至少一个级别,则可以接受。此外,形成趋势和模式的级别、类别或组别需要一定量的群体数才能被判断为可接受的。群体的大小使它们被接受成为一种趋势或模式,而不是无根据的事。例如,期望一口单井能代表一个类别是不合理的,这种想法与其说是趋势或模式,不如说是无根据的事。

对于一个类别中的粒度或群体的类别数量,没有广泛接受的值或数。可以根据在该领域的经验来判断这些值。在这项研究中,可接受的趋势和模式是那些在粒度上增加至少有一个级别的趋势和模式。此外,假设一个集群或类别中可接受的最小井数(群体数)为 8 口井(几乎等同于一个多井平台)。

## 5.4　完井和储层参数的影响

这些分析结果分两个小节进行讨论。第一小节(本节)中,介绍执行分析的策略以及如何实现该策略。此外,在本部分中,还解释了数据总体趋势的检测,这些数据说明了不同岩石质量下储层质量和完井作业之间的相互作用。在第二小节(下一节)中,讨论重点将切换到完井(设计)参数,该节中将检测不同完井(设计)参数的影响。

### 5.4.1 模式识别分析结果

本书这一章讨论的问题是:"储层和完井作业,哪个因素控制页岩油气井的产量?"为了回答这个问题,设计了以下策略。

(1) 对储层特征进行了定性定义。

(2) 每口井在每个储层质量类别(好,中,差)中都被分配了一个隶属度。

(3) 根据应用的储层质量(类别)隶属度计算每口井的产能。这意味着如果一口井100%的产量来自储层质量100%为"差"的储层中,这口井将被分配到"差"井类别中,其他亦然。

(4) 将每类储层质量中的井的产能进行平均,来代表该类别井的产能。

为了使分析尽可能全面,分几个步骤实施上述策略。第一步,将区块中的井仅分为"好"和"差"两类储层质量。图5.6显示了该分析的结果,右边的水平柱状图显示,该油田所有221口井均处于储层质量"好"和"差"的区域内,而"好"的储层质量具有更大的页岩厚度,孔隙度、含气饱和度和TOC值均更高。

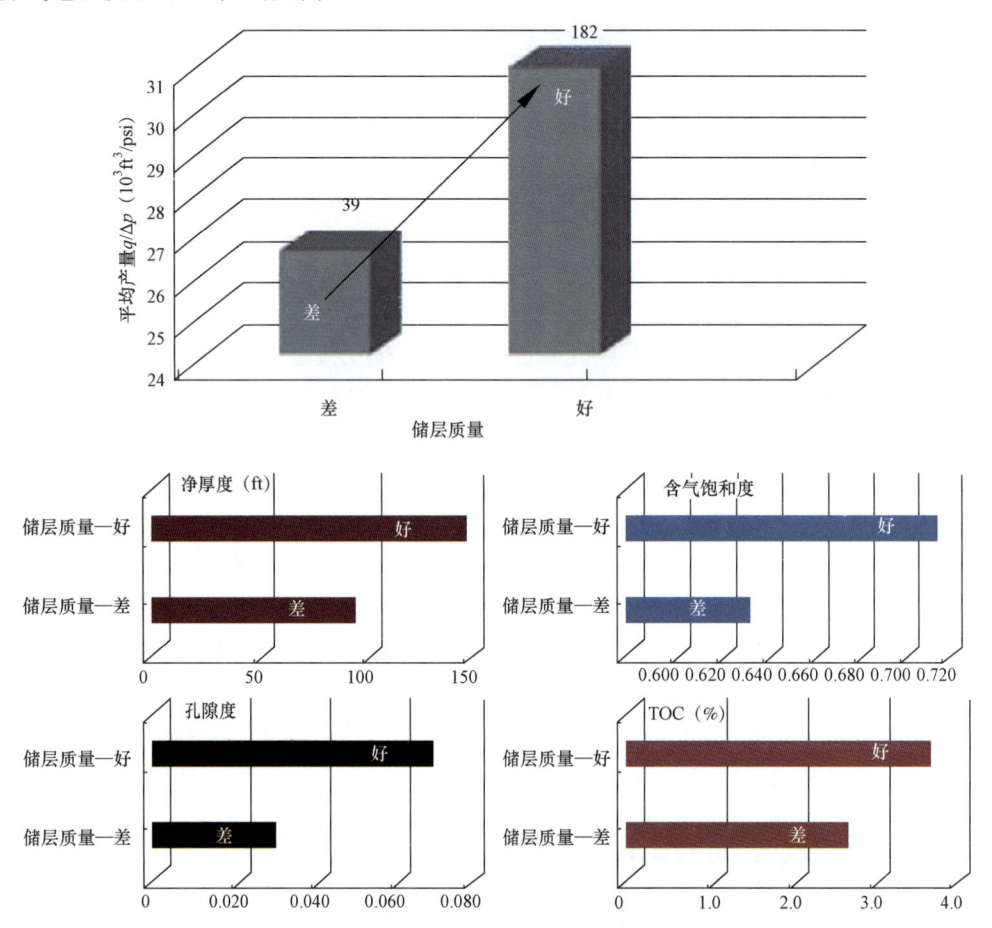

图5.6 储层质量"差"的区域的井产能低于储层质量"好"的区域的井

此外,图5.6左边的垂直柱状图显示了如预期那样,根据"传统观念",在"好"储层的井产能高于在"差"储层的井。根据该图,221口井分成了39口"差井"和182口"好井"。现在看看,一旦将分析的粒度从两个类别(集群)增加到三个类别,这个结论是否成立。

图5.7显示了当粒度从两类增加到三类储层质量时的分析结果。在图5.7中,右边的水平柱状图清楚地显示了代表该油田"好""中""差"类别的储层特征值。在油田的221口井中,"差井"中的39口井仍与以前一样属于这一组,而其余的井则分成127口"中等井"和55口"好井"。图5.7左边的垂直柱状图显示出产能不再遵循预期趋势。换言之,在储层质量为"中"的区域的井产量高于储层质量为"好"的区域的井。这是一个出乎意料的结果,但在得出任何结论之前,首先必须确定图5.7中观察到的趋势能够经受住粒度增加的检查。

为此,将图5.7柱状图中各部分的粒度从两类增加到三类。换言之,重点针对该油田"差"到"中"的这部分,把这部分的粒度从两个类别增加到三个。然后将重点转移到油田中"中"到"好"的这部分,将该部分的粒度也从两个类别增加到三个。因此,总的来说,可以说已经将整个油田分析的粒度从三个类别增加到了五个甚至六个(这取决于个人的看法,因为在最好的井和最差的井之间有34口井的重叠,这个问题将在后面进行解释)。

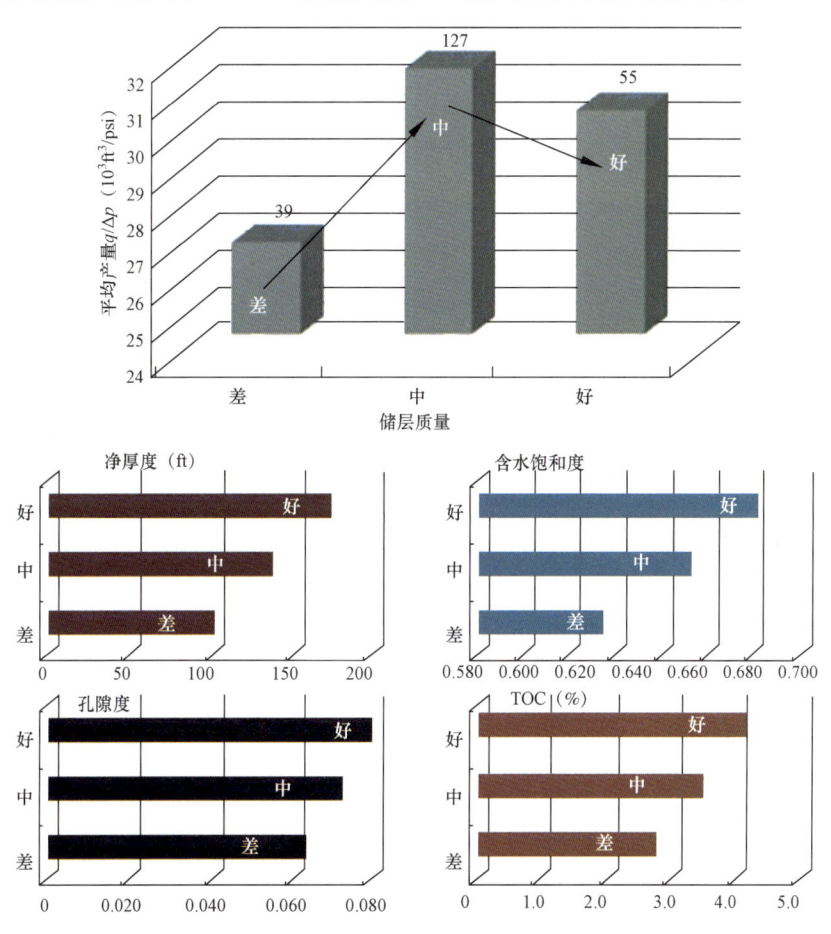

图5.7 储层质量"差"的区域井产能低于储层质量"中"的区域的井产能,储层质量"差"和"中"的区域的井产能低于储层质量"好"的区域的井产能

在图 5.8 中,重点只转移到油田"差"和"中"的这部分井,将这部分储层称为"劣质页岩——LQS"。在图 5.9 中,重点转移到油田"中"到"好"的这部分井,将这部分储层称为"优质页岩——HQS"。这些图表明,随着每种类型储层的粒度从两类增加到三类,图 5.7 中首次观察到的趋势成立。此外,在图 5.8 所示的劣质页岩中,水平(储层质量)柱状图与垂直(产能)柱状图的趋势一致,而图 5.9 所示的优质页岩,趋势则相反。图 5.8 和图 5.9 中的趋势反映了图 5.7(左边垂直灰色柱状图)所示的趋势,但粒度更高。

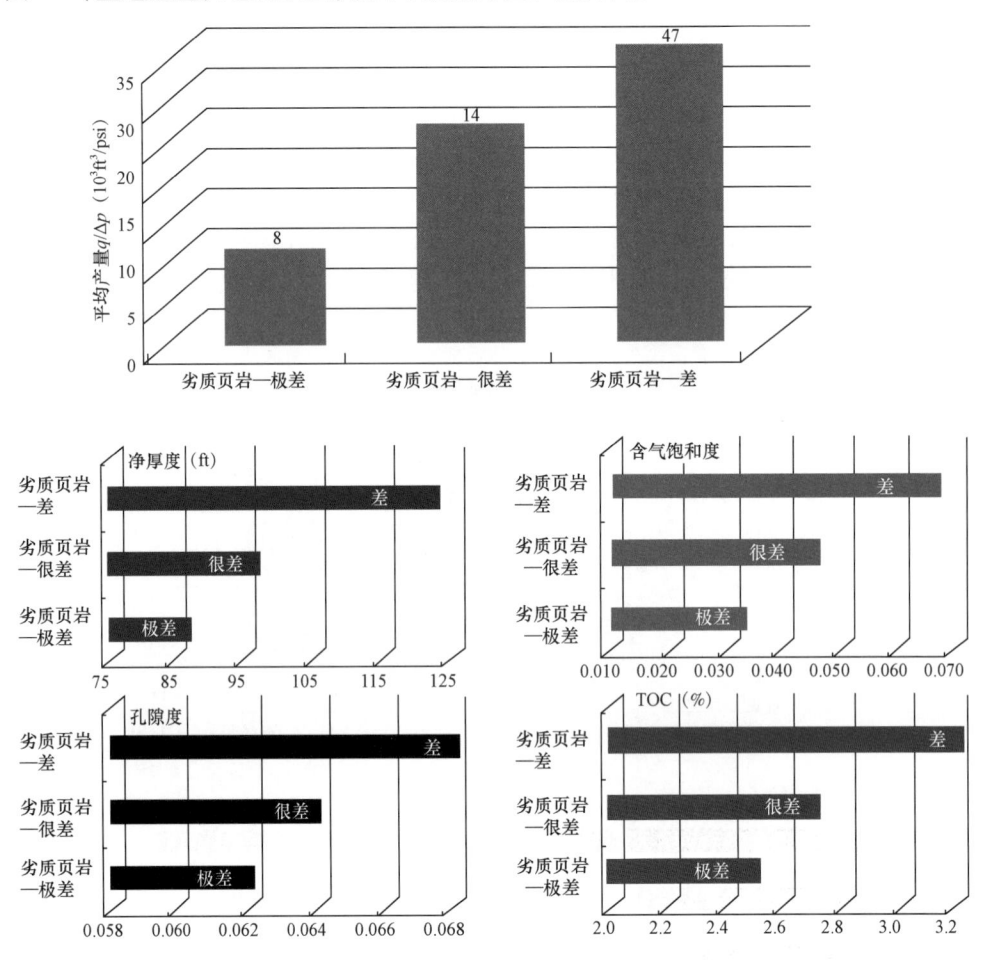

图 5.8 劣质页岩(LQS)的产能趋势与储层质量趋势一致

对这些模式唯一合理的解释是,虽然"传统观念"似乎适用于劣质页岩(LQS),但不一定适用于优质页岩(HQS)。换言之,虽然储层质量似乎决定了劣质页岩的生产动态,但对于优质页岩,储层质量的重要性就要让位于其他因素(如完井作业)。对于劣质页岩,完井作业的作用只不过是依照所期望的那样,提供的技术手段(在产量方面)能够让岩石有所产出。在劣质页岩中,施工人员会从储层较好的井获得更多产量,只要完井作业在行业可接受的范围内(无特殊情况),那么完井投资就可获得可接受的回报。

然而在优质页岩中,完井作业的作用和影响变得更加明显。如果没有经过合理的工程判断和详细的科学研究而对完井作业进行认真检验和设计,完井作业实际上会阻碍页岩的生产

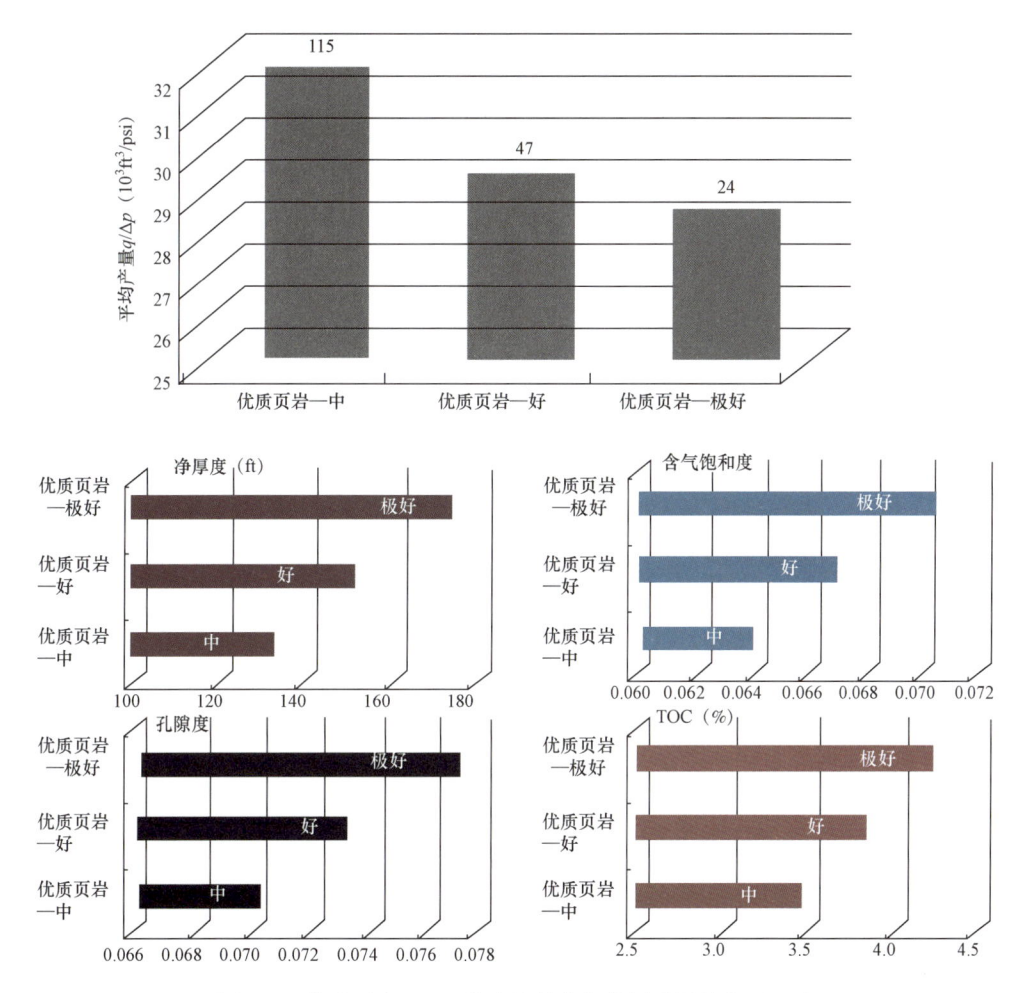

图 5.9 优质页岩(LQS)的产能趋势与储层质量趋势不一致

能力。图 5.9 为这一推理提供了说明。该图中,就储层特征而言,位于"好"至"极好"储层的井产量低于位于"中等"储层的井。因此,如果储层质量不是产量的驱动因素,那什么是驱动因素呢？唯一可能的潜在因素就是完井和建井施工作业。

因此,对于优质页岩而言,这些因素(完井和建井施工作业)必定影响产量,并且超过了储层特征的影响。请注意,这一认识并不是通过一两口井的观察得来的,而是通过 221 口井得到的一个模式。图 5.9 表明,施工人员没有从页岩油气井获得应有的产能类型,因此可以而且应该对完井作业和设计进行改进。但是怎么做呢？哪些完井参数实际控制了这些井的产能？如何对其进行修改以提高产能？随着继续介绍页岩数据分析,这些问题将在本章的下一节进行讨论。

## 5.4.2 完井参数的影响

既然已经确定了完井作业对页岩油气井产量的影响随储层质量而变化,那么重点将转向具体的完井特征参数,以确定其对页岩油气井产能的影响。下面是如何完成这一过程的详细说明。根据储层特征的定义对每口井进行定性分类,然后将每个类别中井的隶属度作为计算其产量的一个指标,同样将每个完井变量以及同一类别中所有井的平均值也作为计算其产量的一个指标。如果由此得出的产能和完井作业变量显示出相似的趋势,则可以得出相应的结论。图 5.10 至图 5.13 展示了这一分析。

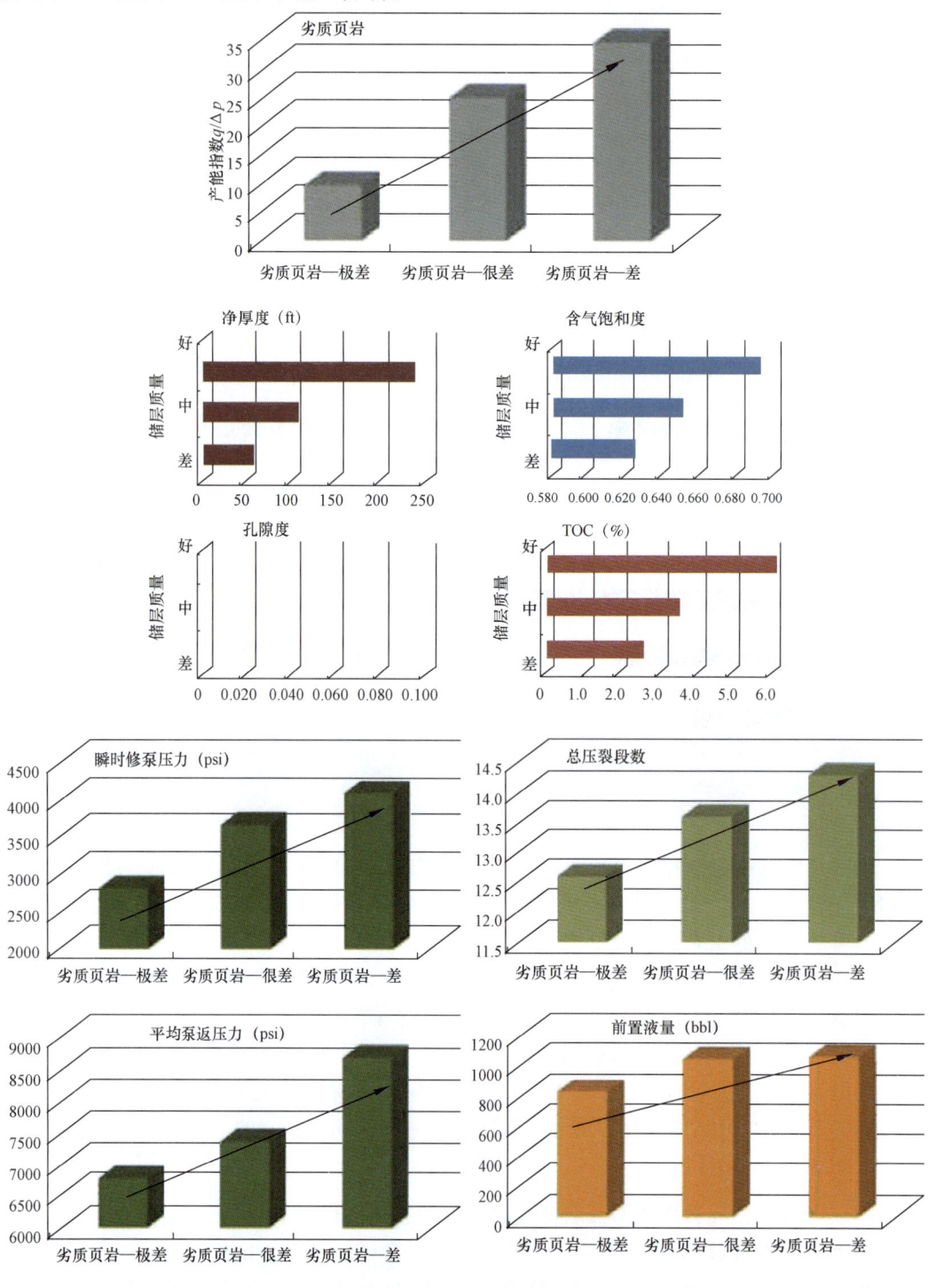

图 5.10 完井特征参数对劣质页岩产量的影响:趋势与产量相似

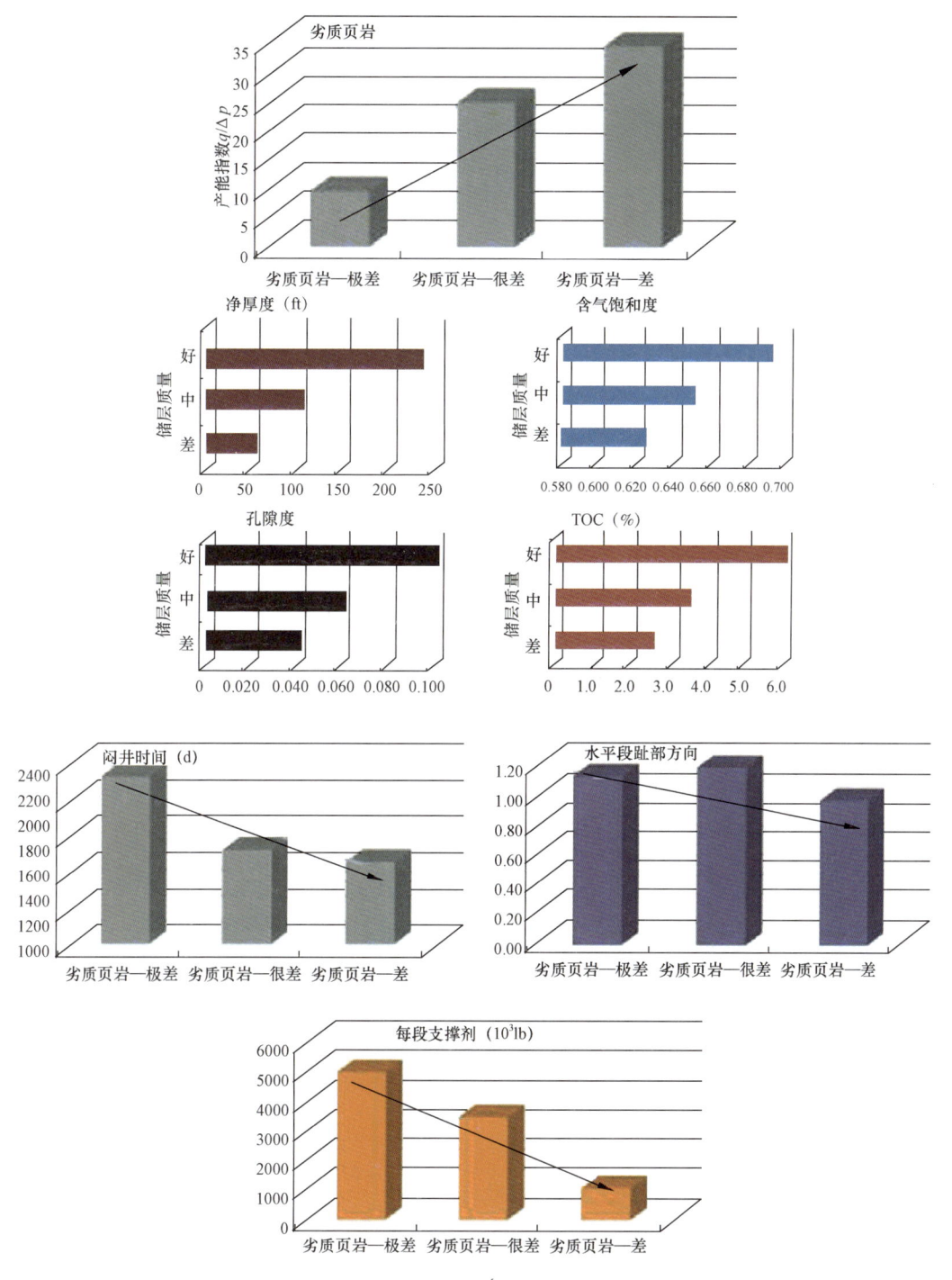

图 5.11　完井特征参数对劣质页岩产量的影响:趋势与产量相反

下面通过图 5.10 来阐明这个算法,该图显示了对劣质页岩(LQS)的分析。三种储层质量被确定为"极差""很差"和"差",右上角的水平柱状图显示相应的储层特征(图 5.8 右边的柱状图与此相同,更清晰)。这些图清楚地表明,"极差"页岩的平均净厚度、孔隙度、含气饱和度和 TOC 低于"很差"页岩,"很差"页岩的平均净厚度、孔隙度、含气饱和度和 TOC 低于"差"页岩,这样分类似乎很合理。

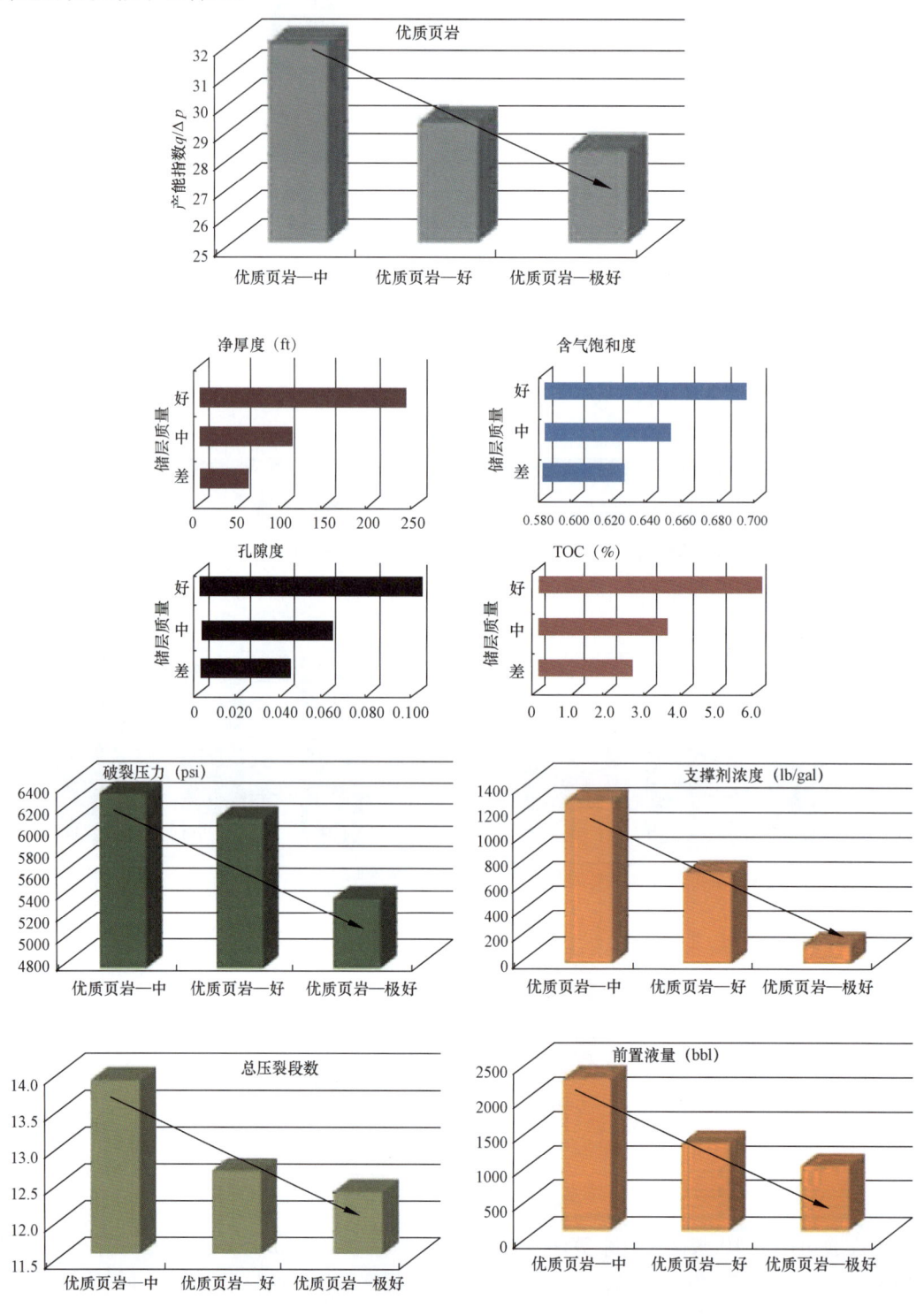

图 5.12　完井特征参数对优质页岩产量的影响:趋势与产量相似

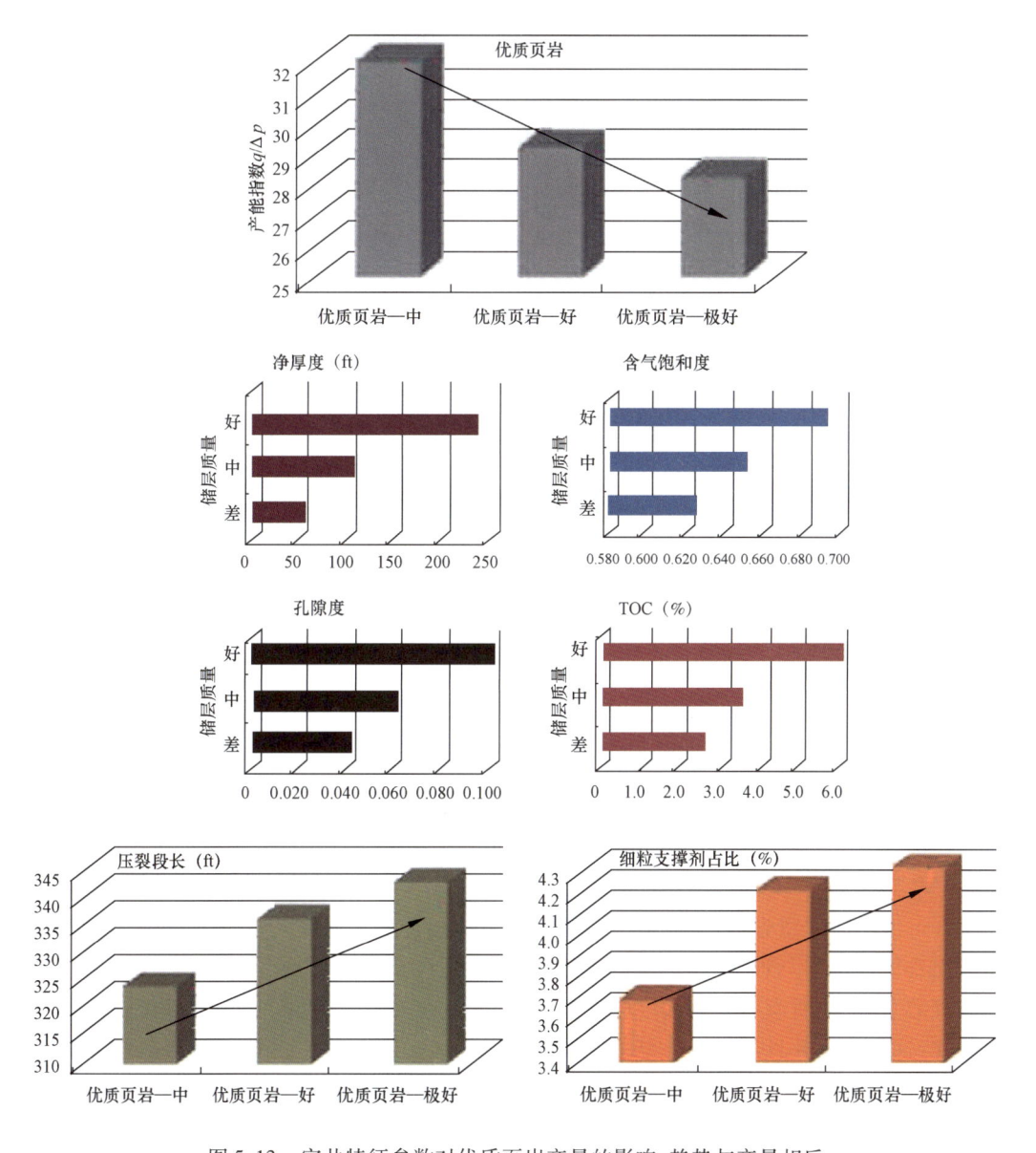

图 5.13　完井特征参数对优质页岩产量的影响：趋势与产量相反

当绘制上述分类井的产能图（图 5.10 中左上角灰色垂直柱状图）时，可以观察到与预期一样，"差"储层的井产量高于"很差"储层的井，以此类推。当使用基于储层质量的井的隶属度来计算其在完井属性中所占的份额，并据此绘制图形时，可以看到，例如"总压裂段数"（图 5.10 中右边的棕色垂直柱状图），其趋势与产量的趋势相似。在这种情况下，针对劣质页岩得出两点结论：(1) 这个特殊属性"总压裂段数"是一个主导（单调）属性（因为它有主导的不变趋势）；(2) 趋势方向一致，"总压裂段数"的值越高，产能越高。根据图 5.10 底部的两个垂直柱状图，对于"平均泵注压力"和"前置液量"可以得出类似的结论：在质量（相对）较好的页岩（总体属于劣质页岩类别）中的井，应采用较高的平均泵注压力进行压裂；在质量（相对）较好的页岩（总体属于劣质页岩类别）中的井，应采用更大的前置液用量进行压裂。

图 5.11 所示为完井参数的趋势分析（针对劣质页岩），这些参数似乎对产量有重要影响，但是是相反的影响。采用上一段文字内容中提出的相同逻辑，可以得出关于其他三个参数的结论。对于"每段支撑剂"用量，根据图 5.11 底部的橙色垂直柱状图（与产量趋势相比）的数据表明，对于劣质页岩，较高的"每段支撑剂"用量设计似乎并不合适。图 5.11 显示，储层"极差"的页岩油气井，即使在完井过程中"每段支撑剂"用量较大，也无法获得更高的产量。

关于"闷井时间"也可以得出类似的结论。分析表明，对于劣质页岩，较短的闷井时间（从压裂后到返排之间的天数）似乎是有益的（请注意，该油田的闷井时间通常较长）。

为了分析该油田优质页岩的完井参数，绘制了图 5.12 和图 5.13。其逻辑推理与已展示的那些关于劣质页岩的逻辑类似。图 5.12 左上角（灰色垂直）柱状图显示得并不直观，可以看到随着岩石质量的提高（$x$ 轴），产能（柱子）降低，这与预期恰恰相反。那么是什么原因造成这样的结果呢？左下角的棕色垂直柱状图显示，在该油田分析过的油井中，"总压裂段数"随着岩石质量的提高而减少。

较低的产能（在优质页岩中的井）与"总压裂段数"之间存在明显的正相关关系。这（至少部分）解释了本应产量更高的井为何产能较低。针对完井参数，如"支撑剂浓度"和"前置液量"，也可以得出类似的结论。

对于优质页岩，完井参数"压裂段长"和"细粒支撑剂的占比"具有相反（负）的相关性。图 5.13 表明，对于这两个参数，较低的产能与较高的参数值直接呈正相关。换言之，页岩储层质量较好的井，影响其产能的主要原因是完井水平段长度、小细粒支撑剂的用量。

### 5.4.3 关于结论的重要说明

读者可能已经注意到，在上述分析中笔者避免使用数字。当提到劣质页岩和优质页岩时，没有给出具体数字（尽管自己可以从轴上读取），这是有原因的。作为工程师，已经习惯于不断地处理数字，并将所有事情与尺度联系起来，对于日复一日进行许多分析的工程师和地球科学家来说，这是很好并且适用的方法。然而，当涉及模式分析时，几乎所有的分析都是"具有针对性的"。具体地说，当涉及页岩时，笔者警告不要随意使用这里展示的结果，并将其以任何图形或形式推广到任何其他页岩盆地和（或）同一盆地中的其他油田。如果你有足够的数据，建议进行类似的分析并得出适当的结论。

### 5.4.4 结论与结束语

本章介绍的页岩数据分析的应用提供了所需的洞察类型，以便深入挖掘页岩区块完井作业的影响。研究表明，模式识别技术作为页岩数据分析的一个重要组成部分，可以揭示设计参数对页岩油气井产能的影响。该技术可以区分岩石质量和完井作业对井产能的影响。结果表明，劣质页岩（LQS）的完井设计不如优质页岩（HQS）的完井设计重要。

虽然"一刀切"的设计理念对劣质页岩来说已经足够了，但它肯定不能针对优质页岩。笔者坚信，通过改变和优化页岩完井和水力压裂的设计，可以从这一丰富的资源中获得更大的收益。本章开头提出的问题是"储层和完井，哪一个因素控制着产能？"事实证明这不是一个容易回答的问题,每个油田的答案都不尽相同❶。但是,对于本章中讨论的油田,已证明页岩数据分析是能够利用事实(现场测量数据)来提供答案的,从而帮助施工人员优化页岩油气生产。

纵观本章所呈现的分析,可以得出这样的结论:"已经知道了本章提出的许多结论。"为什么还要费心于所有细节才能得出如此直观的结论(比如压裂段数越多越好)呢?

更重要的问题应该是"是否需要从实测数据中学习(来自现场的事实)?"本章的主要结论之一将贯穿本书,即在劣质页岩和优质页岩中,压裂段数越多越好,这一点非常直观,大多数油藏工程师会告诉你,他们已经知道了这一点。这个结论是正确的,因为在页岩中,你只在接触到岩石的地方生产,虽然不是所有的水力裂缝都是成功开启的,但是通过增加水力裂缝(阶段)的数量,就增加了成功的机会,这的确是正确的说法,然而更重要的问题是"能否通过观察现场的实际原始数据得出同样的结论?"

图 5.14 是最佳 12 个月累计产量与用于分析的总压裂段数的交会图。任何人都能通过观察该图得出"在这个油田,为了提高产能,不管岩石质量如何,最好有更多压裂段"的结论吗?一旦证明(通过本章中的分析)不管其表现多么杂乱无章(如图 5.14 所示),这种合理直观的结论确实可以从实际数据中得出,那么人们可能会对这些分析(技术)得出的其他不是很直观的结论更有信心。

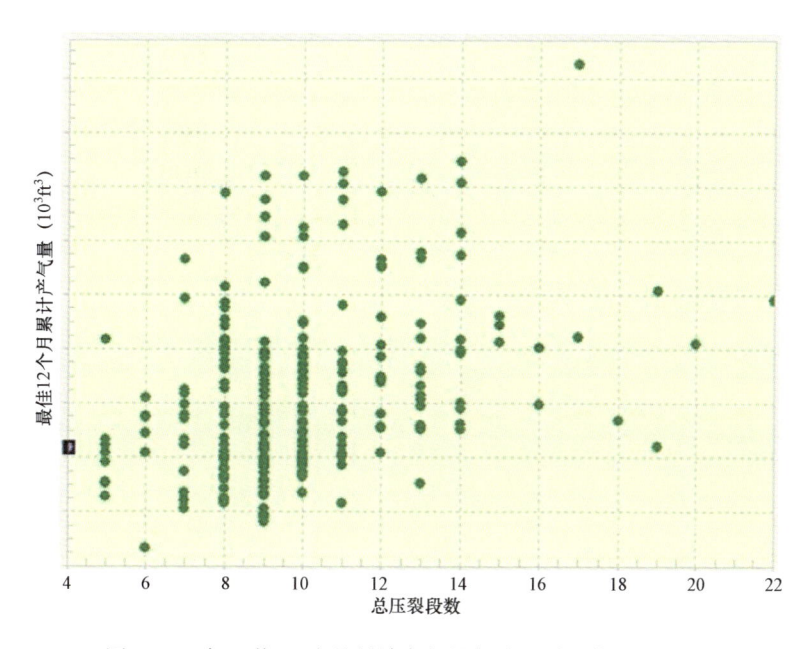

图 5.14 每口井 12 个月累计产气量与总压裂段数的交会图

虽然此处没有完整呈现(出于保密目的),但本研究也得出了其他结论。例如"在这个油田,为了提高产能,不管岩石质量如何,最好用更多的前置液量进行压裂作业。"图 5.15 为最佳

---

❶ 如果对多个区块的多个油田进行类似的分析,那么可能会得出一些通用的结论。基于这一点可以安全地得出结论,这些要依赖于现场的分析,不应一概而论。

12个月累计产量与本文所提供用于分析的前置液总量的交会图。这是一个不直观但却很重要的结论，它可以帮助施工人员优化压裂作业。

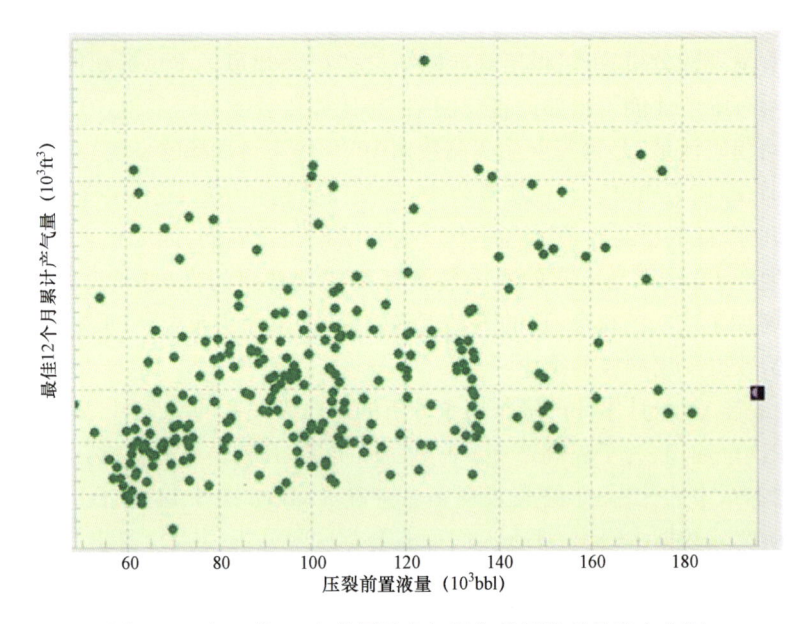

图 5.15　每口井 12 个月累计产气量与前置液总量的交会图

# 第 6 章 地质力学测井曲线重构

近年来,随着人们对非常规油气资源开发利用的兴趣日益增加,预测油田应力变化对油藏动态的影响已成为油气勘探与生产的焦点之一。地质力学综合了固体力学和流体力学、物理学和工程地质学,以确定岩石和流体流动对钻井、生产、压裂和提高采收率引起的应力变化的响应。当岩石中的应力发生变化时,岩石就会变形并改变其体积和几何结构,进而改变流体流动的路径。因此,油藏生命周期的每个阶段都得益于对油藏地质力学性质的准确测定和评价。

## 6.1 岩石的地质力学性质

如果不能准确理解地质力学,将对页岩储层造成严重后果。钻井液漏失量过大、井筒失稳、套管压缩和剪切、出砂、页岩水平井产量快速下降等都是由于忽略了应力变化造成的结果。因此,钻井设计、井身稳定性、生产计划以及更重要的水力压裂设计都高度依赖于储层岩石的地质力学性质和模型。岩石力学性质通常是通过对岩心的实验室实验或最近使用一些先进的地质力学测井获得的。本节描述了与页岩作业有关的地质力学特性,包括最小水平应力、杨氏模量、剪切模量、体积模量和泊松比。

### 6.1.1 最小水平应力

油藏受三种主应力约束,即垂直应力、最大水平应力和最小水平应力。主应力的大小和方向很重要,因为它们控制着产生和扩展裂缝所需的压力,以及裂缝的形状、垂向范围和方向。水力裂缝将垂直于最小水平应力扩展。图 6.1 显示了最小水平应力。

$$\sigma_{Hmin} \cong \frac{v}{1-v}(\sigma_o - \alpha p_p) + \alpha p_p + \sigma_{ext}$$

$\sigma_{Hmin}$=总最小水平应力

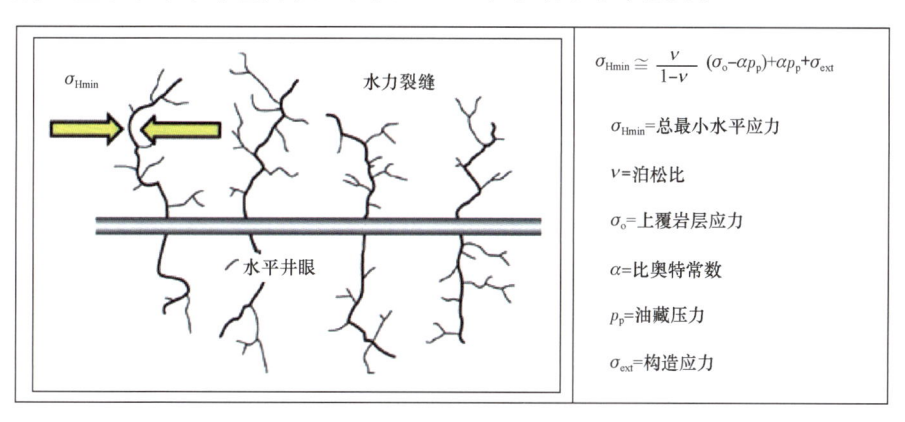

$v$=泊松比

$\sigma_o$=上覆岩层应力

$\alpha$=比奥特常数

$p_p$=油藏压力

$\sigma_{ext}$=构造应力

图 6.1 总最小水平应力

### 6.1.2 剪切模量

剪切模量与岩石受到平行于其表面的力时的变形有关。图 6.2 显示了所施加的力及其适当的表达式。剪切模量的单位在国际单位制中是帕斯卡(psi)。

图 6.2　剪切模量

### 6.1.3　体积模量

岩石的体积模量用于测量岩石对均匀压缩的抵抗能力。简而言之,体积模量正好是体积压缩性的倒数。图 6.3 示意性地显示了体积模量的定义。体积模量的单位在国际单位制中是 psi。

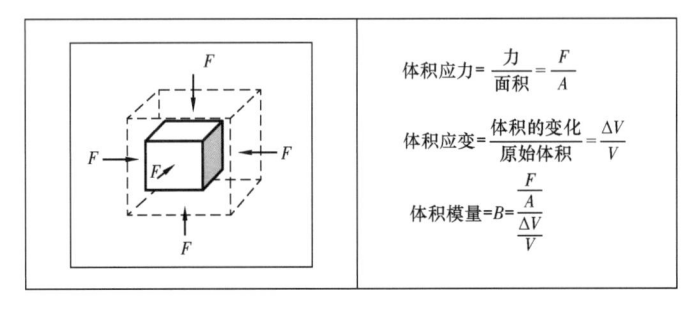

图 6.3　体积模量

### 6.1.4　杨氏模量

杨氏模量定义为沿一个轴的应力与沿该轴的应变之比。图 6.4 显示了杨氏模量的示意图。杨氏模量的单位也是压力的单位,即 psi。

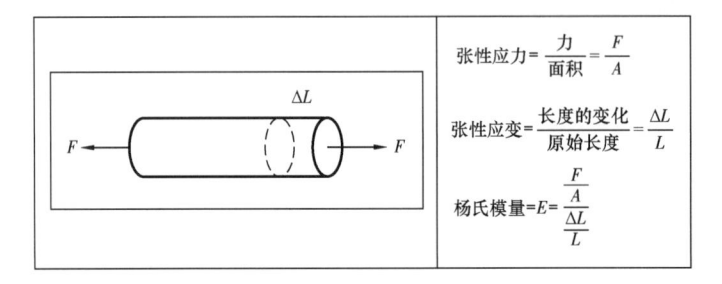

图 6.4　杨氏模量

### 6.1.5　泊松比

泊松比是垂向应变与侧向应变的负比率。简言之,泊松比表示当顶部被压缩时,侧面凸出的量。图 6.5 示意性地描述了泊松比。泊松比是一个无量纲的参数。

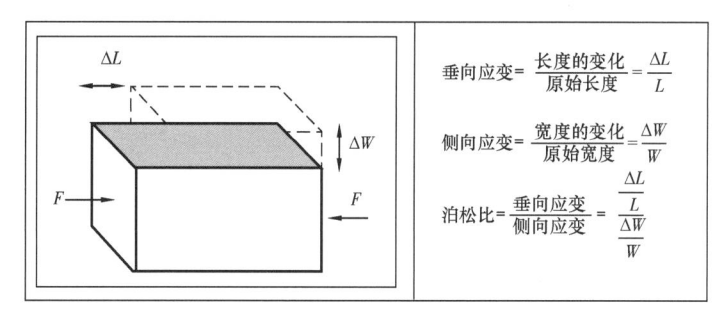

图 6.5　泊松比

## 6.2　地质力学测井

测井是一种对钻孔穿透的地层进行详细记录的方法。石油和天然气工业利用测井获得一套地层的岩石性质的连续记录。在油气工业中,测井作为确定和分类油气藏潜在产层的一种基本工具,已有将近一个世纪的历史。

在不同类型的测井曲线中,人们认为地质力学测井是服务公司的一种先进的测井方法。据报道,进行这些测井的成本要高于任何其他类型的常规测井,尤其是在水平页岩井中。这些地质力学测井参数包括最小水平应力、泊松比、杨氏模量、体积模量和剪切模量。

钻机租赁成本在过去几年中有所增加,同时开展不同类型的测井成本也有所增加。近年来对快速、高效、准确的测井数据采集的需求越来越普遍。其他方法,如在实验室中对岩心进行实验,成本仍然很高。尽管近年来地质力学测井非常流行,但大公司并不总是对一个资产内所有可用井都做地质力学测井。因此,能够生成精确的合成测井曲线(特别是合成地质力学测井曲线)的方法成为非常有吸引力的解决方案。

## 6.3　合成模型的发展

马塞勒斯(Marcellus)页岩的储量在很大程度上还没有开发,预计蕴藏了 $500 \times 10^{12} \mathrm{ft}^3$ 的天然气。它靠近美国东海岸的高需求市场,使其成为一种很有吸引力的能源开发目标。马塞勒斯页岩的厚度从新泽西州的 890ft 到西弗吉尼亚州的 40ft 不等。本章涉及的马塞勒斯页岩部分位于宾夕法尼亚州南部和西弗吉尼亚州北部。本章所述分析中使用的储层部分包括 82 口水平井。图 6.6 显示了这些井的平面分布示意图。

在本章中,展示了如何使用页岩分析法生成 50 口井(取自图 6.6 所示的 80 口井)的合成地质力学测井曲线(包括总最小水平应力、泊松比、体积模量、杨氏模量和剪切模量的测井曲线),这些井没有地质力学测井。

地质力学性质是直接控制马塞勒斯页岩产量的关键因素。由于水力压裂和随后的油气生产会显著改变整个储层的应力剖面和地质力学性质,因此了解和生成整个马塞勒斯页岩储层的这些参数非常重要。基于现有常规测井资料(如自然伽马、密度、孔隙度)来计算合成地质力学测井曲线。表 6.1 显示了本章调查区域内马塞勒斯页岩的地质力学性质的典型值。

为该页岩储层生成合成地质力学测井曲线的方法是综合常规的测井(如自然伽马和体积

密度),这些测井相对便宜,在该储层中一般都是可用的。在该储层中 80 口井的测井曲线分为两个主要数据集。第一组 30 口井既有常规测井,也有服务公司提供的地质力学测井。第二组 50 口井只有常规测井。这两组井的相对位置如图 6.7 所示。

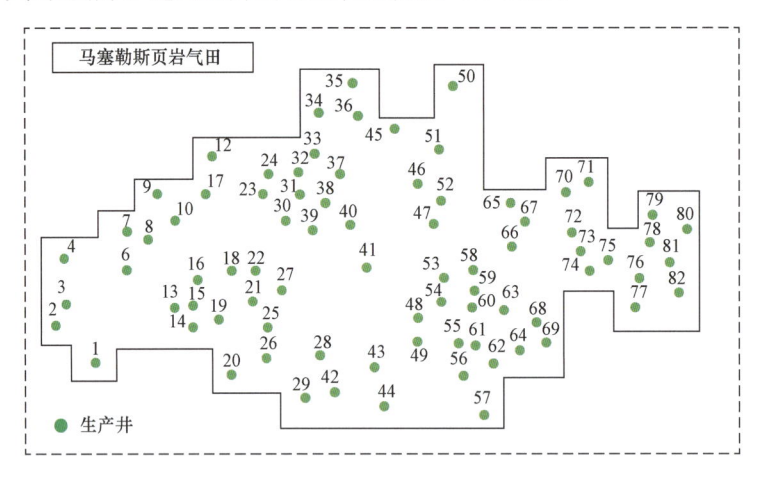

图 6.6 本章所述研究中使用的马塞勒斯页岩井平面位置图

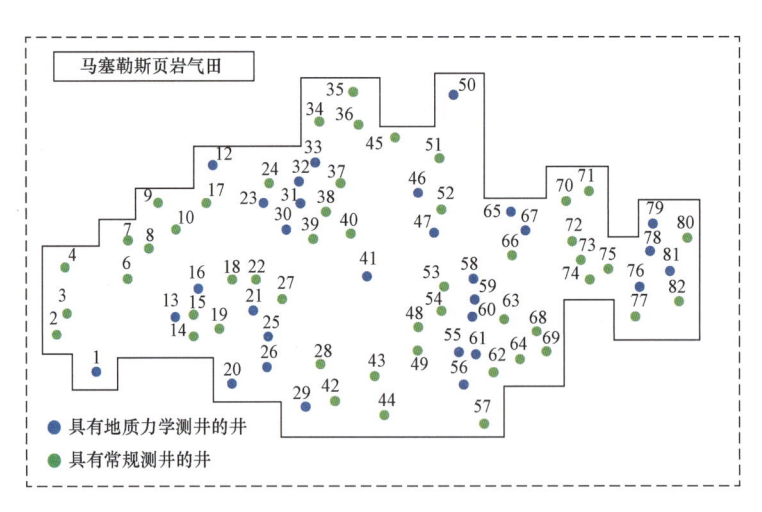

图 6.7 马塞勒斯页岩储层平面图,显示了两组井的位置

表 6.1 马塞勒斯页岩的典型地质力学属性

| 参数 | 平均值 | 单位 | 参数 | 平均值 | 单位 |
| --- | --- | --- | --- | --- | --- |
| 总最小水平应力 | 0.8 | psi/ft | 杨氏模量 | 3.5 | $10^6$ psi |
| 体积模量 | 4 | $10^6$ psi | 泊松比 | 0.15 | 无量纲 |
| 剪切模量 | 2.5 | $10^6$ psi | | | |

第二组井(包括仅具有常规测井的 50 口井),这些井进一步分为 30 口井、10 口井和 10 口井的三个小组。这些小组是根据现有的常规测井曲线定义的,如声波孔隙度、自然伽马和体积密度。第一个小组(具有 30 口井)包括所有常规测井(声波孔隙度、自然伽马和体积密度)。

包含 10 口井的第二个小组缺失声波孔隙度(仅包括自然伽马和体积密度),最后一个小组包括 10 口仅具有自然伽马(缺失声波孔隙度、体积密度)的井。必须注意的是:所有这 80 口井的可用测井曲线涵盖了页岩产气层以及储层的非页岩部分。表 6.2 显示了该储层中所有 80 口井可用的测井曲线。

表 6.2 两组井的测井可用性说明

| 组别 | 井数 | 地质力学测井 | 常规测井 | | |
|---|---|---|---|---|---|
| | | | 声波孔隙度 | 体积密度 | 自然伽马 |
| 第 1 组 | 30 | 是 | 是 | 是 | 是 |
| 第 2 组 | 50 | 30 | 否 | 是 | 是 | 是 |
| | | 10 | 否 | 否 | 是 | 是 |
| | | 10 | 否 | 否 | 否 | 是 |

## 6.3.1 合成测井发展策略

解决这个问题的策略的第一步就是确保最终的解决方案是可靠的和可接受的。为了完成这一重要任务,必须针对具有地质力学测井但尚未用于开发解决方案的井进行验证,称这些井为"盲井"(也可称为验证井)。在项目开始时,从 80 口井中选择并移除了 5 口井作为盲井。这些盲井是从第一组 30 口井中选出的,这些井拥有所有常规和地质力学测井资料。图 6.8 显示了油田中盲井的位置。因此,解决方案的质量(用于生成合成地质力学测井的模型)将作为其针对盲井的性能的函数进行判断。

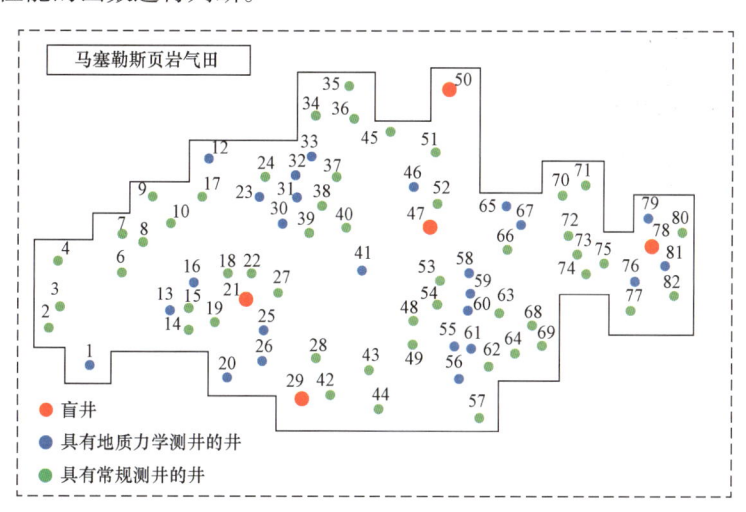

图 6.8 用于模型训练和校准的井和盲井平面分布图

鉴于有 20 口井常规测井并不齐全(其中 10 口井缺失体积密度测井,20 口井缺失声波测井)(表 6.2),该项目的策略包括为这些井生成合成常规测井曲线这一额外步骤,以便它们能够参与合成地质力学测井的生成。图 6.9 展示了如何生成合成常规测井曲线的模型。过去曾在多个油田生成过合成常规测井曲线[64-66]。

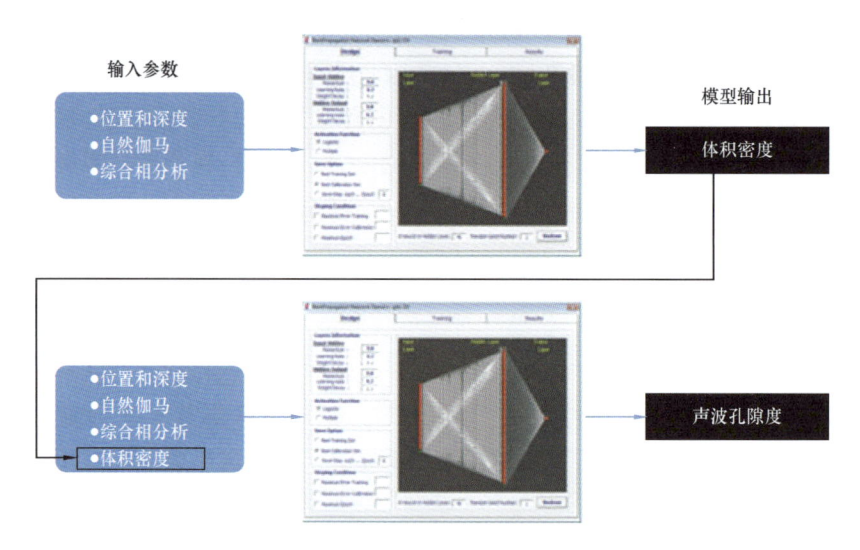

图6.9　生成合成常规测井曲线的工作流程

如表6.2所示,有70口井(其中65口井用于训练和标定,还有5口用作盲井)可用于建立合成体积密度测井的模型,还有60口井可用于建立合成声波孔隙度测井的生成模型,如图6.9所示。一旦完成了如图6.9所示的过程,将能够使用为生成合成地质力学测井曲线而建立的模型,为第二类井中的所有50口井生成合成地质力学测井曲线,见表6.2。生成合成地质力学测井曲线的工作流程如图6.10所示。

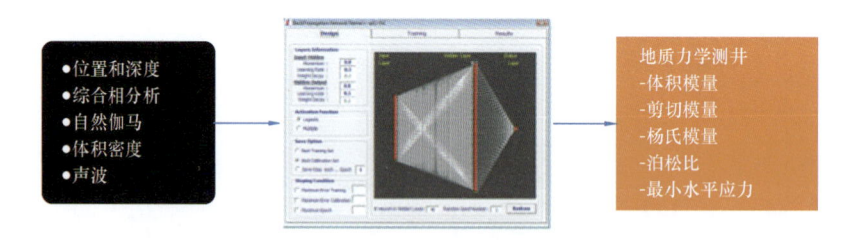

图6.10　生成合成地质力学测井曲线的工作流程

用于生成合成测井曲线(常规或地质力学测井)的数据驱动模型的过程包括使用从所有可用测井曲线中生成的数据集对数据驱动模型进行训练、标定和验证的过程。这些工作要在将数据驱动模型应用(部署)到盲井进行最终验证之前完成。

### 6.3.2　合成测井结果

主数据库包含井名、深度、井坐标、自然伽马、体积密度值、声波孔隙度值、体积模量值、剪切模量值、杨氏模量值、泊松比,以及每口井的总最小水平应力值。请注意,对于缺少表6.2中所述的某些测井曲线的井,在数据库中会留有空的空间,目的是使用合成测井曲线生成的模型来完成(完全填充)该数据库。

利用图6.9所示的模型,对图6.8所示的五口盲井生成了合成常规测井曲线。图6.11和图6.12中比较了实际测井曲线(由在该气田的服务公司测得)与合成常规测井曲线。从这些图可以清楚地看出,合成常规测井曲线非常准确。

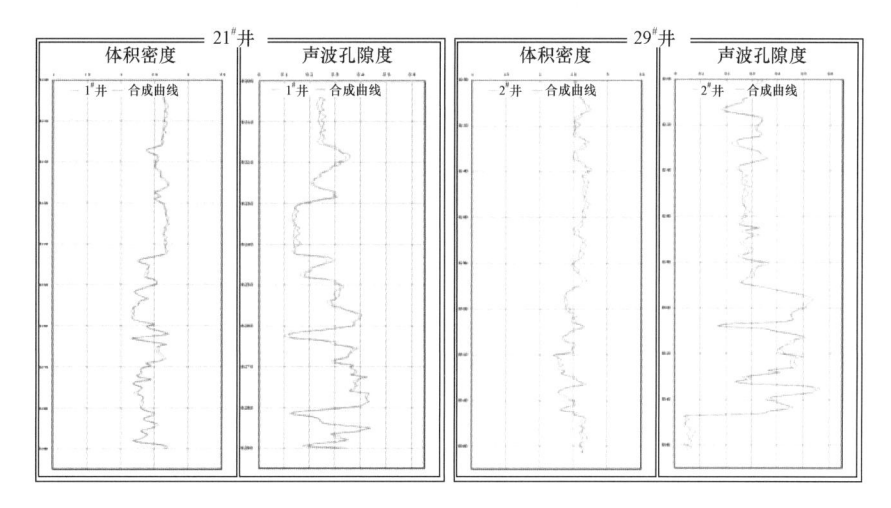

图 6.11　为 21# 和 29# 盲井建立的合成常规模型结果

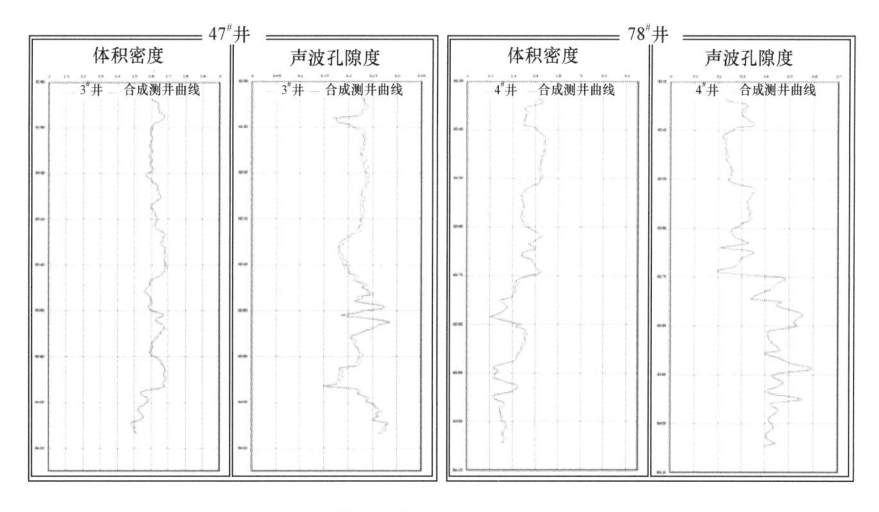

图 6.12　47# 和 78# 盲井的合成常规模型结果

在使用图 6.9 所示模型生成的结果填充数据库后,下一步自然是建立(训练、标定和验证,如前几章所述)合成地质力学测井曲线。使用图 6.10 所示的工作流程,生成了体积模量、剪切模量、杨氏模量、泊松比和最小水平应力的合成地质力学测井曲线。盲测的结果(将数据驱动模型用于生成五口盲井的合成测井曲线)显示在图 6.13 至图 6.17 中。

21#、29#、47# 和 78# 盲井的结果(图 6.13 至图 6.16)说明了数据驱动模型在生成合成地质力学测井曲线时的精确度。然而,50# 盲井(图 6.17)的结果仍有许多不足之处。换言之,数据驱动模型完全无法为该井生成精确的合成地质力学测井曲线,但为什么呢?对于其他四口井,该模型的结果非常准确,但对于 50# 井却表现得非常差,这是毫无疑义的。对于那些熟悉机器学习算法如何工作的研究人员来说,对于这样一个结果的直接反应是:这口井的特性超出了用来训练这个模型的范围。这是一个合理的结论,当且仅当前提(这口井的特征超出了用于训练该模型的范围)是正确的(图 6.14 和图 6.15)。

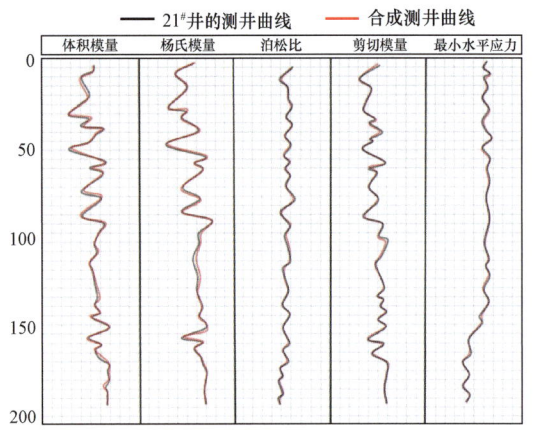

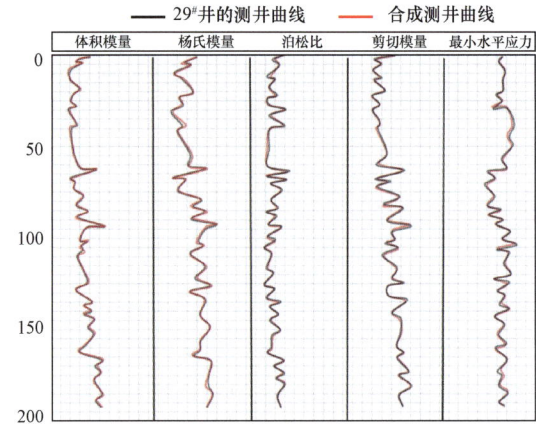

图 6.13　21#盲井生成的合成地质力学测井曲线

图 6.14　29#盲井生成的合成地质力学测井曲线

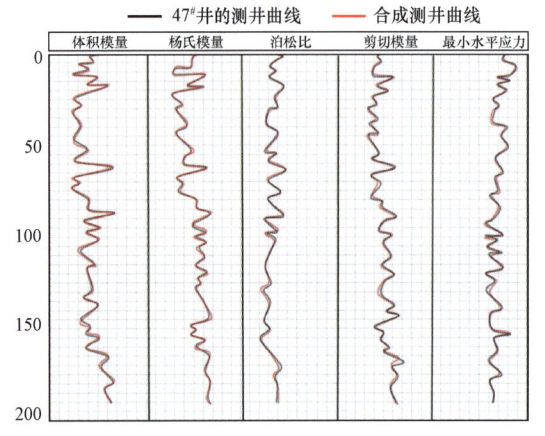

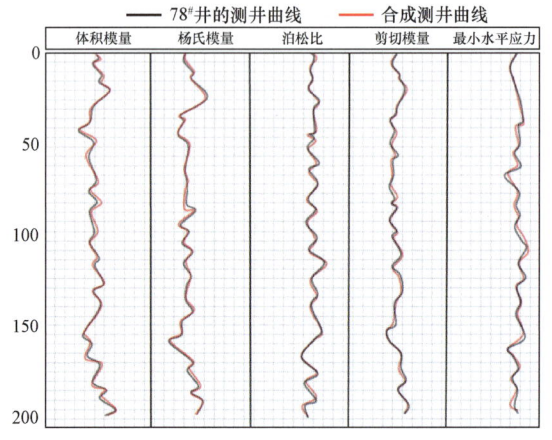

图 6.15　47#盲井生成的合成地质力学测井曲线

图 6.16　78#盲井生成的合成地质力学测井曲线

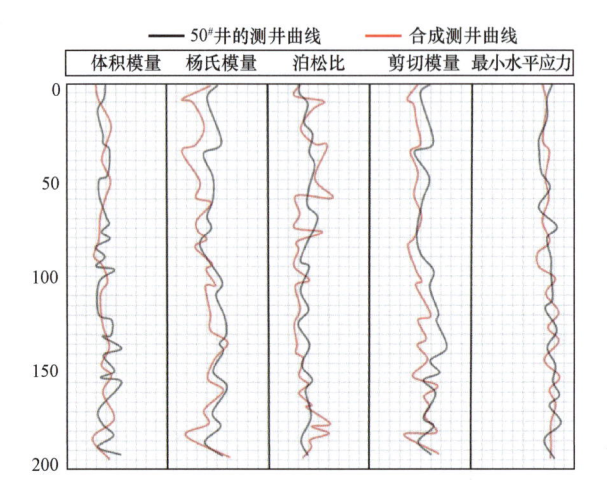

图 6.17　50#盲井生成的合成地质力学测井曲线

有一个简单的方法来检验上述假设。由于这是一口盲井,根据定义,可以使用其所有常规和地质力学测井数据。因此,可以绘制出所有测井曲线的范围,看看50#井的测井曲线是否超出了用于训练数据驱动模型的范围。

图6.18显示了对这个假设进行检验的结果。在这张图中有八幅图。在每个曲线图中,用于训练数据驱动模型的所有井的范围显示在一组条形图中,50#井的相应测井曲线叠加在条形图顶部(如曲线所示)。有趣的是,八幅图中有七幅图显示:50#井的测井曲线完全位于用于训练生成合成测井数据驱动模型的测井曲线范围内。唯一没有遵循这一趋势的测井是声波孔隙度测井(最右边的底图)。

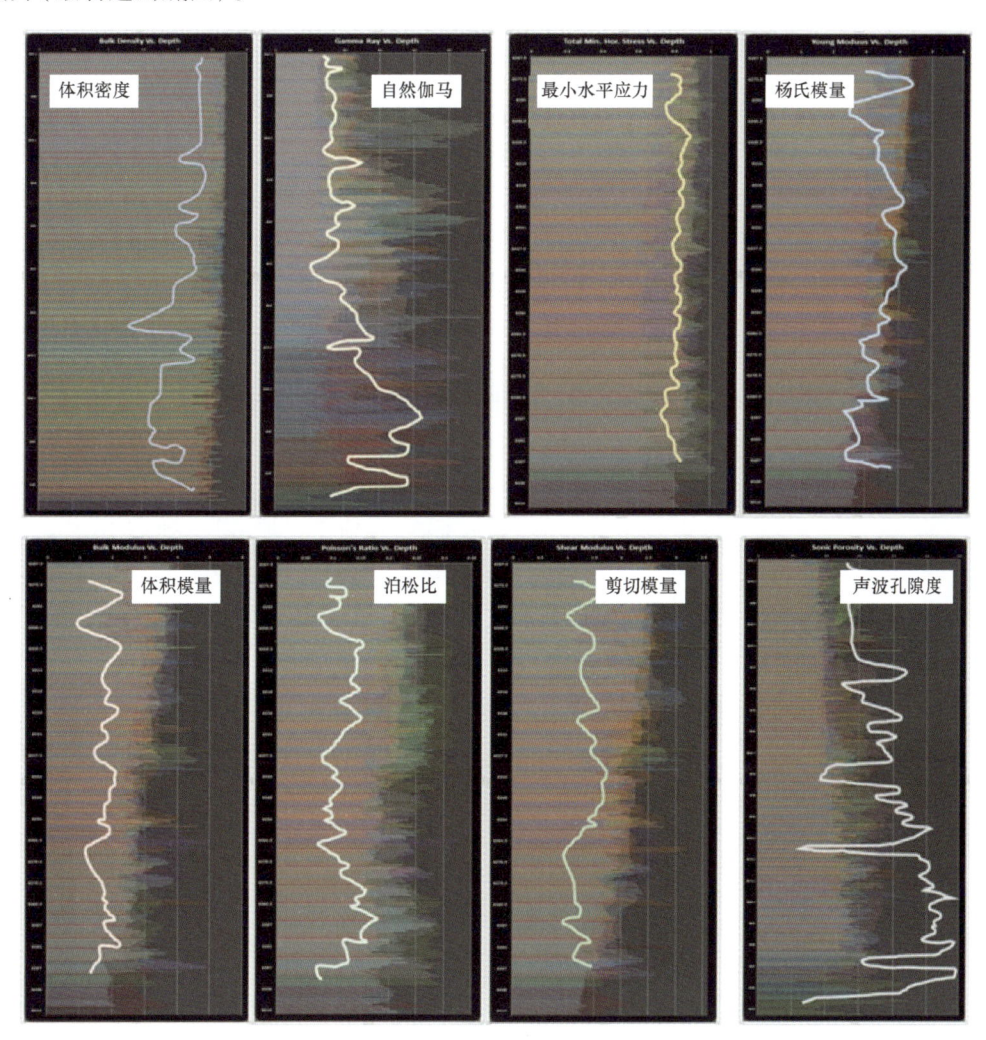

图6.18 比较50#井的测井曲线范围与用于训练数据驱动模型的井的测井曲线范围

那么,当一口井的体积模量、剪切模量、杨氏模量以及泊松比、最小水平应力、自然伽马和体积密度都在其他井的范围内时,为什么这口井的声波孔隙度测井不在范围之内?似乎没有合理的解释。唯一合乎逻辑的解释可能是:当在油田测量这口井的声波孔隙度时,服务公司的仪器因某些原因发生了故障,没有正确测量到声波孔隙度。当然,如果这种推理(或者可以说这个假设)是正确的,那么应该能够证明它。

可以假设:(1) 上述假设是正确的,即 50#井的声波孔隙度测井的测量或记录存在缺陷;(2) 本研究中建立的数据驱动合成测井生成模型实际上是一个精确的模型。如果这两个假设都是正确的,那么用该井的合成声波孔隙度测井代替 50#井的实际但有缺陷的(测量的)声波孔隙度测井,并将其作为合成地质力学测井模型的输入,即可以解决此问题。

为了验证这一假设,首先根据同一口井的合成声波孔隙度测井曲线,绘制 50#井的实际(实测)声波孔隙度测井曲线。这种比较如图 6.19 所示。正如预期的那样,这两套测井曲线之间存在明显的差异。50#井的合成声波孔隙度测井与该井的实际(实测)声波孔隙度测井完全不同。当用 50#井的合成声波孔隙度测井代替实际(实测)声波测井作为输入(数据驱动模型),生成该井的合成地质力学测井曲线时,结果相差很大,如图 6.20 所示。

图 6.20 证明了 50#井的实测声波孔隙度测井不准确、必须予以抛弃,上述假设是一个可靠和可接受的假设。该项技术可以用于对任何油气田的测井资料进行质量控制,以确保在该油气田的测井过程中不发生设备故障。

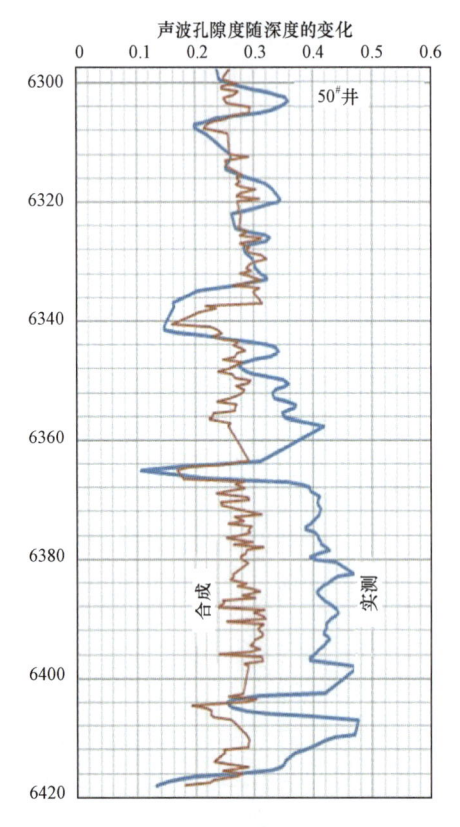

图 6.19　50#井的合成声波孔隙度测井与该井实际的(测量的)声波孔隙度测井对比

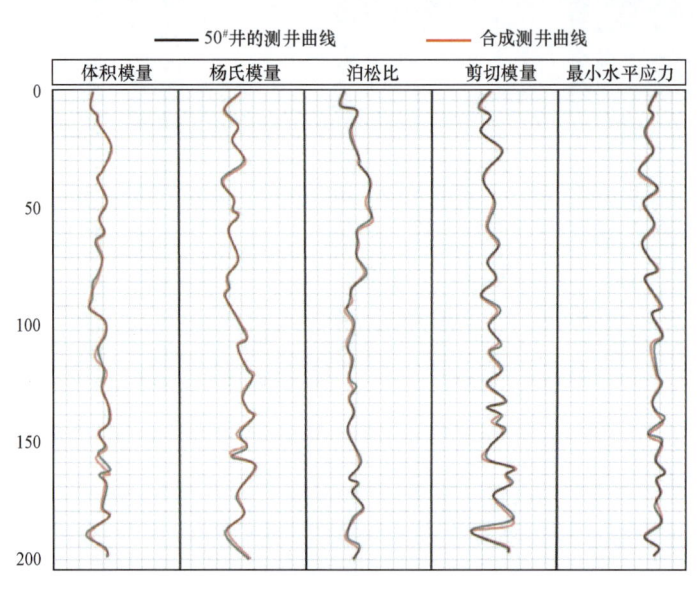

图 6.20　使用校正后的声波孔隙度测井生成的 50#盲井的合成地质力学测井曲线

## 6.4 模拟后分析

一旦用于生成合成地质力学测井的数据驱动模型经过训练、校准,并使用前几节所示的5口盲井进行适当验证,就可以使用这些模型来完成数据库。完成数据库并填充所有相关数据后,现在就完成了表6.2,使所有列中都为"是"而不是"否",这意味着现在拥有数据库中所有80口井的体积模量、剪切模量和杨氏模量、泊松比和最小水平应力的测井曲线。

正如本章开头所述,一套页岩储层的地质力学特性可以用于设计有效水力裂缝。图6.21清楚地显示了当使用更多的井(80口井而不是30口井)来生成这些特性时,该储层的地质力学特性的体积分布之间的差异。

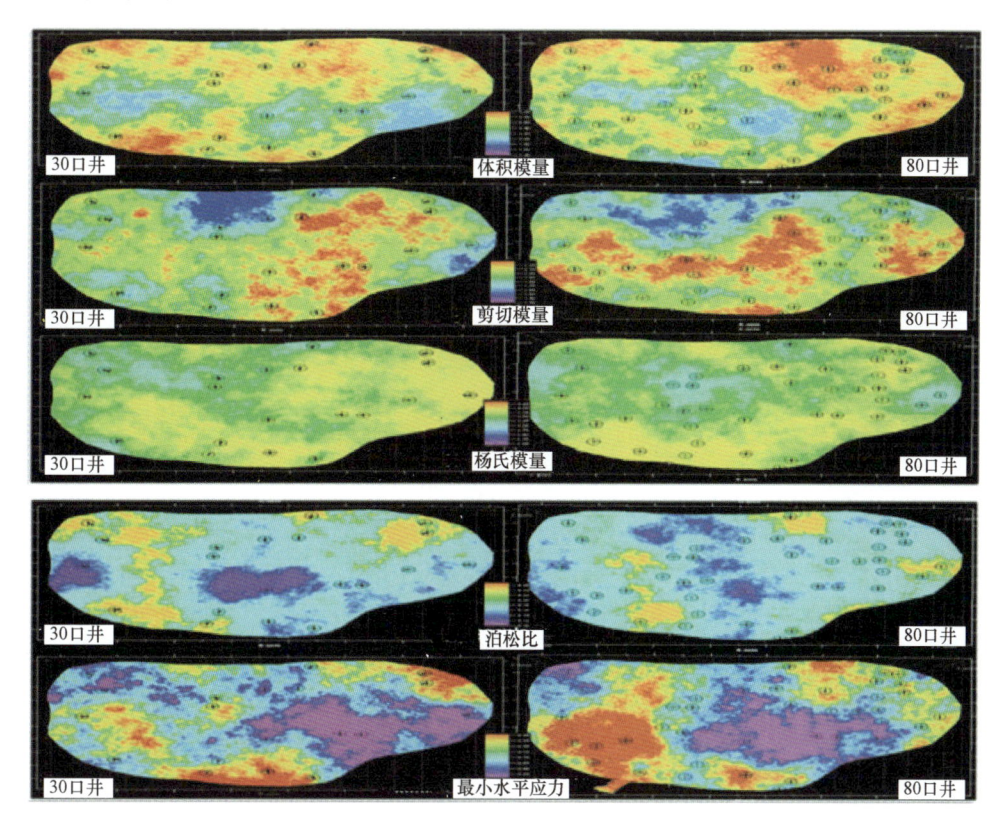

图6.21 马塞勒斯页岩储层在数据驱动模型生成合成地质力学测井前后的地质力学属性三维分布

在图6.21中,图右侧所示的地质力学特性在三维空间的分布是通过地质统计学技术、使用80口井的测井曲线作为分布的控制点生成的,而图左侧所示的地质力学性质在三维空间的分布是通过地质统计学技术、利用30口井的测井曲线作为控制点生成的。

这两种分布在每一种地质力学性质的差异性是非常明显的。在地质统计学中,随着控制点的数量的增加,分布的精度也随之提高。因此,图6.21右侧所示的地质力学性质在三维空间的分布信息远多于左侧分布的信息。这将大大有助于进行水力裂缝设计,并导致人工裂缝在储层中更好地传播,从而接触到更大的储层体积,最终产出更多的油气。

# 第7章 递减分析方法的拓展应用

递减分析方法(DCA)是石油工程中使用最广泛、最易操作的技术之一,是一种通过动态曲线拟合预测井的产量和估算最终采收率(EUR)的方法。开展递减分析时,通过使用预定义函数(多数情况是双曲型、指数型或此类函数的扩展、组合、修正得到的函数)来拟合现有生产数据,拟合好后按函数的趋势预测产量及评价最终采收率。

在深入研究递减分析方法在页岩储层中的应用之前,本章笔者将提出对该方法在页岩储层油气井中适用性的看法,笔者认为递减分析方法不是估算页岩油气井 EUR 有用的方法。但是,鉴于该方法在行业中得到广泛使用,本章试图通过页岩数值分析方法对不同的递减方法评价结果进行分析,说明页岩数值分析方法的实用性及其扩展递减分析方法的适用范围,更准确地估算页岩油气井 EUR。

## 7.1 递减分析方法及其在页岩储层中的应用现状

在页岩油气井分析中使用递减分析方法存在较大缺陷。无论是采用 ARPS 方程还是近些年出现的其他修正方程[18-20],递减分析方法的局限性是众所周知的,并且已在文献中进行了全面讨论,与特定流态或人为操作差异相关的大多数误差和局限性已被接受,有时还设计了一些巧妙的方法来解决它们。但页岩的生产动态分析与常规油气不同,在常规油气井中不起主导作用的参数在页岩油气中却具有重要作用,严重影响这种以传统统计为基础的曲线拟合分析技术的可靠性。

页岩开发与其他储层不同之处在于完井方式的影响。由于长水平段与体积压裂技术是页岩油气井能够达到经济有效开发的必要手段,许多专家怀疑页岩储层特征和岩石性质对产能影响的作用有多大❶。当然储层特征对常规与非常规储层都有重要影响,但对非常规的页岩气储层完井参数是一个新的、有别于常规储层的重要的产能影响参数,也就是说,完井参数对非常规储层的生产特征带来新的复杂的影响,且其影响很大程度上不能被随意忽视。但使用递减分析方法分析和预测页岩气井产量的时候,没有考虑完井参数的影响。

因此,当使用递减分析方法分析页岩生产数据时,有一些新的隐含的假设条件需要考虑。前面非页岩的案例中,认为生产特征是只与储层特征有关的函数,忽略了人为操作与完井设计参数的作用,递减分析方法假设气井产量和最终采收率的变化也主要受储层特征的影响。递减分析法实际上没有具体评价储层特征参数对产量的影响,而是使用递减系数(例如递减率 $D$ 和递减指数 $b$)来代替储层参数的影响程度。

页岩中的完井设计至关重要。在进行基于传统统计数据的生产数据分析中,假设在给定区块中,所有井的完井施工都是合理、最佳甚至是一致的。通过多年的工作,笔者具有数以千

---

❶ 现在有充分的理由质疑过去的传统知识和油藏工程常识,要了解储层特征的影响以及页岩完井实践对储层特征的影响,请参阅本书第 5 章。

口页岩油气井生产分析方面的经验,油气井分布包括 Marcellus、Huron、Bakken、Eagle Ford、Utica 和 Niobrara 等区块,笔者认为在实际生产中上述假设是不合理的,通过对多个页岩储层井的生产和完井数据进行全面评价,结果清楚地表明,这样的假设会误导运营商,导致巨大的经济损失。

但是,考虑到递减分析方法仍在行业中广泛使用的事实,笔者为了弄清楚不同递减分析方法以及储层特征和完井参数对 EUR 的影响,使用页岩数值分析方法。在介绍页岩数值分析方法之前,首先分析近期研发的几种递减分析方法在页岩储层中的适用性,在以下小节中,分析了五种最常用的页岩油气井递减分析方法,分别是 ARPS 双曲递减(HB)、幂指数递减(PLE)、扩展指数递减(SEPD)、Duong 递减和末端指数递减(TED)方法。

## 7.1.1 幂指数递减

Ilk 和 Blasingame[18] 开发了幂指数(PLE)递减法,该方法是对 ARPS 指数递减方法的改进,对低渗透储层(包括非常规储层)具有更好的拟合和预测效果。他们表示 PLE 方法通过在方程中添加 $D_\infty$ 建模,灵活性好,对过渡流和边界流的分析更适用,尤其对后期边界流控制效果较好。下面总结了幂指数递减方法的计算公式。

幂指数递减的递减率:

$$D = D_\infty + n D_i t^{n-1} \tag{7.1}$$

幂指数递减中递减率的导数:

$$b = \frac{\mathrm{d}}{\mathrm{d}t}\left(\frac{1}{D}\right) = \frac{-n(n-1) D_i t^{n-1}}{D^2} \tag{7.2}$$

幂指数递减中产量—时间关系:

$$q = q_i \exp\left(-D_\infty t - \frac{D_1}{n} t^n\right) \tag{7.3}$$

式中 $q_i$——$t = 0$ 时斜率的截距;

$D_\infty$——无穷大时间的递减率常数;

$D$——递减率常数;

$D_i$——幂指数递减模型定义的递减率;

$D_1$——第一个时间周期对应的递减率;

$t$——递减时间;

$n$——时间指数。

## 7.1.2 扩展指数递减

扩展指数递减是由 Valko 提出的[19],他开发了一个新方程,用不同的技术来处理指数值。Valko 表示,此方法的两个最重要的优点,一是单井 EUR 的有限属性,二是潜在的 EUR 与累计产量的直线关系。

Valko 表示该模型具有良好的数学特性,可以处理大量数据而无需进行人为主观的删除、交互或修改数据,这对数据密集型分析很重要。Valko 表示与其他方法相比,扩展指数递减由于具有以上特征可以更合理地估算 EUR。

扩展指数递减法产量—时间关系如下：

$$q = q_i \exp\left[-\left(\frac{t}{\tau}\right)^n\right] \quad (7.4)$$

式中　$t$——扩展指数递减模型参数（周期特征数）。

### 7.1.3　Duong 递减

Duong[21]在 2010 年提出了一种新的递减分析方法，他认为传统的递减分析方法（例如 ARPS 方法）高估了超低渗透性油藏或页岩油气井的 EUR。在水力压裂的页岩油气井中，裂缝占主导地位的流态更为常见，但达到边界流需要多年的生产之后，在尚未达到边界流和拟径向流时，泄流面积和基质渗透区没有很好的沟通，这表明，与基质渗透率贡献相比，裂缝网络对流动状态影响最大，因此，传统的流域模型无法准确估算 EUR。

Duong 递减方法考虑到了裂缝流占主导作用、基质贡献相对很小的情况。裂缝作用耗尽下的局部应力变化将重新激活岩石中的断层和不连续裂缝，导致随时间增加裂缝沟通密度增大，沟通的裂缝网络中的膨胀极大地支撑了裂缝流动，这些不连通的微裂缝被激活使储层有效渗透率增大，延缓产量递减。

在井底流动压力恒定的情况下，对于不同的裂缝和断层类型，Duong 观察到累计产量和时间的双对数图呈斜率为 1 的线性关系，但是，在实际井生产中，斜率大部分大于 1。如果生产数据偏离直线特征，则井达到边界流，Duong 认为生产趋势不会从直线变弯曲，并且页岩储层井具有无限线性流动特征。

如前所述，Duong 的观点可以通过随时间的裂缝扩展特征来验证，据此，Duong 建立了累计产量与时间的关系，在初始产气阶段，二者之间的关系呈现直线关系，以此获取斜率和截距。直线的斜率对应于"$-m$"，截距对应于"$a$"。

Duong 的累计产量与时间关系方程为：

$$\frac{q}{G_p} = at^{-m} \quad (7.5)$$

式中　$G_p$——累计产量。

图 7.1 显示了半对数坐标中一口马塞勒斯水平井的生产历史曲线，该图展示了通过 $q/G_p$ 双对数曲线的线性回归分析获得 $a$ 和 $m$ 的例子，误差系数 $R^2$ 用于表示拟合曲线与实际数据的接近程度，建议接受 $R^2$ 大于 0.90 的值。

下一步通过方程(7.6)，绘制产气量与 $t(a,m)$ 曲线来确定 $q_1$，数据可以拟合为一条直线，斜率是 $q_1$，截距是 $q_\infty$，为无限大时间时的产量，可能是零、正或负值。Duong 讨论过经典的模型 $q$ 与 $t(a,m)$ 曲线没有截距，但受人为控制因素影响，并不适用于所有井。Duong 的产量可以通过以下公式计算：

$$q = q_1 t(a,m) + q_\infty \quad (7.6)$$

其中，Duong 公式中的时间坐标为：

$$t(a,m) = t^{-m} e^{\frac{a}{1-m}(t^{1-m}-1)} \quad (7.7)$$

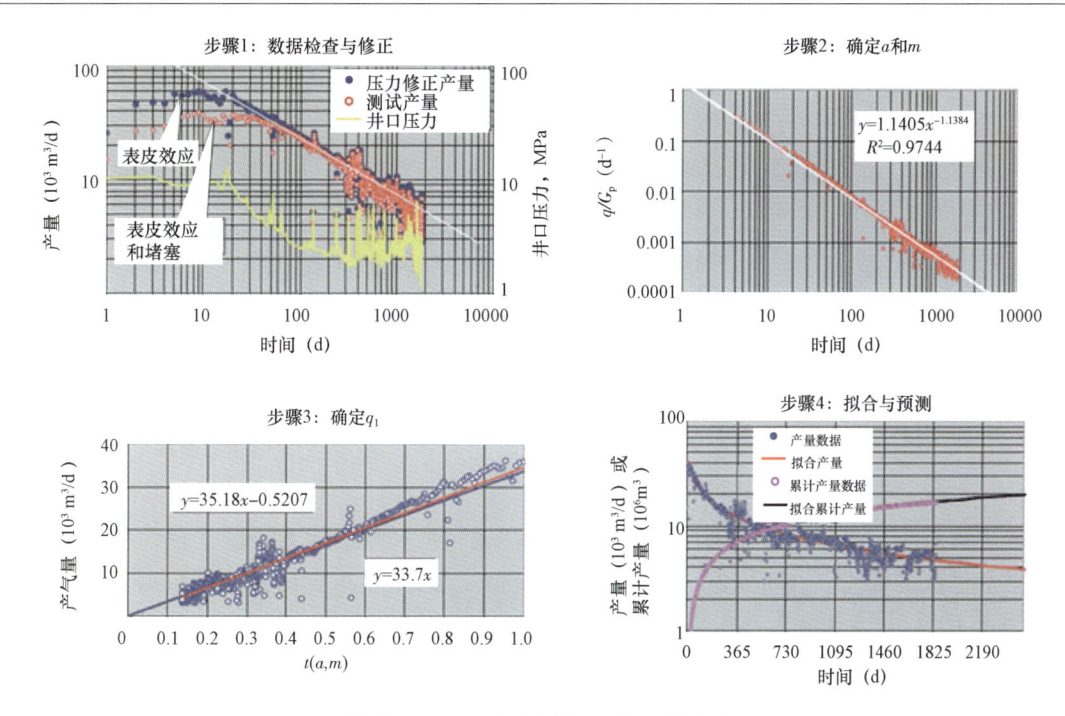

图 7.1 Duong's 方法的 $a$ 和 $m$ 的确定

通过对马塞勒斯水平井的线性回归可以计算得到斜率 $q_1$ 和截距 $q_\infty$（图 7.1 中的步骤 3），确定了 $q_1$ 和 $q_\infty$，采用公式(7.6)可以预测气产量，对于 $q_\infty$ 等于零的情况，EUR 可以通过公式(7.8)求得：

$$Q_p = \frac{q_1 t(a,m)}{at^{-m}} \tag{7.8}$$

式中 $Q_p$——最终采收率。

## 7.1.4 末端指数递减

ARPS 双曲递减方法被广泛用于常规井的储量计算，但应用于包括页岩在内的致密储层时会导致储量被异常高估，为了解决这个问题，提出了不同的修正递减曲线方法。Robertson[67]提出的末端指数递减法预测储量比 ARPS 递减法保守。图 7.2 对比了典型井的指数递减、双曲递减和末端指数递减法计算的累计产量。

末端指数递减是指数递减与双曲递减的组合，起始递减率为 $D$ 并按双曲特征递减，到某一个点之后转换为指数递减，并以指数递减特征预测到井废弃，如图 7.3 所示，在末端指数递减中，产量可以通过公式(7.9)计算。

末端指数递减法的产量计算公式：

$$q = q_i \frac{(1-\beta)^b \exp(-Dt)}{[1-\beta\exp(-Dt)]^b} \tag{7.9}$$

式中 $\beta$——从双曲递减转换到指数递减的转换因子，$0 \leq \beta \leq 1$；

$D$——渐进指数递减率；

$b$——双曲递减指数。

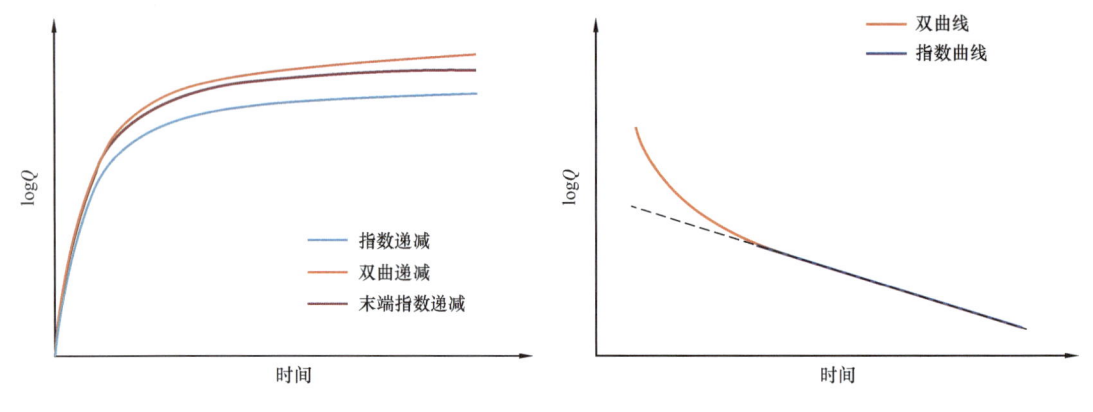

图 7.2　指数递减、双曲递减和末端指数
　　　　递减法计算累计产量的对比

图 7.3　尾端指数递减

该方法的不足是需要事先确定渐进指数递减率的假设值,通常由油藏工程师根据他们对不同井和储层的经验来判断取值。在设置参数 $D$ 值之后,通过拟合历史生产数据获得初始产量 $q_i$、$b$ 和 $\beta$ 值,该方法认为井在早期以双曲规律生产,末期转为指数规律,其他参数通过与实际数据拟合获取。

获得生产数据的拟合曲线后,可以通过公式(7.10)计算累计产量:

$$Q = q_i \frac{(1-\beta)}{\beta D}\left\{1 - \frac{1}{[1-\beta\exp(-Dt)]^{b-1}}\right\} \tag{7.10}$$

## 7.2　不同递减分析方法的对比

递减分析是最常用的用于估算单井或井组 EUR 的方法,该方法是一种经验和图版法,通过拟合井的历史数据,根据曲线趋势预测产量和 EUR。本节中,采用前文中提到的几种不同的递减分析方法进行页岩水平井产量预测,并对比不同方法的预测结果。

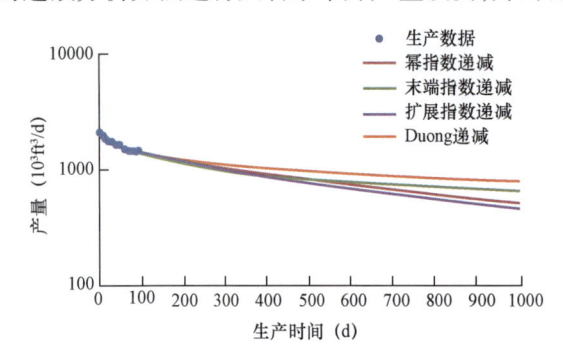

图 7.4　历史数据为 3 个月的产量预测对比

当使用不同的递减分析方法时,由于页岩井的生产历史长度可能会影响产量预测趋势和 EUR 结果,这里选择了 3 个不同长度的生产历史长度进行对比,包括较短的 3 个月、中等的 12 个月、较长的 60 个月。不同方法对比如图 7.4 至图 7.6 所示,在比较中,每种方法都会计算 3 次 50 年的 EUR 值,其中每次改变在于生产历史的数据量。众所周知的事实是,递减分析方法过程在很大程度上取决于主观因素,无法考虑井采用的特殊工程技术,因此不同的工程师可能以不同的方式拟合曲线,由于工程师的经验水平不同,不应期望多个工程师执行的分析之间的精度很高。

将各种情况下计算 50 年的 EUR 值列于表 7.1 中,其中将同一种方法不同历史生产时间计算结果进行对比,12 个月的百分值代表与 3 个月的对比,60 个月的百分值代表与 12 个月的对比。

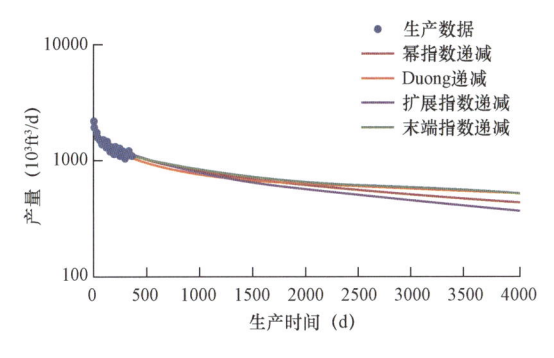

图 7.5　历史数据为 12 个月的产量预测对比　　图 7.6　历史数据为 60 个月的产量预测对比

表 7.1　不同递减分析方法在不同生产历史时间条件下的预测 EUR 对比表

| 不同历史条件 | 50 年 EUR($10^9 ft^3$) ||||||||
|---|---|---|---|---|---|---|---|---|
| | 末端指数递减 | | 扩展指数递减 | | 幂指数下降 | | Doung 递减 | |
| 3 个月 | 3.71 | | 1.68 | | 1.96 | | 7.89 | |
| 12 个月 | 5.96 | 61% | 5.21 | 210% | 5.89 | 201% | 7.9 | 0% |
| 60 个月 | 5.81 | -3% | 6.66 | 28% | 7.27 | 23% | 8.24 | 4% |

（1）Duong 方法对于三种不同的生产历史长度几乎具有相同的 EUR 值，一致性最好。扩展指数法和幂指数法对于三种不同的生产历史长度 EUR 值相差最大，12 个月的评价结果与 3 个月相比相差高达 200%，60 个月与 12 个月对比结果相差 20% 以上。

（2）由于预测结果的不稳定性，生产历史较短的情况下不建议使用扩展指数法和幂指数法模型。

（3）超过 1 年的生产历史长度下，末端指数递减法具有一定的一致性并且评价结果最保守，这是比较合理的，这是由于该方法前段使用双曲线递减，末段使用指数递减。

存在多种递减分析方法这一事实带来了一个自然的问题："一种递减分析方法是否比另一种更好？"为了阐明这个问题，并提供一些在不同情况下使用哪种方法的建议，本节进行了一些比较研究。从马塞勒斯页岩中选择了 4 口井，生产历史最短的 292d，最长的 855d，首先采用 5 种不同的方法进行历史拟合。

图 7.7 显示了 5 种不同的递减分析方法对马塞勒斯 4 口页岩水平井的分析结果，该图中显示的 4 口井包括具有 292d 生产历史的 10108 - 1$^\#$井（第一条曲线），具有 481d 生产历史的 10120 - 1$^\#$井（第二条曲线），具有 517d 生产历史的 10107 - 4$^\#$井（第三条曲线），最后是具有 855d 生产历史的 10082 - 5$^\#$井（最下面一条曲线）。图中 5 种方法均能很好地拟合生产历史，区别在于各种方法预测（10 年、30 年、50 年）EUR 的趋势。

预测结果如图 7.8 至图 7.11 所示，这些数据的总体趋势是，Duong 方法评价每口井的 10 年、30 年、50 年 EUR 都是最高，甚至比常规的 ARPS 双曲线递减法还高；而末端指数递减法也毫无意外地评价结果最低、最保守。那么不同递减分析方法产生差异的原因是什么，当然，这些技术的作者都会就为何选择开发一种用于页岩井递减分析新方法的原因提供自己的理由，但是当将它们相互比较时，就会发现各方法存在一致性问题。

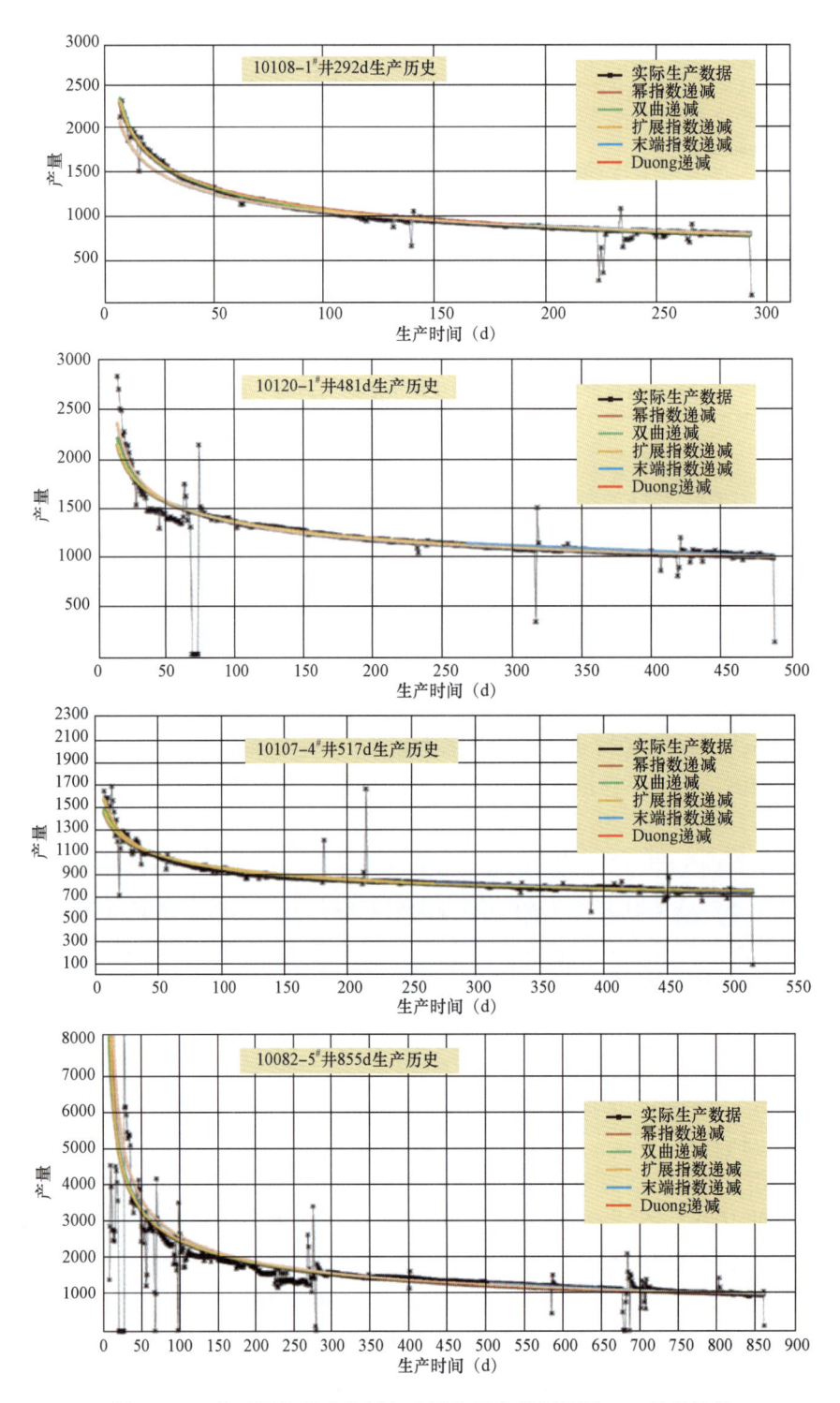

图 7.7　五种不同的递减分析方法评价马塞勒斯页岩 4 口井的结果

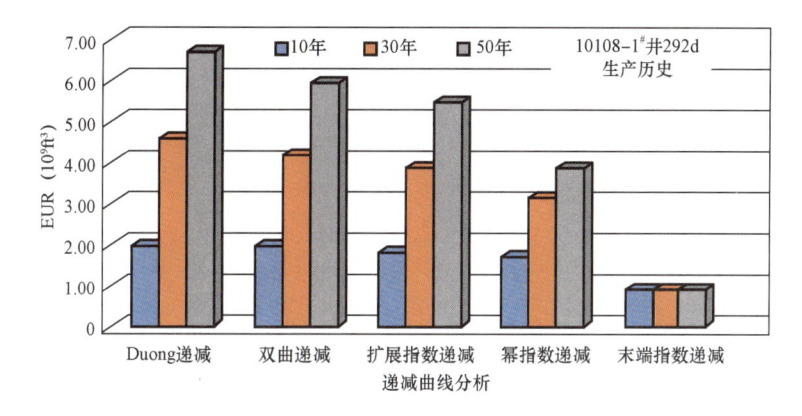

图 7.8　10108-1#井 5 种不同的递减分析方法预测 10 年、30 年、50 年 EUR 对比

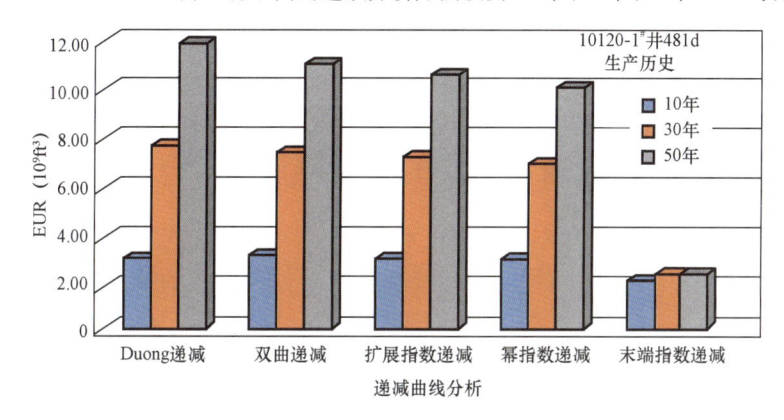

图 7.9　10120-1#井 5 种不同的递减分析方法预测 10 年、30 年、50 年 EUR 对比

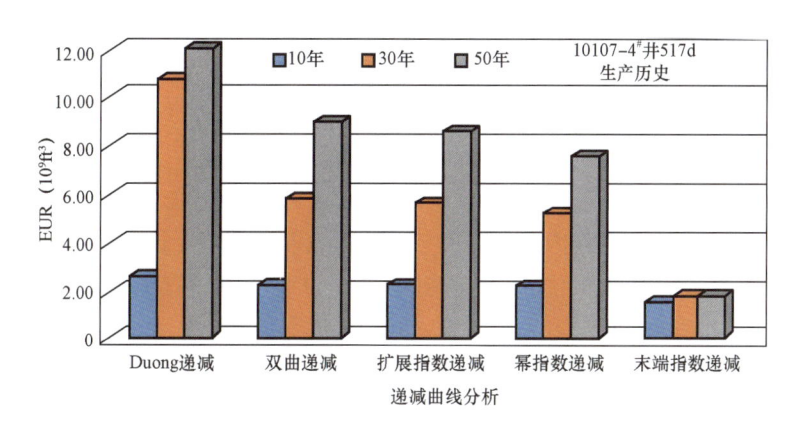

图 7.10　10107-4#井 5 种不同的递减分析方法预测 10 年、30 年、50 年 EUR 对比

分析表明 Duong 方法评价 EUR 是最乐观的，末端指数法是最保守的。显然，各种方法的区别是有数学解释的，与所使用的计算方程式中的系数选择不同有关。在本节中，试图将系数的影响转化为储层特征、工程参数的影响，也就是尝试分析各种评价方法采用的系数在物理和地质方面的意义，通过页岩数值分析判断不同类别参数的影响以及它们在评价页岩气井 EUR 值中的影响程度。

工程师往往会主观地认为一些参数比另一些更加重要,因此笔者想要分析不同递减分析方法的客观性,通过页岩气井分析方法给相对主观的递减分析增加一些客观性。

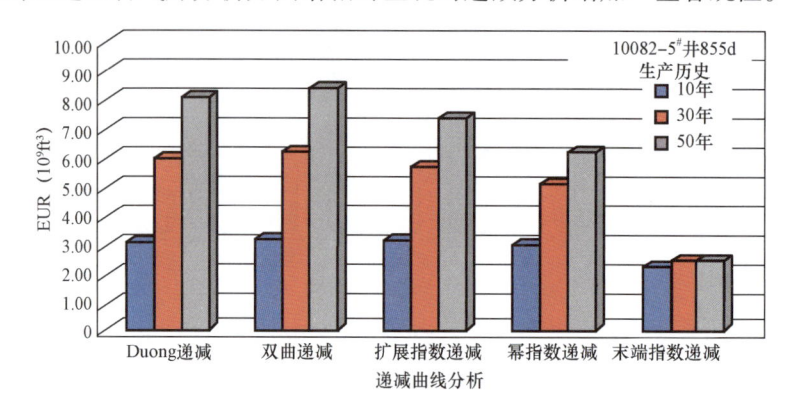

图 7.11  10082－5#井 5 种不同的递减分析方法预测 10 年、30 年、50 年 EUR 对比

## 7.3 递减分析方法在页岩储层中的拓展应用

已经完成的页岩储层水平井多段压裂技术是比较新的,因此无法知道哪种递减分析方法在评价此类储层 10~50 年 EUR 时更加准确,所有递减分析方法的局限性在于它们无法考虑储层参数、完井方式、人为操作因素,因此,问题是页岩分析技术是否可以帮助研究人员更好地理解这些不同方法得出的结果之间的差异。

当某一种方法在预测产量或 EUR 时更加保守,是否意味着它认为一些参数比另一些参数更加重要?如果可以回答这个问题,那么工程师们就可以判断他们选择哪种递减分析方法。所以,本书介绍的页岩数值分析技术可以帮助工程师通过实际历史数据,判断一组确定参数特征占主导地位的程度,并使用这些数字来确定和论证(针对所分析的特定领域)递减分析方法的适用性,通过这种方式,页岩数值分析技术可以拓展递减分析方法的应用。

### 7.3.1 不同参数对递减分析方法的影响

首先把所有涉及的参数分为两组,分别称为属性参数和设计参数,设计参数指的是完井工程师选择的参数,即工程师和操作员可以更改的参数;属性参数指的是钻完井固有的参数,可以通过测井或其他手段测量的、不能被修改的参数,它们是储层的固有属性。

设计参数主要指完井和压裂设计参数,包括射孔密度、压裂水平段长度、压裂段数、段间距、每段簇数、注水量、注入速度、注入压力、注入钻井液量、支撑剂用量等。属性参数主要指井信息和储层特征参数,比如孔隙度、净厚度、净毛比、原始含水饱和度、总有机物含量等。此外,地质力学特征比如剪切模量、最小水平应力、杨氏模量和泊松比之类参数也被视为属性参数。

图 7.12 列出了用于本章分析涉及的属性参数和设计参数,为了执行该分析,为超过 200 口马塞勒斯页岩井编制了该参数集。采用前文提到的 5 种递减曲线分析方法评价所有 200 口井 10 年、30 年、50 年 EUR,分别为幂指数递减法、扩展指数法、双曲递减法、Duong 递减法和末端指数递减法。

在本章介绍的研究中,包括井质量分析(WQA)和模糊模式识别(FPR)[1]在内的页岩数值分析技术被用于寻找可能存在于 10 年、30 年和 50 年 EUR 中隐藏规律,图 7.12 列出了属性参数和设计参数,换句话说,使用 WQA 和 FPR 来发现属性参数和设计参数对 10 年、30 年和 50 年 EUR 的影响。

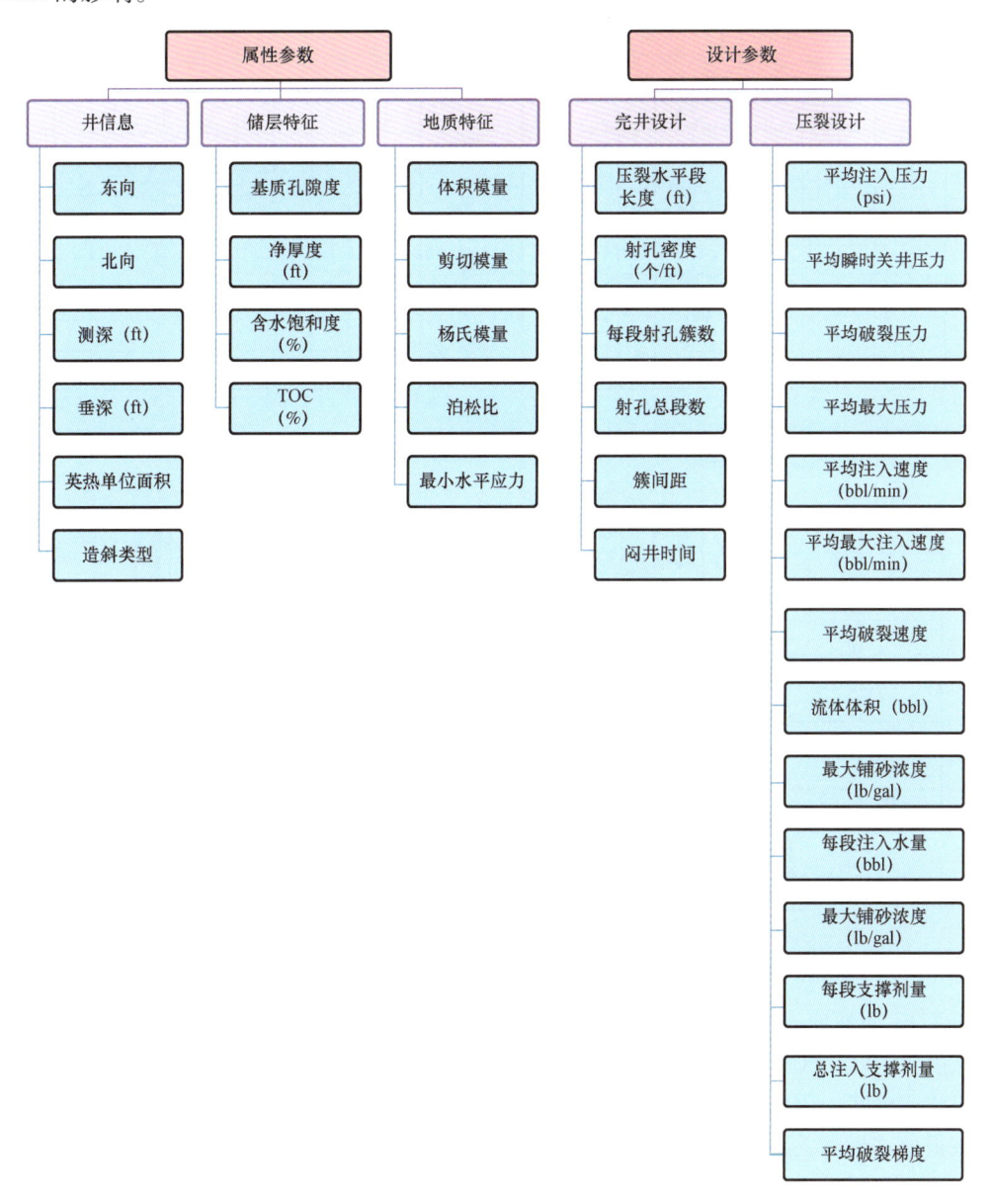

```
属性参数
├── 井信息
│   ├── 东向
│   ├── 北向
│   ├── 测深 (ft)
│   ├── 垂深 (ft)
│   ├── 英热单位面积
│   └── 造斜类型
├── 储层特征
│   ├── 基质孔隙度
│   ├── 净厚度 (ft)
│   ├── 含水饱和度 (%)
│   └── TOC (%)
└── 地质特征
    ├── 体积模量
    ├── 剪切模量
    ├── 杨氏模量
    ├── 泊松比
    └── 最小水平应力

设计参数
├── 完井设计
│   ├── 压裂水平段长度 (ft)
│   ├── 射孔密度 (个/ft)
│   ├── 每段射孔簇数
│   ├── 射孔总段数
│   ├── 簇间距
│   └── 闷井时间
└── 压裂设计
    ├── 平均注入压力 (psi)
    ├── 平均瞬时关井压力
    ├── 平均破裂压力
    ├── 平均最大压力
    ├── 平均注入速度 (bbl/min)
    ├── 平均最大注入速度 (bbl/min)
    ├── 平均破裂速度
    ├── 流体体积 (bbl)
    ├── 最大铺砂浓度 (lb/gal)
    ├── 每段注入水量 (bbl)
    ├── 最大铺砂浓度 (lb/gal)
    ├── 每段支撑剂量 (lb)
    ├── 总注入支撑剂量 (lb)
    └── 平均破裂梯度
```

图 7.12　本研究中井分析用到的属性和设计参数集列表

---

[1] 这些技术是页岩数值分析的一部分,并将在本书的其他章节中进行介绍。

## 7.3.2 常规统计分析与页岩数值分析对比

在展示页岩数值分析效果之前,重点介绍常规统计分析方法结果并证明其无法阐明页岩气储层参数分析的复杂性。图 7.13 展示了采用常规统计分析方法分析孔隙度对 10 年 EUR 的影响,图中为每口井平均孔隙度与 10 年 EUR 结果关系图,采用多种坐标绘图,包括直角坐标、半对数坐标和双对数坐标,此外,平均孔隙度值的直方图也显示在该图中。

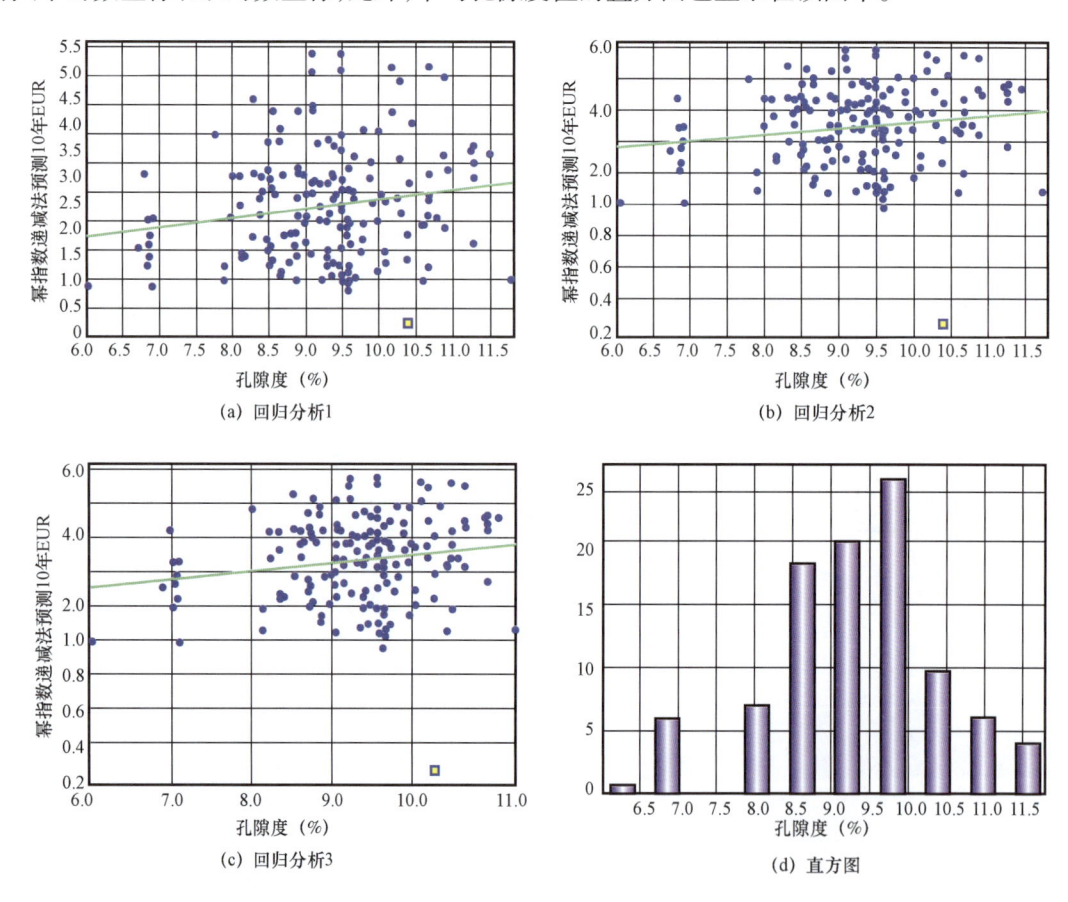

图 7.13　应用常规统计分析方法分析孔隙度对页岩产量影响的例子

图 7.13 清楚地表明,传统统计方法数据点分散,各种坐标下都没有很好的趋势关系,对分析孔隙度对 10 年 EUR 的影响没有任何帮助,可以对这些图使用任何类型的归一化,而不会影响其趋势或模式。因此,这种方法不能找到基质孔隙度和 10 年 EUR 之间的任何关系,那么是否应该得出这样的关系不存在的结论? 大多数地质学家和石油工程师都知道,通常孔隙度越高,生产能力越好,EUR 越高,但是,从常规统计分析中无法得到这样的结论。

当采用井质量分析(WQA)和 FPR 方法分析 7.13 图中的数据的时候,结果大不相同。WQA 是一种页岩分析技术,它结合了模糊逻辑,根据生产特征对井进行分类,然后使用每个类别中的隶属度并将其投影在要分析的参数上,以检测趋势,当增加类别数以匹配井数时,FPR 与 WQA 方法的结果相同。

图 7.14 显示了对平均孔隙度进行的井质量分析(WQA)的结果。从图 7.14 中可以看出,

虽然该分析涉及的所有井的平均孔隙度约为 9.27%，但差井的平均孔隙度值为 9.05%，一般井的平均孔隙度值为 9.42%，而好井平均孔隙度值为 9.53%，此图中显示的趋势非常容易理解，也很直观，在平均孔隙度值较高的地层（页岩）中完井的井往往产量更高。那么现在可以根据从现场收集的实际数据（现场测量值）来确认地质和工程特征。因此，如果该技术能够与已经知道的规律相吻合（尽管无法通过常规统计数据观察到），那么也许可以信任它揭示的其他趋势，这些趋势可能通过常规方法不是那么直观和明显。

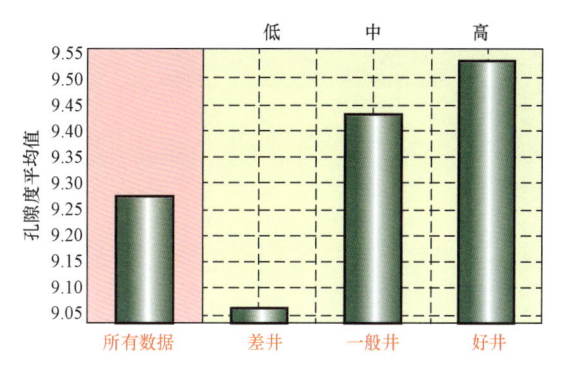

图 7.14　对孔隙度进行井质量分析（WQA）

井质量分析（WQA）将数据集中的井分为三组（差、中、好），四组（差、中、好、非常好）或五组（差、中、好、非常好和极好）（参见图 3.28 至图 3.30），在 FPR 中，可以将井划分为多个组，从而可以通过分析生成连续曲线（与柱状图相对）。

FPR 对孔隙度及其对 10 年 EUR 的影响的分析结果如图 7.15 所示，该图中的紫色曲线清楚地显示了随孔隙度增大，10 年 EUR 呈上升趋势（但非线性）。

需要注意的是图 7.15 中显示的 FPR 趋势不是回归或移动平均值计算得到的，而是本书前面各节中所述的全面分析的结果。

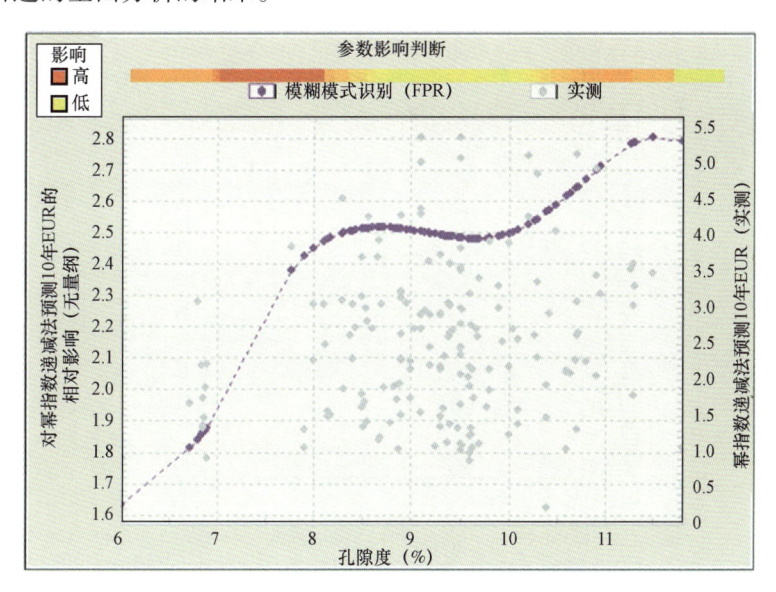

图 7.15　对孔隙度进行模糊模式识别（FPR）

### 7.3.3　页岩数值分析的更多结果

在本节中，将使用页岩数值分析的 FPR 方法显示其多个分析结果，以展示其在看似混乱的数据中发现隐藏规律的能力。图 7.16 至图 7.20 列出了一系列图表，其中包括实际数据以及复杂储层参数和完井参数对马塞勒斯页岩生产指标影响的隐藏规律。

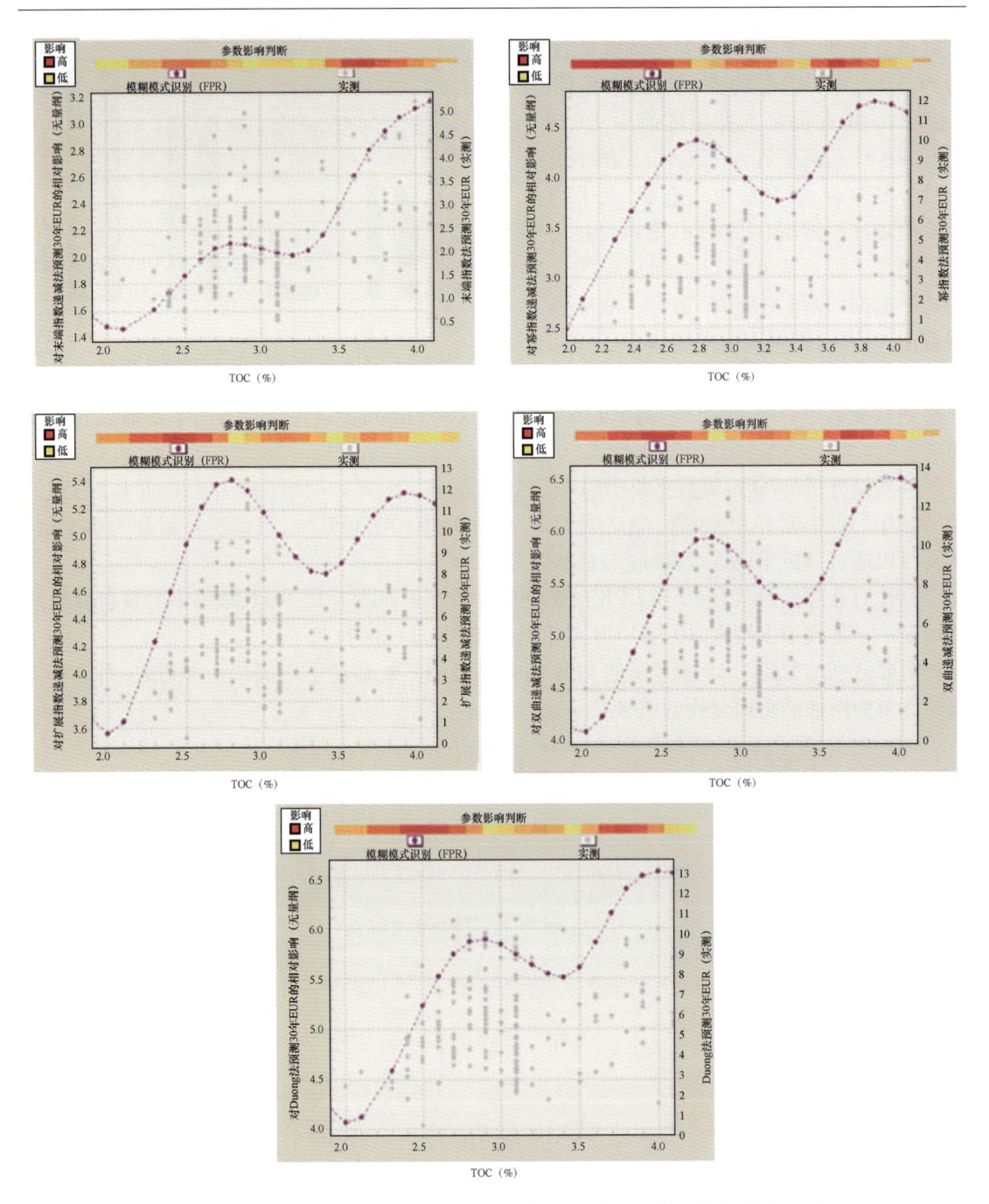

图 7.16 TOC 对末端指数递减(左上),幂指数递减(右上),扩展指数递减(左中),
双曲递减(右中)和 Duong 递减(下)计算的 30 年 EUR 的影响

图 7.16 包含五幅图,每幅图都显示了实测的 TOC 与使用本章介绍的五种递减分析方法计算的 30 年 EUR 的对比。这些实际测量值使用灰色点(对应于 $y$ 轴上的 $y$ 值),图中紫色曲线为采用页岩数值分析的 FPR 技术挖掘得到的 TOC 对 30 年 EUR 的影响。

总的来说,所有五种方法的 FPR 曲线都显示出增长的趋势,这证实了基于经验的观念,即钻遇储层中较成熟段越长,井产量越高。但是,每幅图增长的趋势各不相同,末端指数递减法的非线性最小,而扩展指数递减法非线性最强,其他方法介于两者之间。

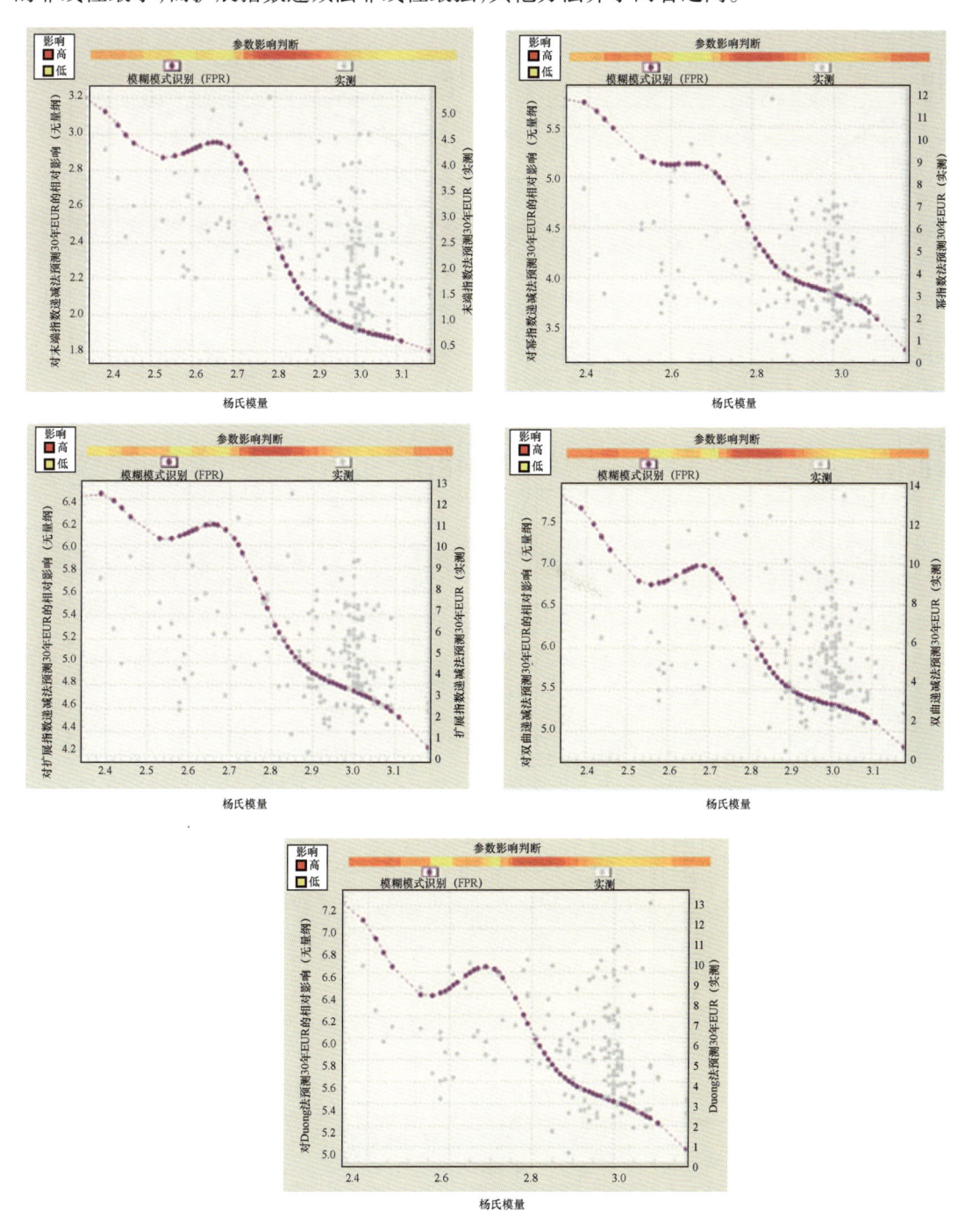

图 7.17　杨氏模量对末端指数递减(左上),幂指数递减(右上),扩展指数递减(左中),
　　　　双曲递减(右中)和 Duong 递减(下)计算的 30 年 EUR 的影响

图 7.17 与图 7.16 相似,是地质力学特征杨氏模量的影响。在图 7.17 中,五种方法同样都表现出相似的趋势,但与孔隙度和 TOC 等地层特征进行对比时,杨氏模量参数各种方法的非线性差异更不明显。

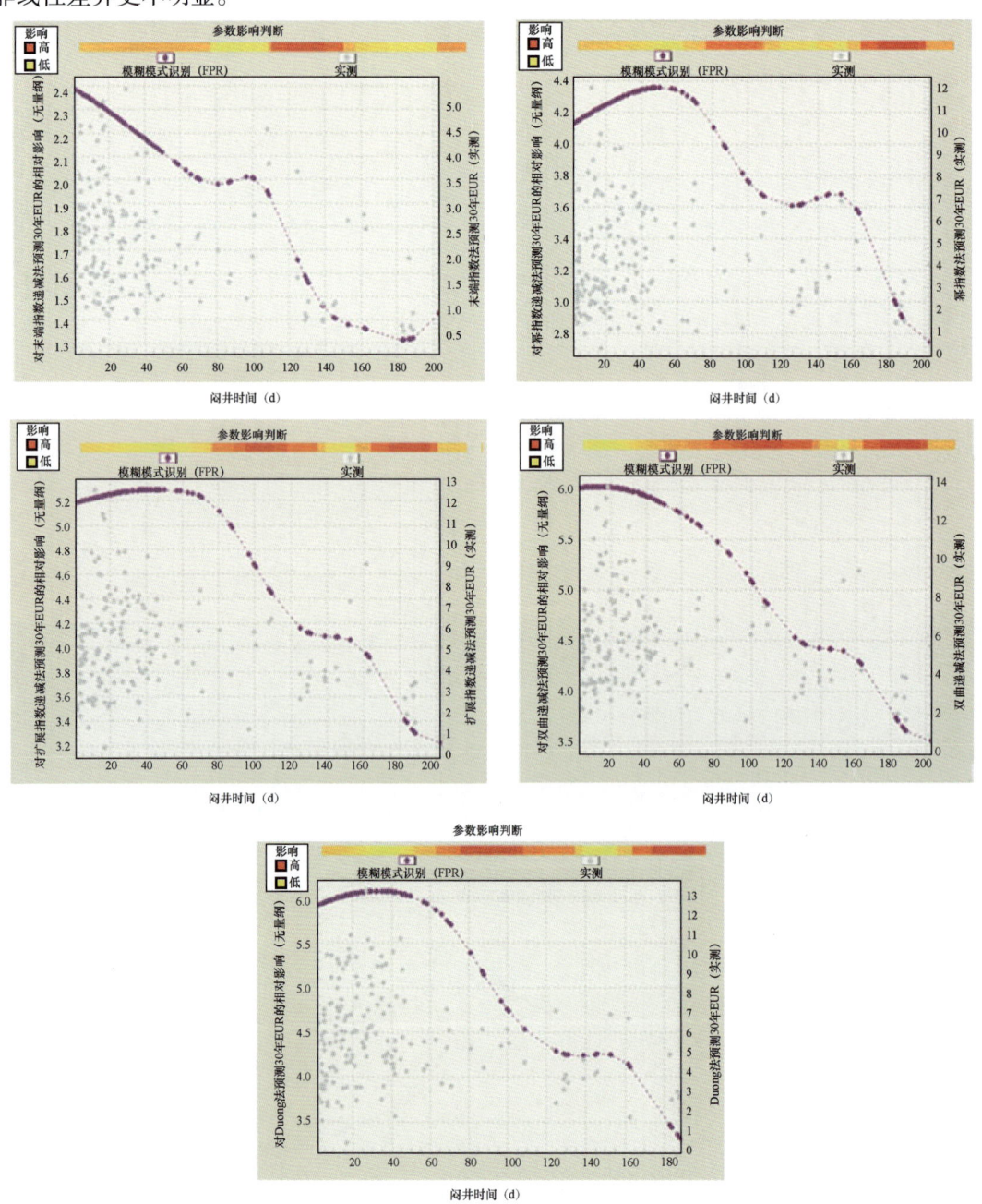

图 7.18　闷井时间对末端指数递减(左上),幂指数递减(右上),扩展指数递减(左中),
双曲递减(右中)和 Duong 递减(下)计算的 30 年 EUR 的影响

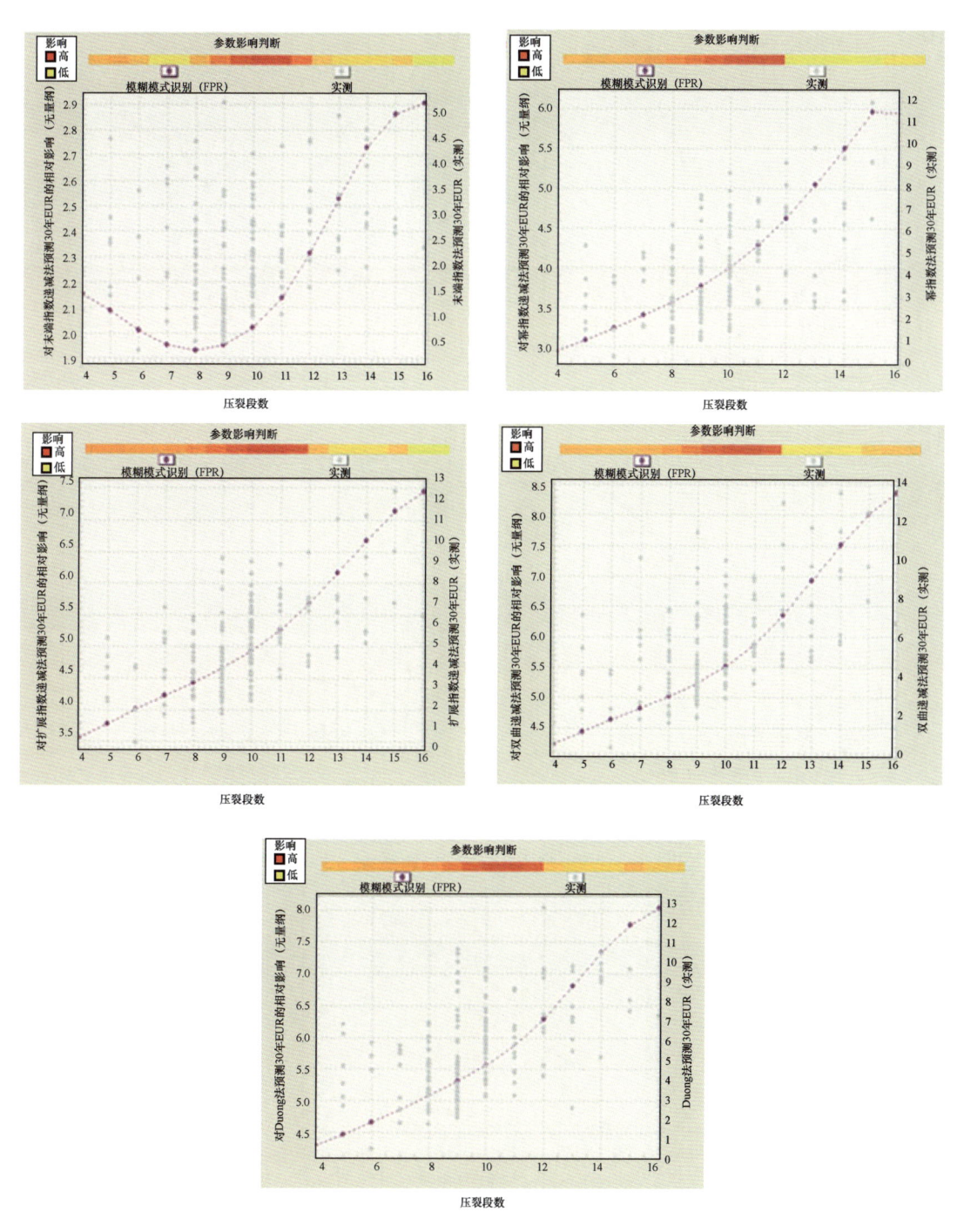

图 7.19 压裂段数对末端指数递减(左上),幂指数递减(右上),扩展指数递减(左中),
双曲递减(右中)和 Duong 递减(下)计算的 30 年 EUR 的影响

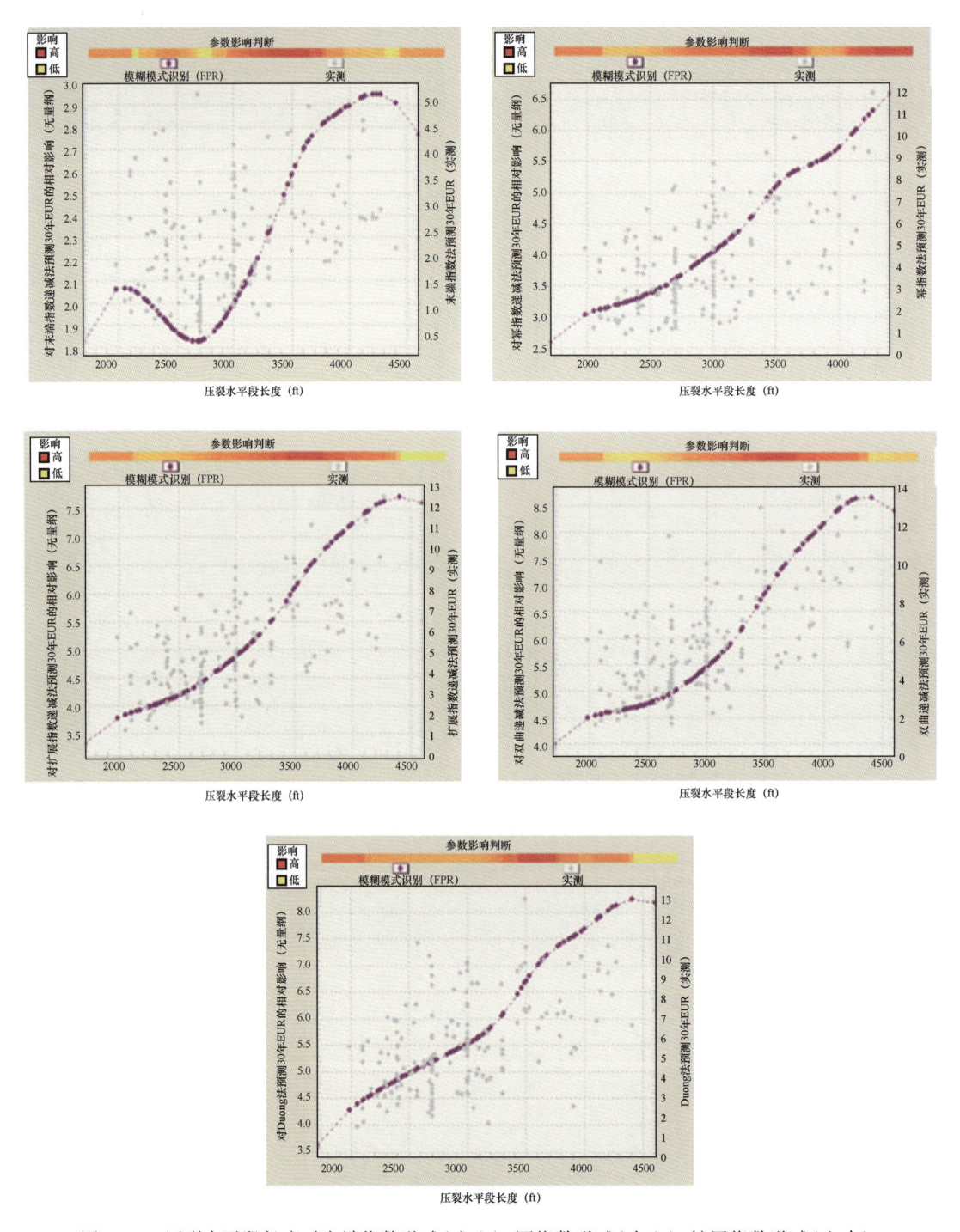

图 7.20  压裂水平段长度对末端指数递减（左上），幂指数递减（右上），扩展指数递减（左中），
双曲递减（右中）和 Duong 递减（下）计算的 30 年 EUR 的影响

而对于完成特征参数，例如闷井时间（图 7.18）、压裂段数（图 7.19）和压裂水平段长度（图 7.20），末端指数递减方法的非线性比其他方法更强。所以结论似乎是，对于不同的递

减分析方法,如果工程师认为储层参数的影响比完井参数大,那么应该选择相对保守的末端指数递减法,如果认为完井参数起主要的控制作用,应该使用其他的递减分析方法。但如果无法确定哪种参数影响更大,仍想要从数据当中找到真相,笔者将在本章末尾详细说明。

在完成对所有涉及参数(井身结构,储层特征,完井和压裂)的高级数据驱动的分析后,页岩数值分析揭示了这些递减分析方法是如何受这些参数影响,这些规律未曾被发现,而这些方法的提出者们也未曾在他们发表的文献中对此做过分析。

图 7.21 至图 7.24 总结了应用页岩数值分析用于不同递减分析方法计算页岩井 EUR 过程中得到的结论。

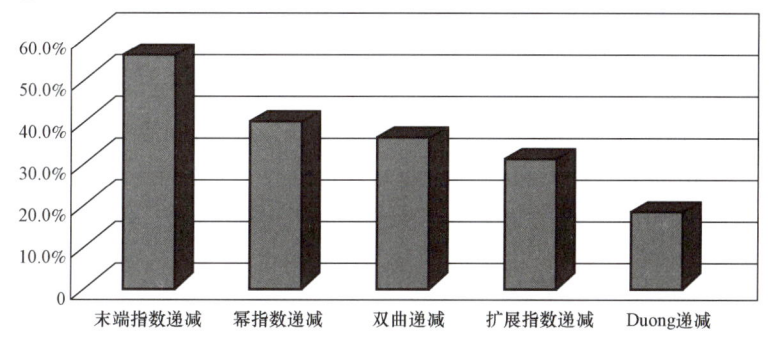

图 7.21 属性参数对五种递减分析方法的贡献(归一化)

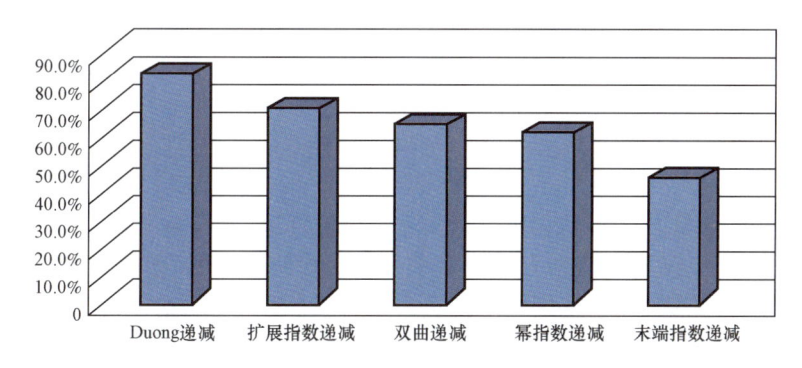

图 7.22 设计参数对五种递减分析方法的贡献(归一化)

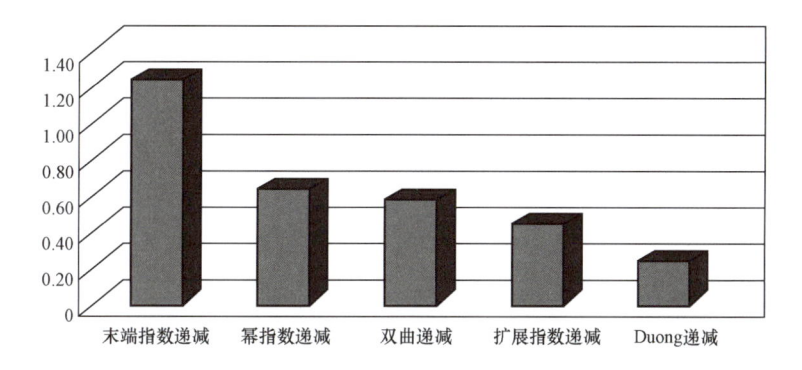

图 7.23 五种递减分析方法属性参数与设计参数贡献的比率

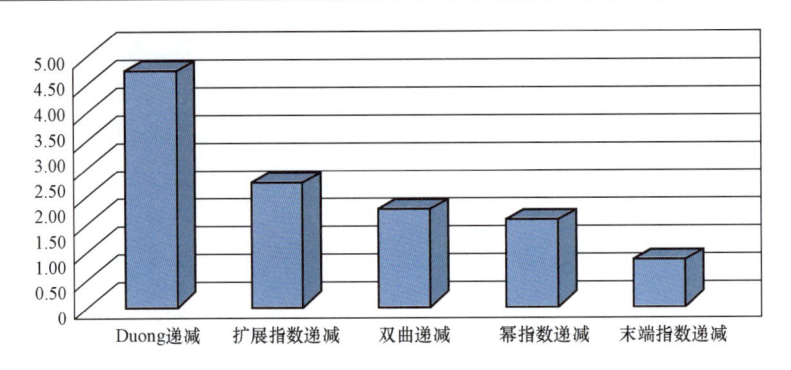

图 7.24　五种递减分析方法设计参数与属性参数贡献的比率

图 7.21 显示当使用末端指数递减分析时,会加重图 7.12 中属性参数集中参数的影响,图 7.22 显示当使用 Duong 方法时,会加重图 7.12 中设计参数集中参数的影响。

图 7.21 和图 7.22 比较了不同递减分析方法中属性参数和设计参数的影响,图 7.23 和图 7.24 显示了某一递减分析方法下两组参数影响的比率,图 7.23 为属性参数比设计参数的影响,图 7.24 为设计参数比属性参数的影响。例如,根据图 7.24,当采用扩展指数法分析时,工程师在没有意识到的情况下给设计参数的权重是属性参数的两倍,或者在使用末端指数法分析时,属性参数的权重比设计参数大两倍还多。

## 7.4　页岩数值分析与递减分析

总而言之,当使用递减分析之类的方法来估算页岩井最终采收率时,似乎并不是实际数据直接影响评价结果,而是方法本身影响更大,那么,工程师根据自己认识确定哪种参数影响更大以及影响程度,可以选择相应的递减分析方法支撑自己的看法,换句话说,就是"导向输入,导向输出"。

基于以上分析,笔者认为递减分析方法是一种主观方法,分析结果与工程师对现场的认识和知识背景有关,而不完全与数据有关。为了克服这些缺点,并让现场数据对分析起主导作用,笔者为具有大规模多级水力压裂的水平页岩井选择合适的递减分析方法提出以下建议:

(1) 尽量详实地使用现场测试数据,并将其分为属性参数和设计参数;

(2) 开展页岩数值分析,确定设计参数与属性参数的影响之比(类似于图 7.24);

(3) 根据上面步骤(2)中计算的结果和图 7.24 所示的柱状图,选择适当的递减分析方法估算 10 年、30 年或 50 年 EUR。

# 第8章 页岩油气生产优化技术

本章主要展示数据分析在页岩油气水力压裂实践优化中的应用,针对美国东北部马塞勒斯页岩油气开发开展数据分析和优化。页岩油气生产优化技术的最终目标包括:
(1) 为新井设计最佳分段压裂方案;
(2) 考虑储层、完井和压裂施工参数不确定性,对新井进行产量预测;
(3) 基于数据驱动分析确定马塞勒斯页岩油气最佳完井和压裂方案。

本章针对马塞勒斯页岩气藏136口水平井的数据集进行数据驱动分析,数据集中气井累计压裂段数超过1200段。

## 8.1 数据集

本次分析中使用的数据集是马塞勒斯页岩气藏共享的水力压裂实践最全面的数据集之一,可供开展独立研究分析。

### 8.1.1 生产数据

数据集中包含马塞勒斯页岩气藏近几年完钻的136口水平井和1200多个水力压裂段信息。单井压裂段数4~17段,单井平均天然气和凝析油峰值产量分别为$280 \times 10^6 \text{ft}^3$和32bbl/d。

如图8.1所示,近四分之三油气井对应的日产气量接近平均水平(前30d),约半数油气井对应的凝析油日产量处于区块的最低水平。

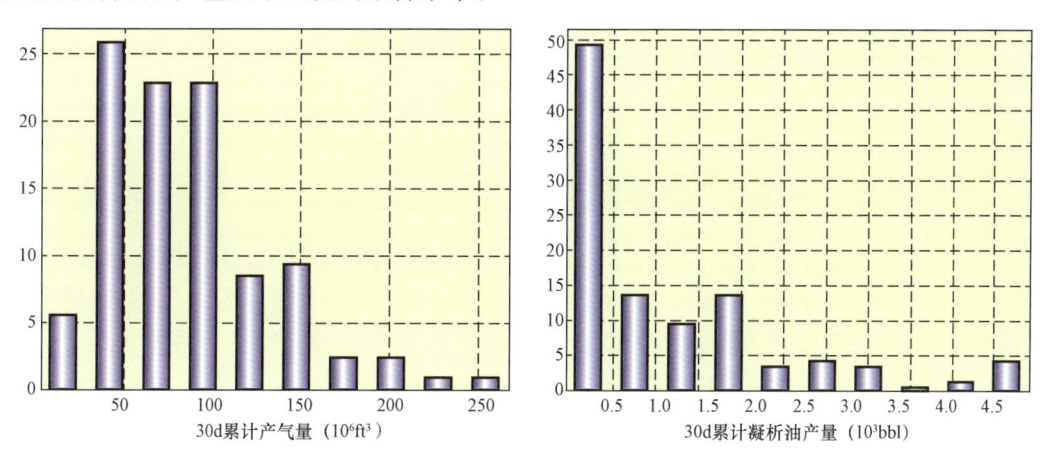

图8.1 马塞勒斯页岩油气井的天然气和凝析油产量

高产井日产气量达$900 \times 10^6 \text{ft}^3$,凝析油产量达163bbl/d(非同一口井),最低产量井日产气量仅$15 \times 10^3 \text{ft}^3$,凝析油产量为零(非同一口井)。数据集中油气井的天然气和凝析油产量存在显著差异。图8.1给出了前30d天然气和凝析油的累计产气量分布。

## 8.1.2 水力压裂数据

图 8.1 所示油气井产量差异反映了储层性质、完井参数和水力压裂参数的差异。这些油气井射孔水平段长为 1400~5600ft,完井和压裂地层多达 7 套,其中一些地层压裂多达 17 段(在同一口井中),而有些地层中只压裂一段。压裂施工注入支撑剂总量为 97000~8500000lb,压裂液总量约 40000~181000bbl。

## 8.1.3 储层特征数据

其中一套地层的孔隙度为 5%~10%,地层厚度 43~114ft,TOC 为 0.8%~1.7%。另一套地层的孔隙度为 8%~14%,地层厚度在 60~120ft,TOC 为 2%~6%。

图 8.2 为该数据集中可用参数列表,包括马塞勒斯页岩气藏 136 口生产井的井位、井眼轨迹、储层特征、完井、压裂及生产特征参数。

| 第1组参数 | 井位及相关信息 | 第4组参数 | 压裂信息 |
|---|---|---|---|
| 水平段向东 | | 平均泵注压力 | |
| 水平段向北 | | 平均瞬时停泵压力 | |
| 测量深度 | | 平均破裂压力 | |
| 区域 | | 平均最大压力 | |
| 井型 | | 平均泵注排量 | |
| 内部距离(距加密井) | | 平均最大排量 | |
| 外部距离(距加密井) | | 平均破裂排量 | |
| 入目的层井百分比 | | 总液量 | |

| 第2组参数 | 储层特征 | |
|---|---|---|
| 平均孔隙度 | | 总压裂液量 |
| 储层净厚度 | | 最大支撑剂浓度 |
| 平均含水饱和度 | | 总支撑剂量 |
| 平均TOC | | 平均压裂梯度 |
| 平均Langmuir体积 | 第5组参数 | 产量信息 |
| 平均Langmuir压力 | | 30d累计产气量 |
| | | 30d累计凝析油产量 |

| 第3组参数 | 完井信息 | |
|---|---|---|
| 压裂水平段长 | | 90d累计产气量 |
| 射孔密度 | | 90d累计凝析油产量 |
| 总压裂簇数 | | 120d累计产气量 |
| 总压裂段数 | | 120d累计凝析油产量 |
| | | 180d累计产气量 |
| | | 180d累计凝析油产量 |

图 8.2 马塞勒斯页岩气藏数据集信息

## 8.2 油气井生产动态/压裂复杂性

正如本书前几章所描述的,页岩中的流体流动是一种复杂的现象,介质具有(至少)双重孔隙度、随应力变化的渗透率、含大量天然裂缝的特征,流体流动受与压力相关的达西定律(层流和紊流)和与浓度相关的菲克扩散定律控制,这些因素给建立能够合理描述生产动态、历史拟合和预测的油藏数值模拟模型带来了诸多挑战。

如果再考虑纳入大量的多级水力裂缝到模型,只会加剧页岩油气井生产建模过程的复杂性。随着指定油田(区块)中生产井数量的增加(这种情形在美国所有页岩区块中都非常普遍),开发全油田油藏数值模拟模型将变得非常复杂和耗时。

鉴于以上这些事实,不应对如此复杂的非常规储层中存在线性和直观的动态抱有期望,而这些分析中使用的数据集也不尽如人意。在本节中,通过数据集中任意参数与其他所有参数之间缺乏明显的相关性和趋势模式的展示,来说明这类储层生产的复杂性。

为了说明上述复杂性,数据集中的所有参数均对应生产指标(如30d、90d、120d和180d的累计天然气和凝析油产量)绘制了图形,以观察数据是否存在明显的趋势或模式。如图8.3至图8.9所示,这些图是按笛卡儿、半对数和双对数坐标绘制的,但没有观察到任何的趋势或模式。

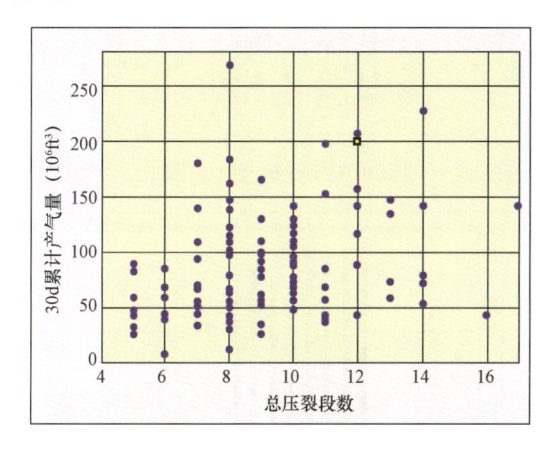

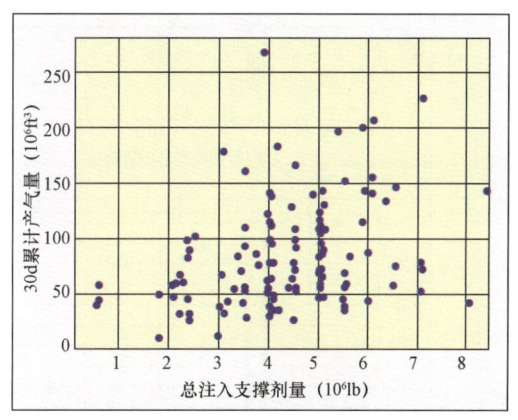

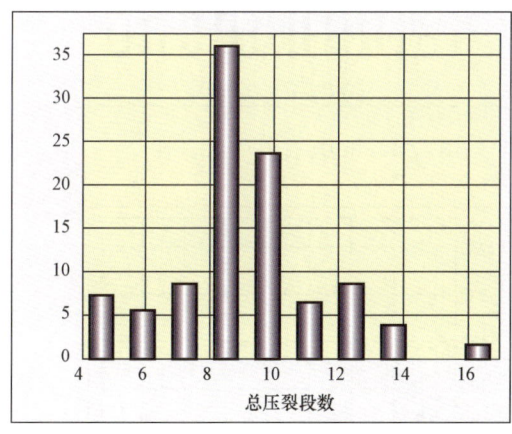

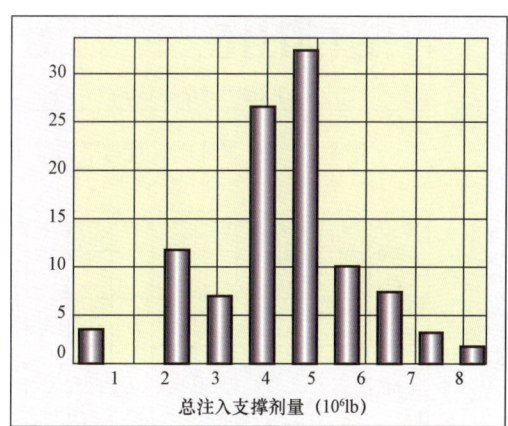

图8.3 30d累计产气量总压裂段数与总压裂段数(左图)、注入支撑剂量(右图)的相关性

尽管对这些参数缺乏相关性并不感到意外,但由于马塞勒斯页岩油气井水力压裂后的生产具有高度复杂性,因此缺乏相关性可能会导致这些油气井产量缺乏可预测性。因为传统和常规的模拟多孔介质中流体流动的方法在这些页岩地层中没有被证实是有用的,因此在许多油气藏工程、储层模拟和建模以及油气藏管理方面会造成相当大的困难也是合理的。

为了进一步检测数据集中不同参数与产量之间存在明显相关性的可能性,选择数据集中成对的参数,绘制其关系图形,并根据30d累计产气量对每个数据点进行分类。当绘制这些参数相互对应(图中的每个点代表一口井)的关系图形时,尽管没有明显的趋势或相关性,但如果根据井的总体产能对参数进行聚类,也许会出现一些相关性。

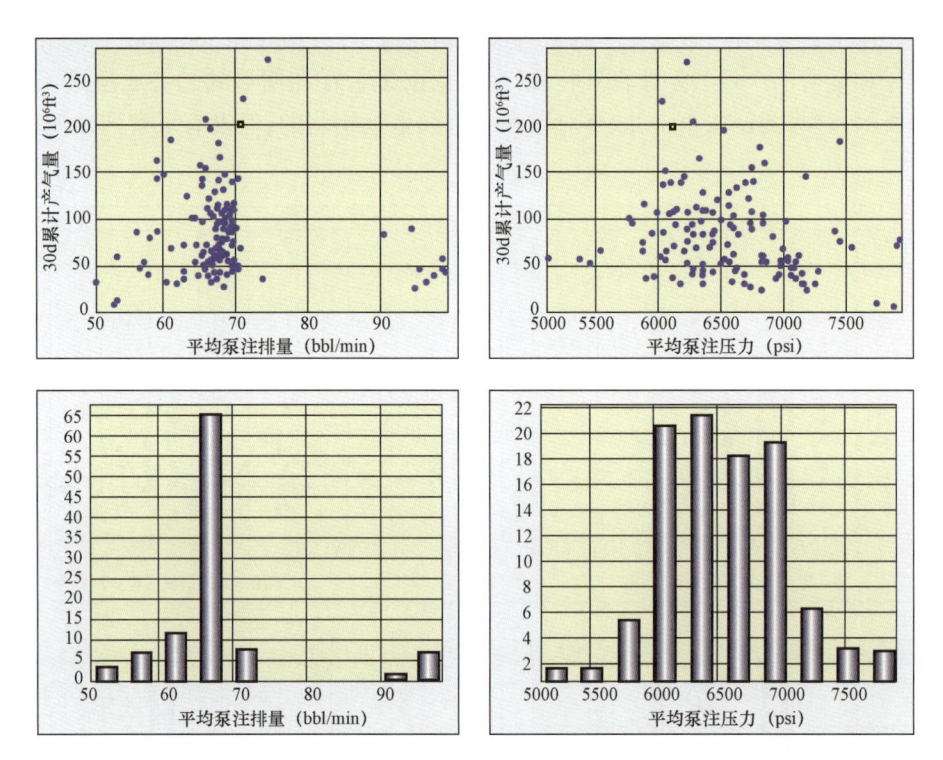

图8.4 30d 累计产气量与平均泵注排量(左图)、泵注压力(右图)的相关性

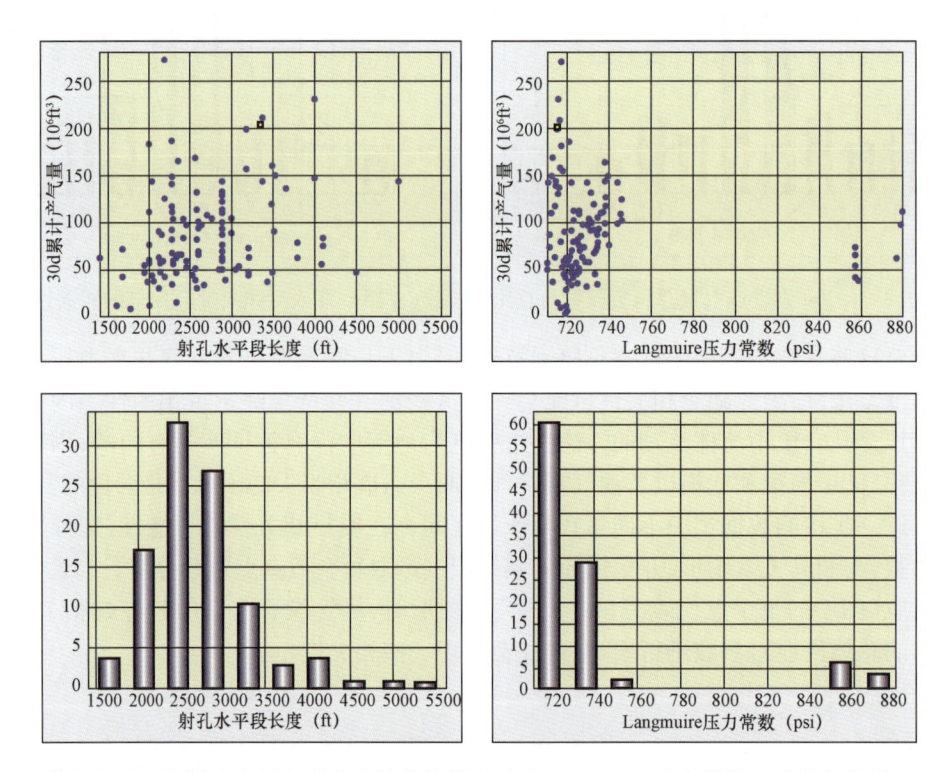

图8.5 30d 累计产气量与射孔水平段长度(左图)、Langmuire 压力常数(右图)的相关性

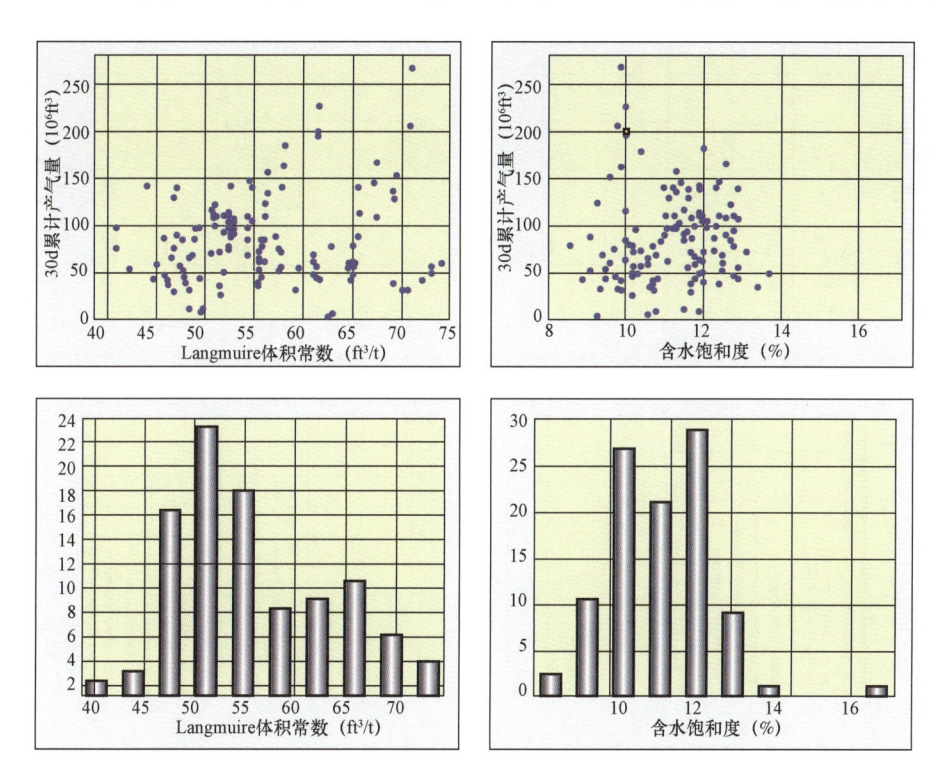

图 8.6　30d 累计产气量与 Langmuire 体积常数（左图）、含水饱和度（右图）的相关性

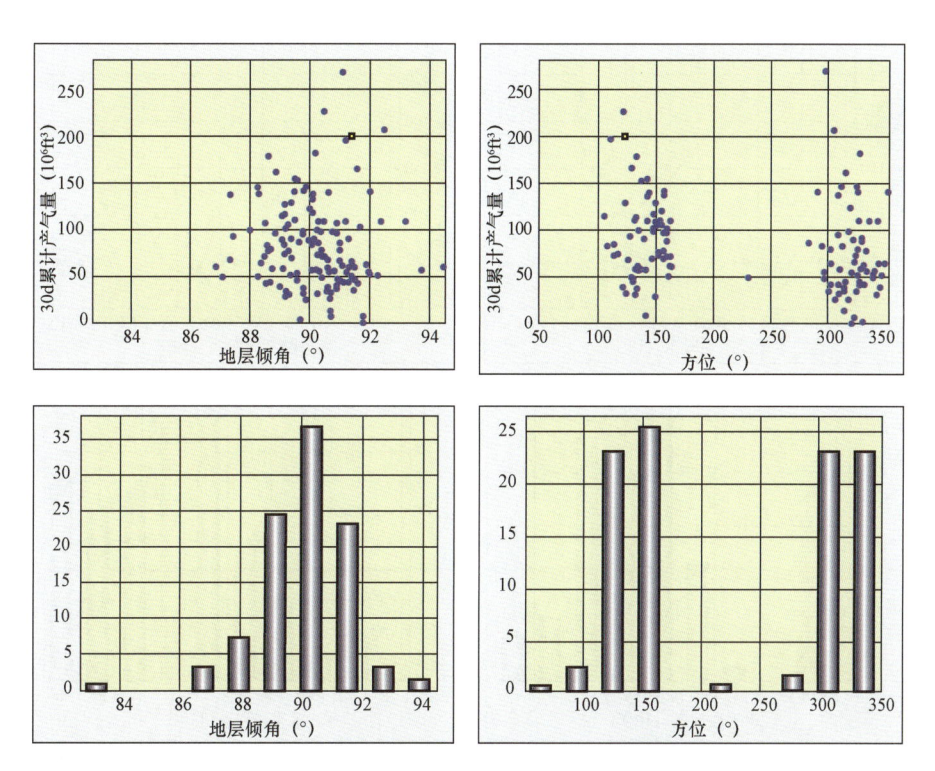

图 8.7　30d 累计产气量与地层倾角（左图）、方位（右图）的相关性

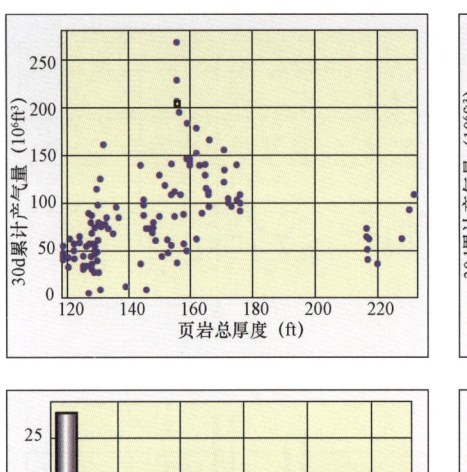

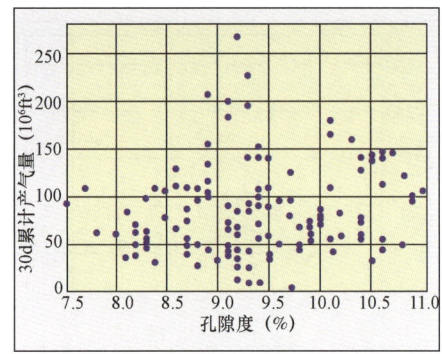

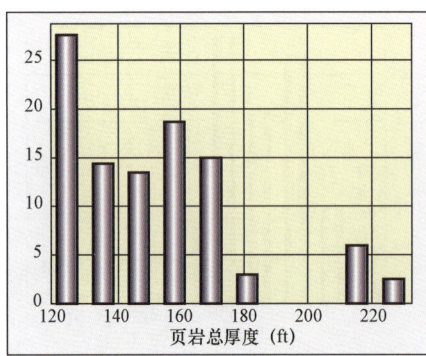

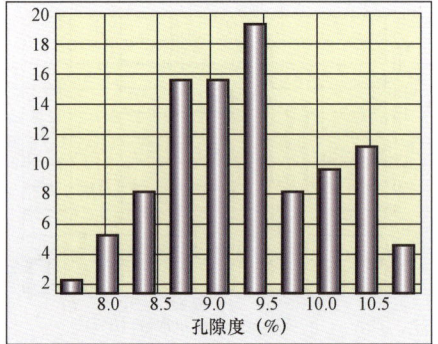

图 8.8　30d 累计产气量与地层总厚度(左图)、孔隙度(右图)的相关性

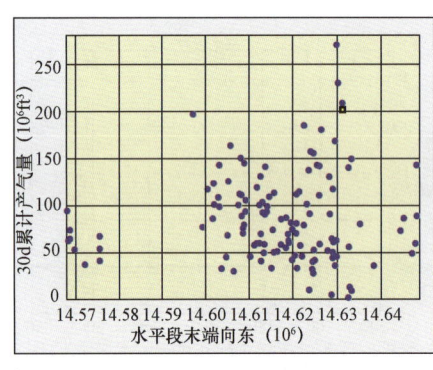

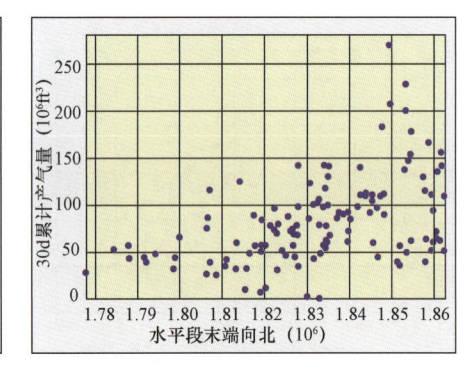

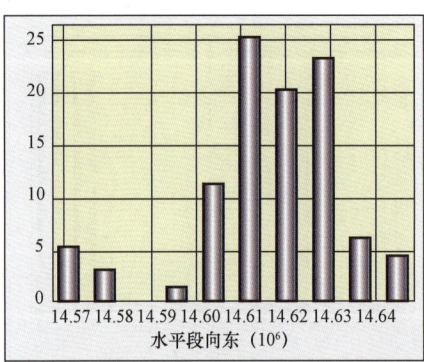

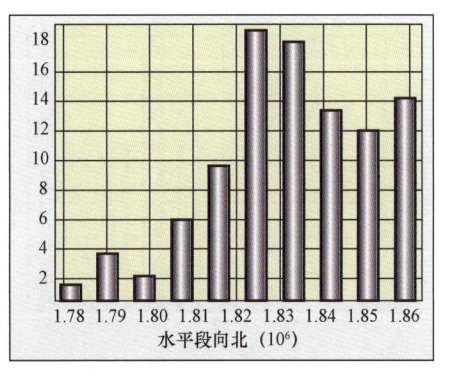

图 8.9　30d 累计产气量与水平段末端向东(左图)、向北(右图)的相关性

图 8.10 和 8.11 展示了此种尝试的六个示例,30d 累计产气量的数据集被分为了三类。对应 30d 累计产气量,油气井被分为三组,分别为小于 $50 \times 10^6 \text{ft}^3$、$(50 \sim 150) \times 10^6 \text{ft}^3$ 以及大于 $150 \times 10^6 \text{ft}^3$。从图 8.10 和 8.11 可以看出,在所有可能成对的具有代表性的六个示例中,无论哪些参数绘制成了相互对应关系的图形,每个示例(数据中没有趋势或规律可言)中都有差、中、好井。

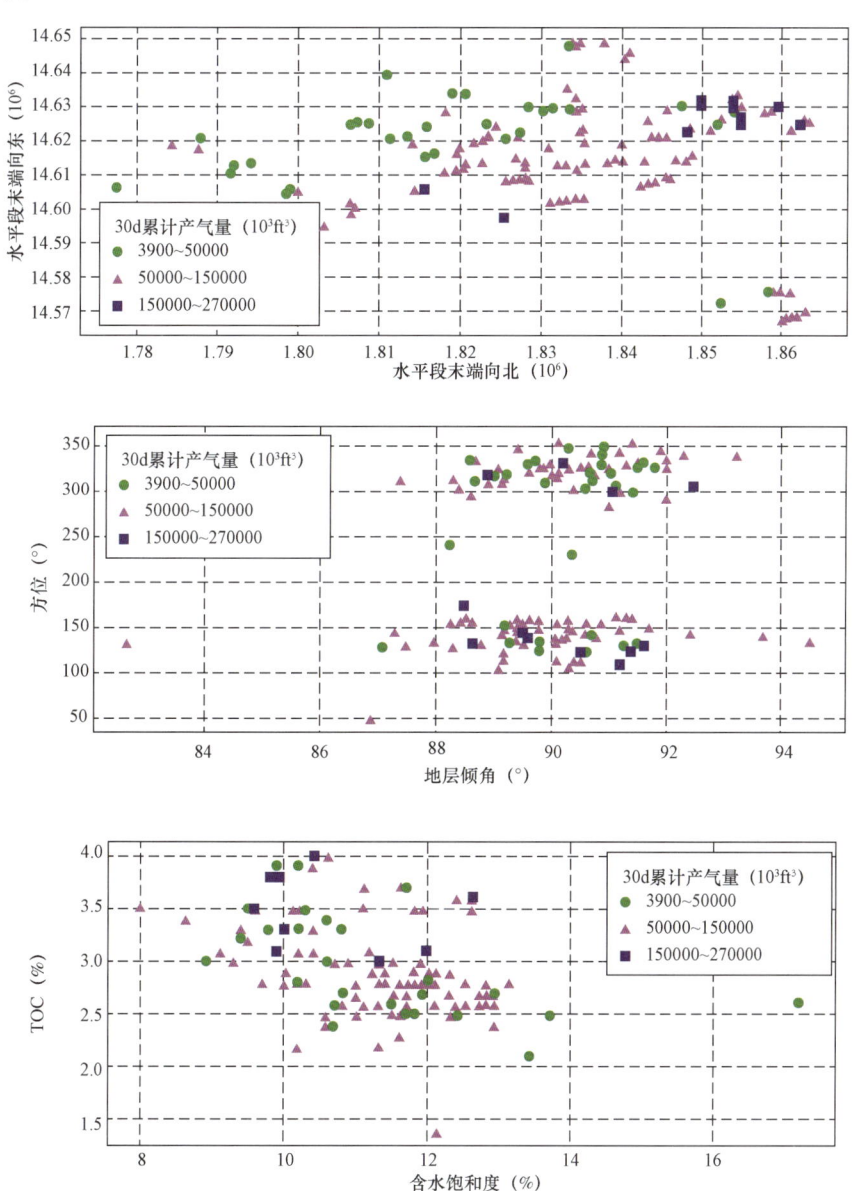

图 8.10　在根据不同范围的 30d 累计产气量对井进行分类时,检测水平段末端向东与向北(上图)、地层方位与倾角(中图)和总有机碳含量(TOC)与含水饱和度(下图)之间是否存在明显的相关性

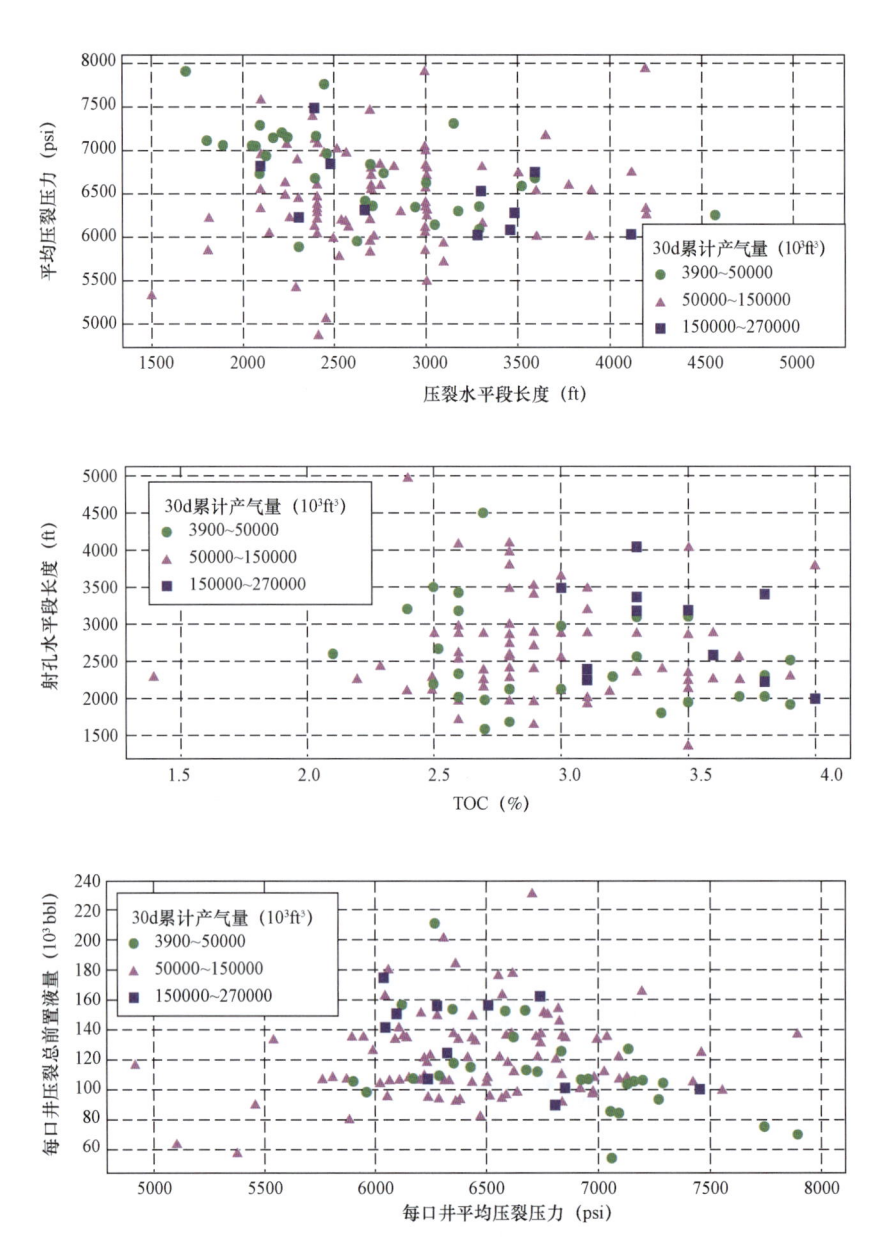

图 8.11 在根据不同范围的 30d 累计产气量对井进行分类时,检测泵注压力与压裂水平段长(上图)、射孔水平段长与 TOC(中图)以及泵入压裂液体积与泵注压力(下图)之间是否存在明显的相关性

除二维笛卡儿坐标、半对数坐标和双对数坐标图形(根据产能对井进行分组和不分组)以外,还研究了数据的三维图形,同样根据产能对井进行分组和不分组(图 8.12 至图 8.15)。这是因为在某些情况下(如落基山脉的致密砂岩),根据井的总体产能分类可以观察到一些趋势。

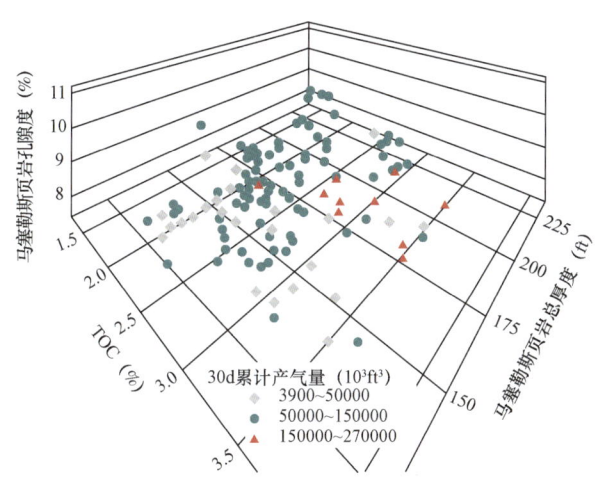

图 8.12　在根据不同范围的 30d 累计产气量对井进行分类时,检测马塞勒斯页岩的孔隙度、总厚度与 TOC 之间是否存在明显的相关性

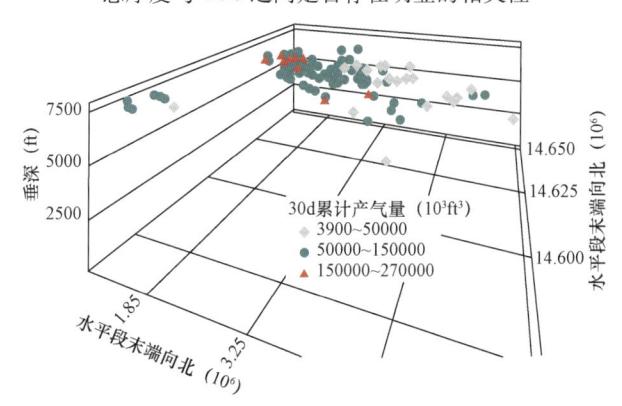

图 8.13　在根据不同范围的 30d 累计产气量对井进行分类时,检测马塞勒斯页岩油气井的垂深、水平段末端向北与向东之间是否存在明显的相关性

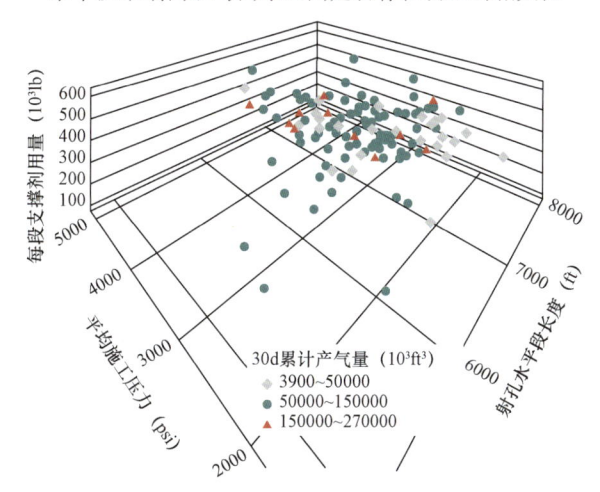

图 8.14　在根据不同范围的 30d 累计产气量对井进行分类时,检测压裂的马塞勒斯页岩油气井支撑剂注入总量、泵注压力与射孔水平段长之间是否存在明显的相关性

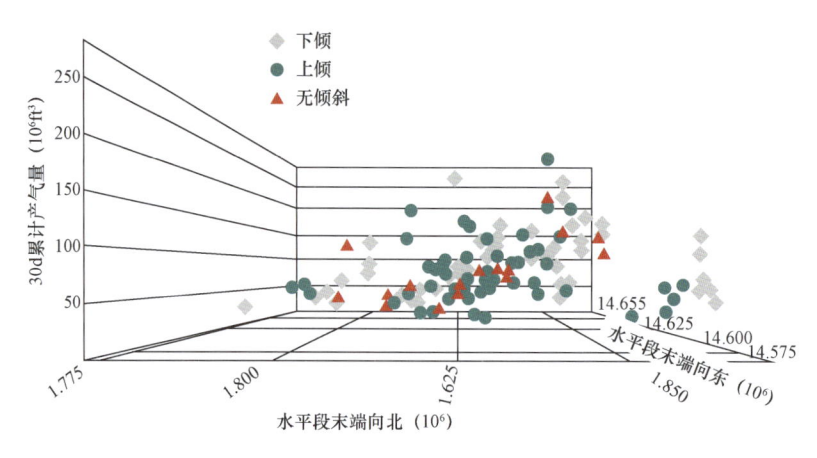

图 8.15 检测沿地层向上倾斜(上倾)、向下倾斜(下倾)和无倾斜钻井的马塞勒斯页岩油气井水平段末端向北、向东与 30d 累计产气量之间是否存在明显的相关性

毋庸置疑,这些将生产指标与井、储层、完井和压裂特征相关联的尝试均未见成效。从所有这些图(图 8.12 至图 8.15)中可以清楚地看到,数据集中的任何参数以及为此数据集计算的任何生产指标之间都没有明显的相关性。

最终采用了先进的统计技术,例如方差分析(ANOVA)(图 8.16),看看是否能够检测到数据集中的任何参数之间的任何可能的相关性,然而从方差分析得到的结论并不多。通过本章节说明,代表马塞勒斯页岩中水力压裂实践的数据集非常复杂,以至于无法应用常规统计方法来了解水力压裂实效并利用该方法来制订商业决策,因此对这种复杂现象的分析需要更先进的技术。现在正着手将页岩数据分析技术应用于马塞勒斯页岩的水力压裂实践中,以揭示这一复杂现象。

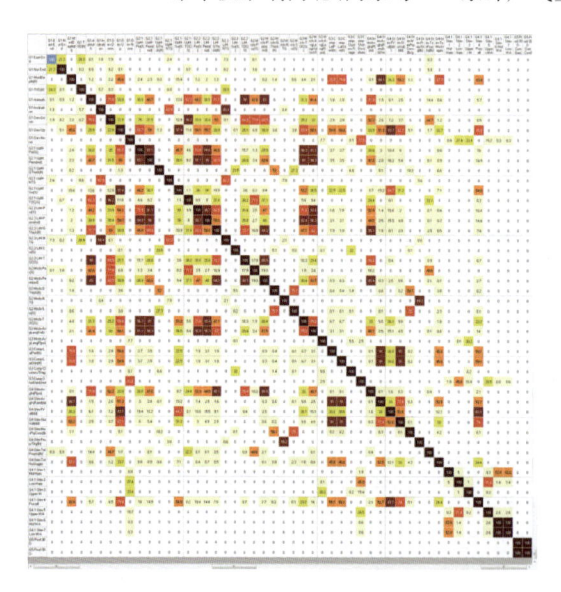

图 8.16 对数据集中的所有参数进行方差分析(ANOVA)。彩色代码有助于识别可能的相关性。所有参数都以行和列的形式显示,主对角线代表 100% 的相关性,以最深的颜色显示。白色表示 0 相关性,其他颜色表示 0~100 之间的相关性。最后四个参数(在行和列上)都是生产指标,显示出很高的相关性。其他显示出高度相关性的相邻参数是总厚度和厚度净毛比等参数

## 8.3 井质量分析

所谓井质量分析(WQA)就是如何利用页岩中水力压裂的数据集启动页岩数据分析。笔者认为井质量分析是描述性数据挖掘的一部分。通过井质量分析这一过程,使用模糊集理论[51]原理对数据集中的数据进行平均并绘制柱状图,以揭示数据中的某些隐藏模式。在此过

程中,不对数据做任何添加或删除。这一做法可以称为一种独特的可视化技术。

井质量分析分为两个步骤。在第一步中,选择目标生产指标,以便使用该目标生产指标确定现场油气井的质量。例如,在本分析中,使用 30d 累计产气量作为目标生产指标,然后基于该生产指标,利用模糊集理论对井质量进行评价。该气田 30d 累计产气量范围最小值为 $4 \times 10^6 \text{ft}^3$,最大值为 $270 \times 10^6 \text{ft}^3$。在这一范围内定义了四种不同的井质量。

差井:指 30d 累计产气量在 $(4 \sim 60) \times 10^6 \text{ft}^3$ 之间的井。
一般井:指 30d 累计产气量在 $(40 \sim 130) \times 10^6 \text{ft}^3$ 之间的井。
好井:指 30d 累计产气量在 $(100 \sim 200) \times 10^6 \text{ft}^3$ 之间的井。
极好井:指 30d 累计产气量在 $(180 \sim 270) \times 10^6 \text{ft}^3$ 之间的井。

读者可能已经注意到,不同质量的井 30d 累计产气量有几个区间发生了重叠,这是可视化技术的独有特性之一。例如,"差井"和"一般井"在 $(40 \sim 60) \times 10^6 \text{ft}^3$ 的 30d 累计产气量区间内重叠,"一般井"和"好井"在 $(100 \sim 130) \times 10^6 \text{ft}^3$ 的 30d 累计产气量区间内重叠,而"好井"和"极好井"在 $(180 \sim 200) \times 10^6 \text{ft}^3$ 的 30d 累计产气量区间内重叠。基于 30d 累计产气量的井质量定义如图 8.17 所示,图 8.18 为多口井的示例。

| 模糊集 | Rise | Top | Top/Fall | Fall |
|---|---|---|---|---|
| 1# | 3986 | 3986 | 40000 | 60000 |
| 2# | 40000 | 60000 | 100000 | 130000 |
| 3# | 100000 | 130000 | 180000 | 200000 |
| 4# | 180000 | 200000 | 268288 | 268288 |

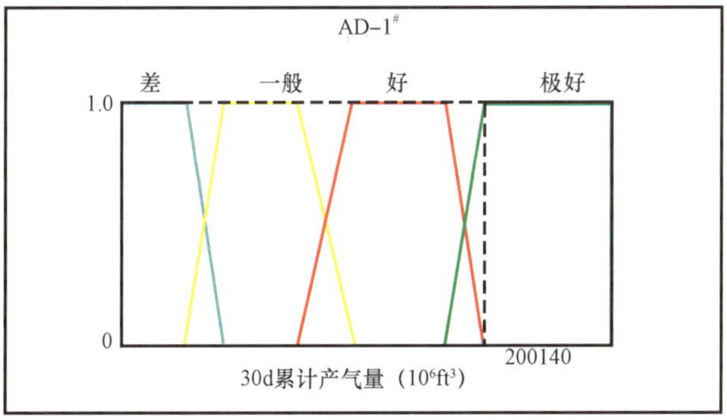

图 8.17 基于 30d 累计产气量的一口"极好井"示例

基于这种定性定义,许多井将不只属于一个井类别。例如,图 8.17 中的 AD-1 井是"极好井"(在"优秀井"类别中隶属度为 1.0),而图 8.18 中的井代表了不同质量的井。例如,10204# 井(右下角)在某种程度上既属于"好井"又属于"极好井",该井在"极好井"类别中的隶属度为 0.81,在"好井"类别中的隶属度为 0.19,这些隶属度分类被称为模糊隶属函数,是描述性数据挖掘中井质量分析的关键。

一旦所有井按照此定性定义后,便开始进行井质量分析的第二步,即可视化,这是基于上一步中计算的模糊隶属函数来计算和绘制数据集的所有参数。

为了检查分析过程的有效性,首先通过这种思路绘制 30d 累计产气量图。在图 8.19(上图)中存在一个明显的趋势,由单调增加的红线(从"差井"到"好井")来识别,这与井质量分类预计的相一致。该结果表明,"极好井"的 30d 累计产气量最高(平均为 $220 \times 10^6 \text{ft}^3$),其次是"好井"(平均为 $140 \times 10^6 \text{ft}^3$)、"一般井"(平均为 $80 \times 10^6 \text{ft}^3$)和"差井"(平均为 $38 \times 10^6 \text{ft}^3$)。在图 8.19 中,数据集中所有井的平均 30d 累计产气量被确定为 $85 \times 10^6 \text{ft}^3$。

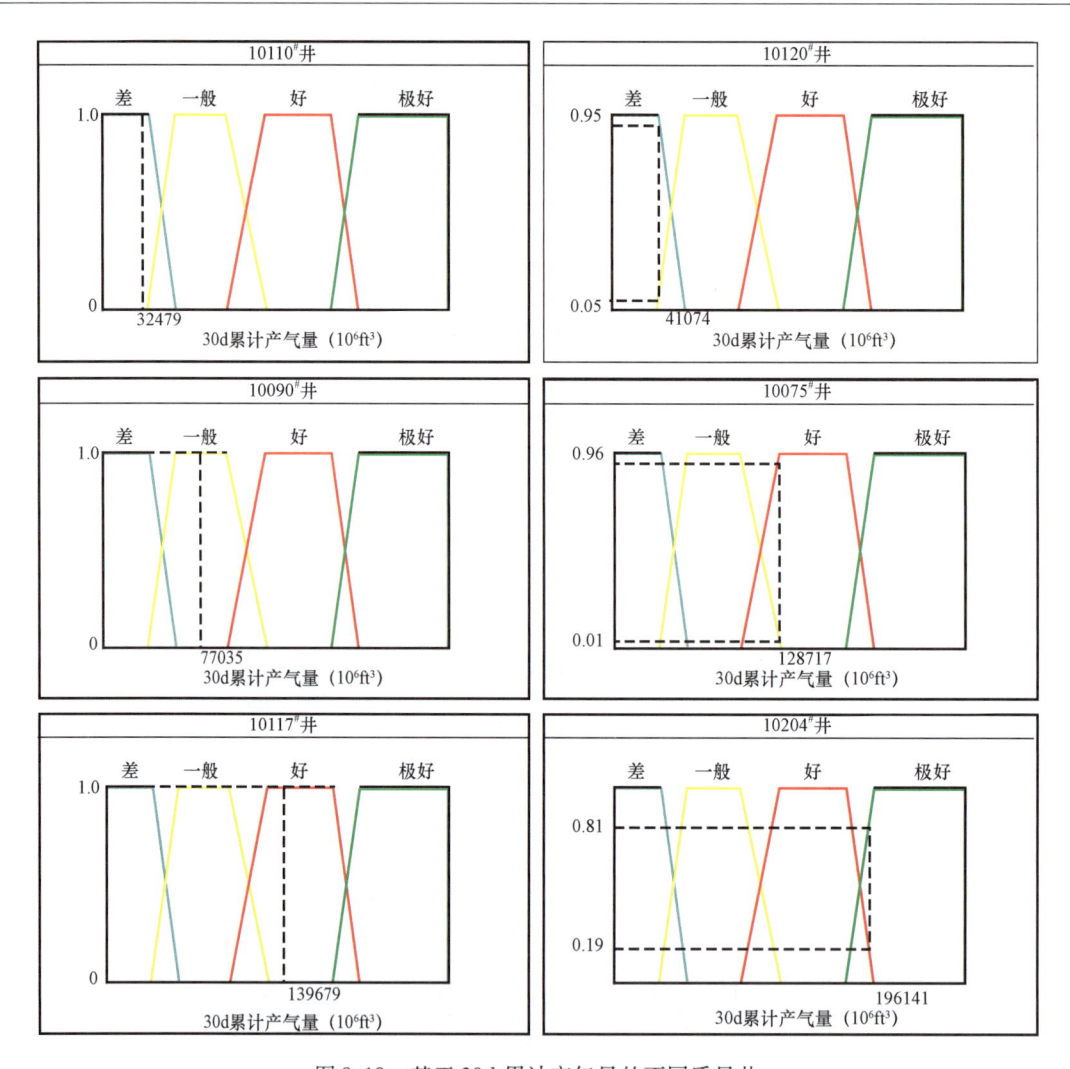

图 8.18 基于 30d 累计产气量的不同质量井

图 8.19 下图显示,35% 的井被归为"差井",72% 被归为"一般井",28% 被归为"好井",不到 5% 被归为"极好井"。将上述所有百分比相加结果为 140%,这意味着该油田至少有 40% 的井属于已识别井类别之间的区间,具有多个井质量类别成员的资格,因此包含在多个类别中。

如前所述,井质量分析是一个过程,通过该过程可以利用井质量分类标准(如上所述)来计算数据集中每个参数的平均归一化值,作为每类井的模糊隶属函数的函数。绘制分析结果以查看是否可以观察到任何特定趋势。正如本节之前所展示的那样,这种分析会不时呈现某些趋势(模式)。

图 8.20 所示为与井位和轨迹相关的四个参数的井质量分析。该图在测量深度、垂深和方位角上显示了明显趋势(由图 8.20 各图中的红色趋势线标识),而地层倾角(由黑色趋势线标识)没有明显趋势。在左上角的图中,显示"极好井"的平均测量深度为 10375ft;"好井"的平均测量深度为 10225ft,而"一般井"的平均测量深度为 10150ft,"差井"的平均测量深度为 9750ft。这表明从"极好井"到"差井"对应的测量深度呈非线性的持续下降。

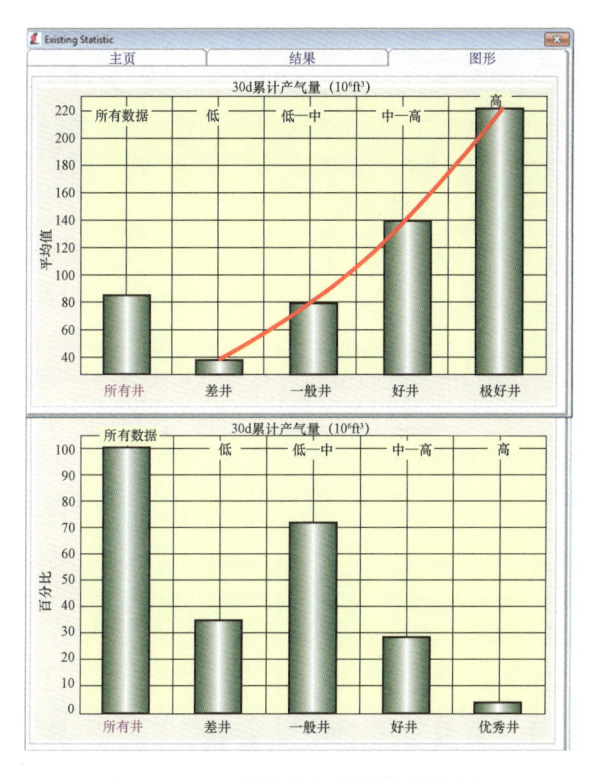

图 8.19 30d 累计产气量的井质量分析

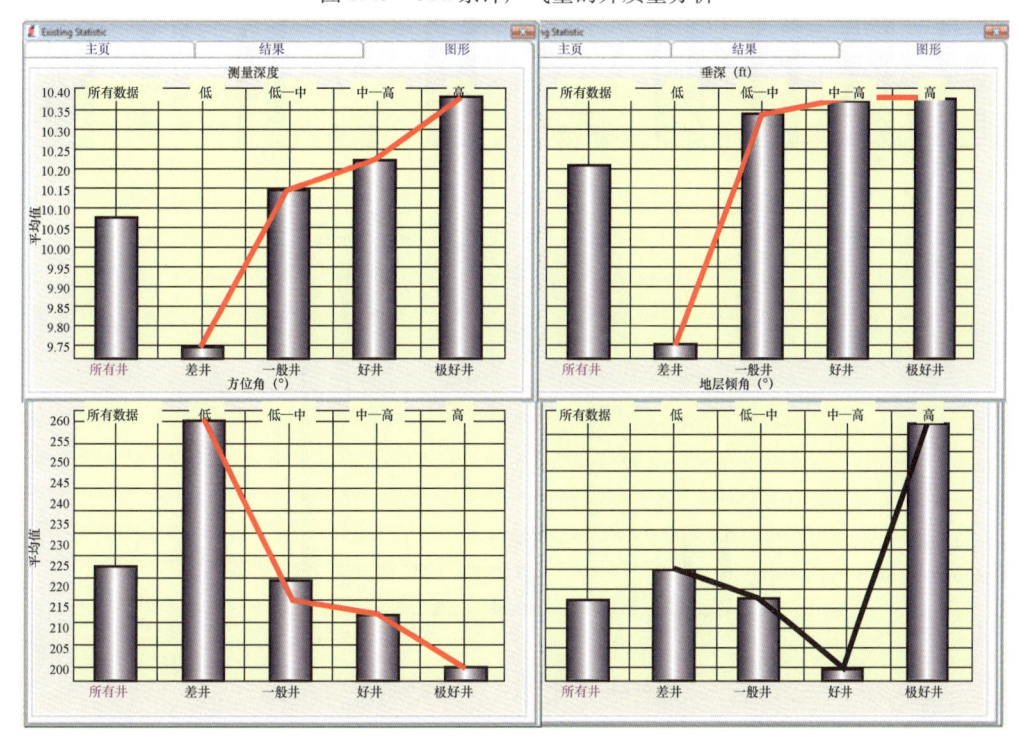

图 8.20 井相关参数的井质量分析

"极好井""好井""一般井"和"差井"的垂深分别为6553ft、6552ft、6550ft和6100ft,相应的方位角分别为198°、213°、217°和260°。如图8.20所示,垂深的趋势为非线性下降(从"极好井"到"差井"),方位角的趋势为非线性上升(从"极好井"到"差井")。右下角图是对应倾角的井质量分析,由于此参数的趋势线有一个拐点(从"差井"到"好井"呈下降趋势,然后从"好井"到"极好井"呈上升趋势),这意味着此参数与30d累计产气量的相关性比采用该技术观察到的结果更复杂。为了进一步了解这些参数的相关性,需要在预测数据挖掘的背景下对它们进行研究,预测数据挖掘提供了多个参数和生产指标之间的组合相关性。数据驱动预测建模将在本章的后续章节中介绍。

图8.21显示了对应地层倾角的井质量分析。在数据集中,这些井被确定为沿地层向上倾斜方向(上倾)、向下倾斜方向(下倾)或无倾斜方向(无倾向)钻井。井质量分析清楚地表明,在该油田中,早期天然气产量明显受到地层倾角的影响,下倾井更有利。上倾和下倾的井质量分析表明,"极好井"一般为下倾井,"差井"一般为上倾井。无倾向井的井质量分析没有明显的趋势。

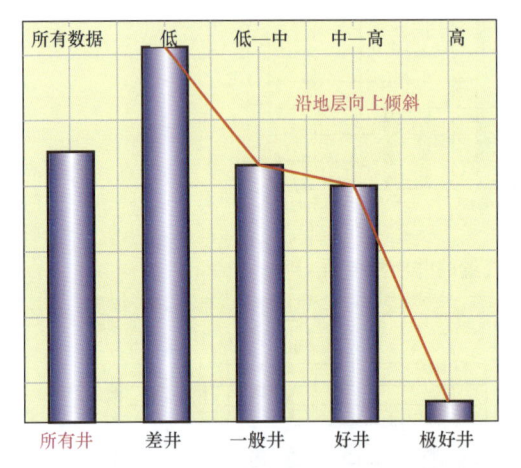

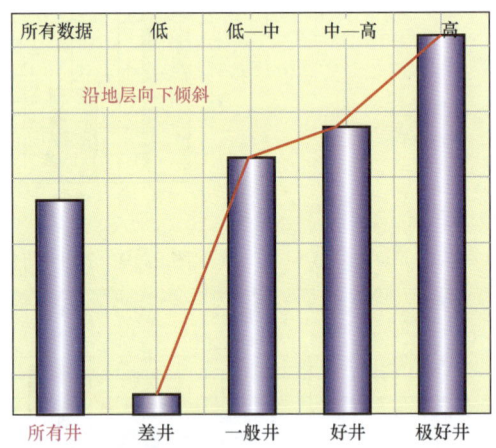

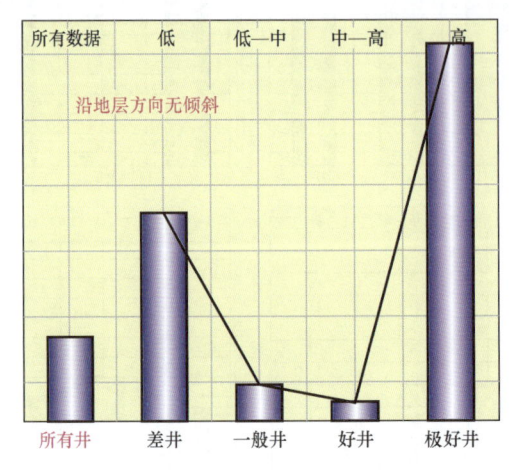

图8.21 井筒轨迹的井质量分析

图8.22为4个完井参数的井质量分析。图8.22中显示出从"差井"到"极好井"每个压裂段的射孔簇数和射孔密度具有明显下降趋势,而射孔水平段长和压裂水平段长从"差井"到

"极好井"呈上升趋势。左上角图中"极好井"平均每段 3 个射孔簇,"好井"平均每段 3.02 个射孔簇,"一般井"平均每段 3.09 个射孔簇,"差井"平均每段 3.16 个射孔簇,从"极好井"到"差井"显示出每段射孔簇数量呈非线性的持续上升趋势,对应的射孔密度也呈现同样趋势,每英尺射孔数从 4.0 个上升至 4.5 个。

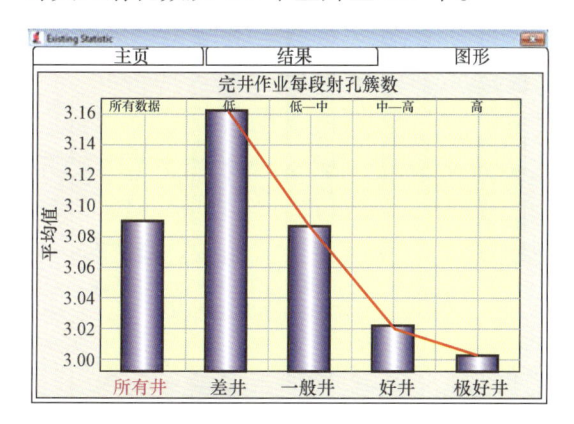

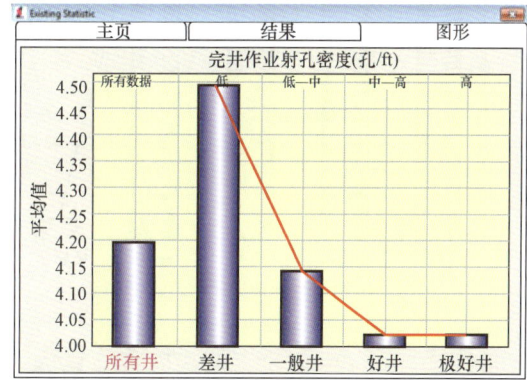

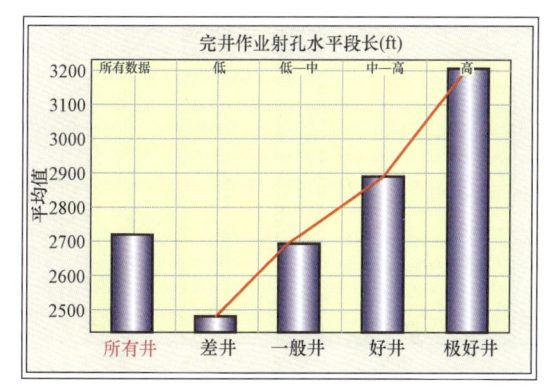

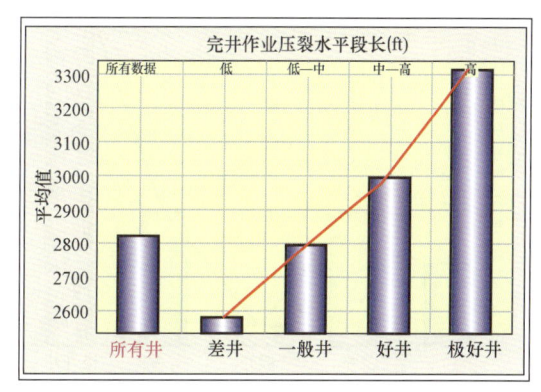

图 8.22  完井相关参数的井质量分析

图 8.22 还显示了射孔水平段长和压裂水平段长的井质量分析(下部两图)。左下角图中"极好井"的平均射孔水平段长约为 3200ft。而对应"好井""一般井"和"差井"的平均射孔水平段长呈下降趋势,分别为 2900ft、2700ft 和 2400ft。和预想的一样,压裂水平段长也呈现类似的趋势。

图 8.23 至图 8.26 是专门针对马塞勒斯页岩储层特征的井质量分析。图 8.23 和图 8.24 绘制了马塞勒斯下部和上部的页岩储层特征,图 8.25 和图 8.26 则显示了整个马塞勒斯页岩的储层特征。针对马塞勒斯下部和上部页岩储层,分析了六个参数,即孔隙度、渗透率、TOC、含水饱和度、总厚度和厚度净毛比。而对于整个马塞勒斯页岩储层,除上述六个参数外还分析了 Langmuir 体积常数和压力常数。

值得注意的是,虽然在马塞勒斯下部页岩储层中,六个参数中只有两个(总厚度和厚度净毛比)显示出明显的趋势,但在马塞勒斯上部页岩储层中,六个参数中有四个(孔隙度、渗透率、TOC 和厚度净毛比)显示出了明显的趋势。这两组储层特征之间唯一共同的参数是"厚度净毛比"。但有趣的是,它们在各自储层中呈现出相反的趋势。在马塞勒斯下部页岩储层,"极好井"的厚度净毛比较低,净毛比向着"差井"方向增加,而在马塞勒斯上部页岩储层,这一

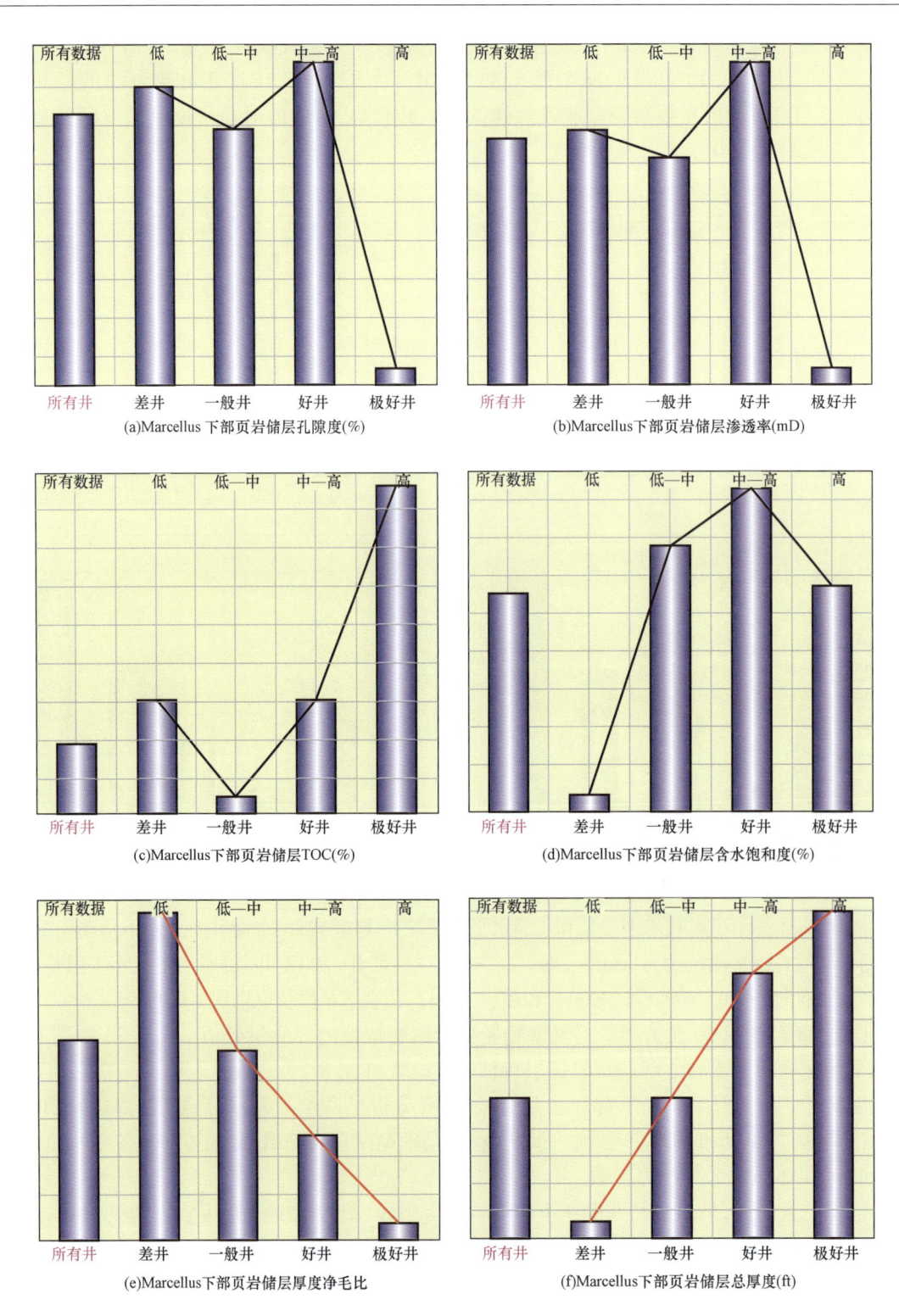

图 8.23 马塞勒斯下部页岩参数的油井质量分析

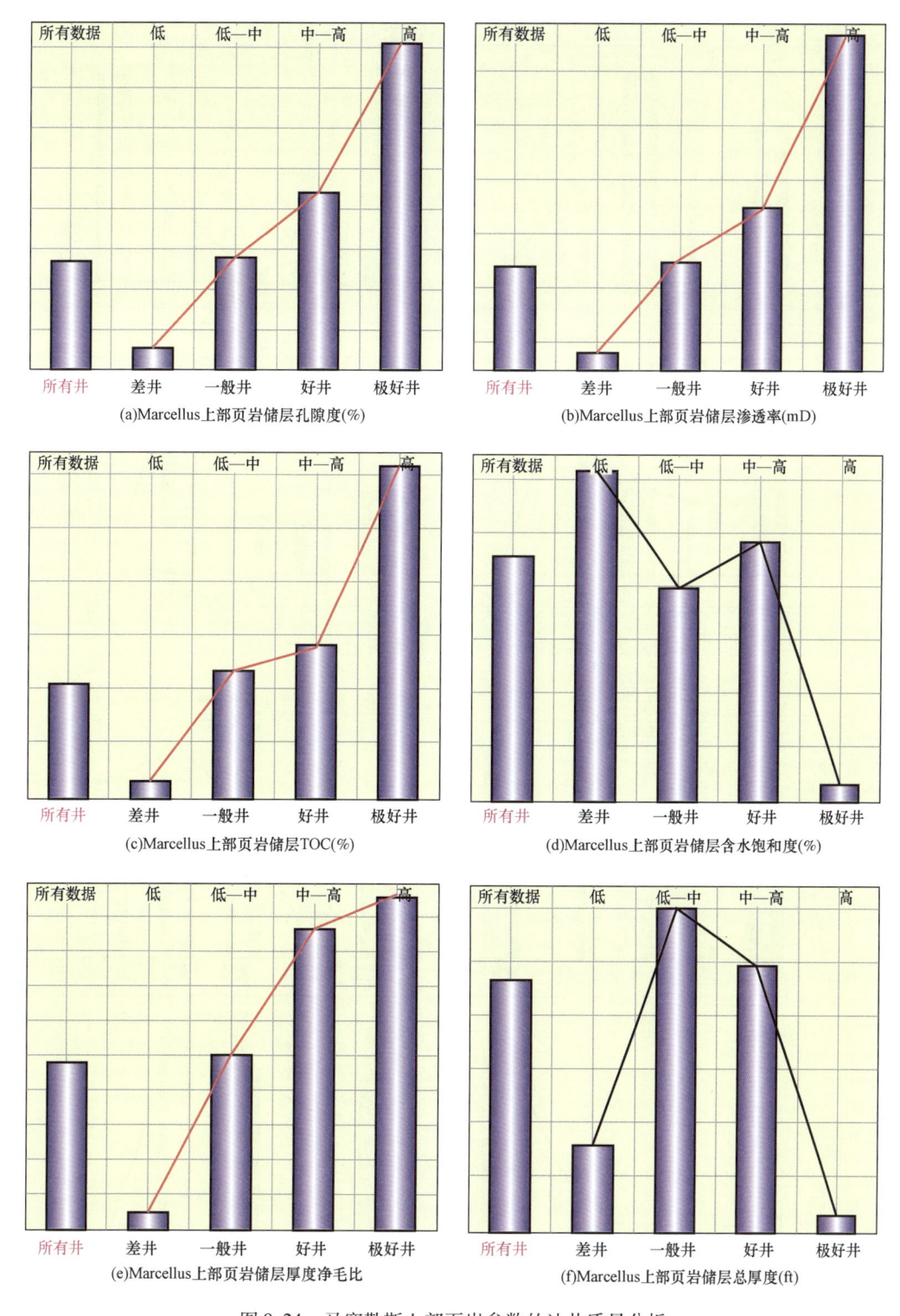

图 8.24　马塞勒斯上部页岩参数的油井质量分析

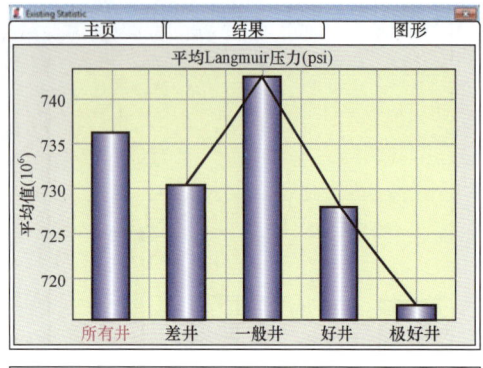

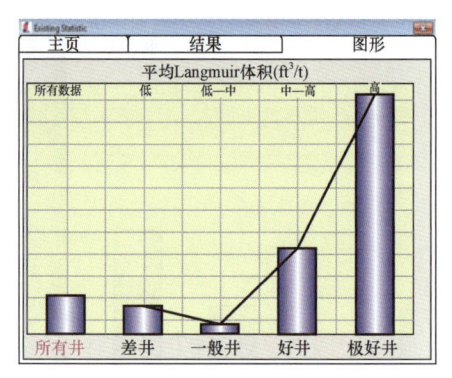

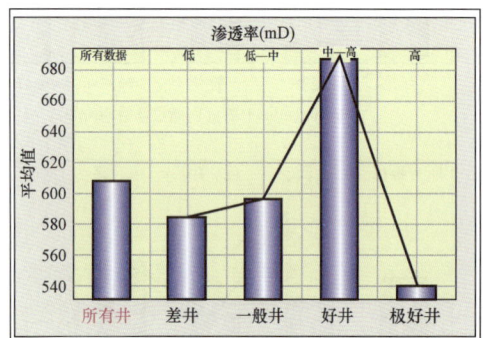

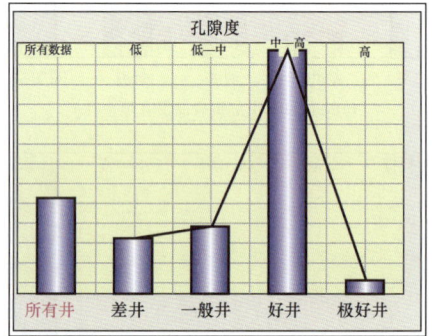

图 8.25　马塞勒斯页岩第 1 组参数的井质量分析

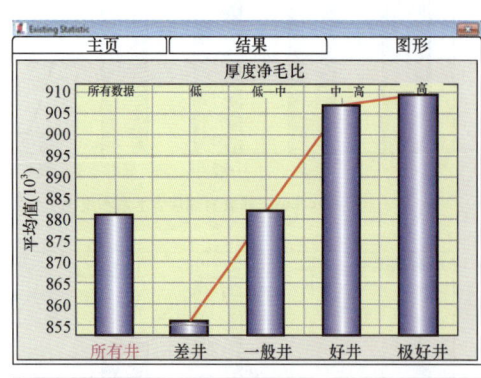

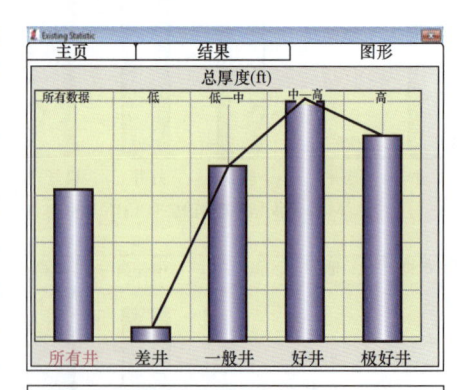

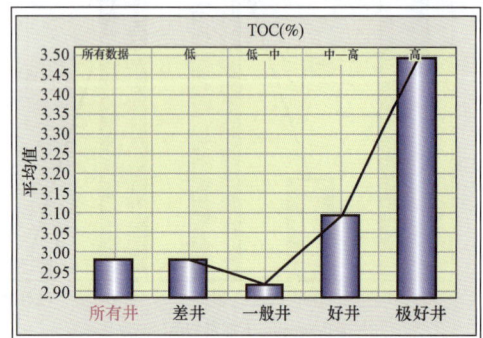

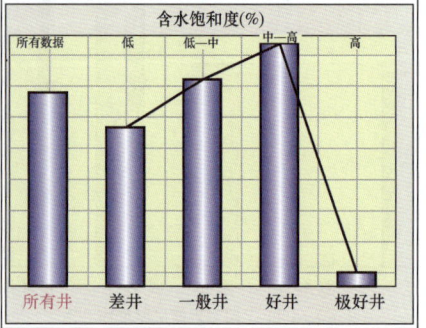

图 8.26　马塞勒斯页岩第 2 组参数的井质量分析

趋势相反("极好井"的厚度净毛比较高,净毛比向着"差井"方向降低)。这一分析结果说明有必要重新评估确定厚度净毛比的方法。如果一定要从这些分析中选择一个作为正确的结果,比较合理的是马塞勒斯上部页岩储层的井质量与净毛比值呈正相关。

此外,观察两个图中的所有图形,可以发现随着地层的孔隙度、渗透率和 TOC 的增加,井质量呈上升的趋势。通过马塞勒斯上部页岩储层的井质量分析可以检测和观察到这种趋势,而马塞勒斯下部页岩储层没有显示该趋势。这一事实进一步表明,有必要重新访问数据集中对应马塞勒斯下部页岩储层所提供的参数值。另一个看起来奇怪的趋势是马塞勒斯上部页岩储层总厚度的表现形态。

图 8.25 和图 8.26(各包括四张图)展示了对马塞勒斯整体页岩储层特征进行的井质量分析的结果,由于马塞勒斯整体页岩储层特征参数是通过结合马塞勒斯上下页岩储层的值计算得出的,预计从这些图中得到的分析结果同样也会很奇怪。而图 8.25 和图 8.26 的结果确实如预计的那样,任何储层特征参数都没有显示任何趋势。

图 8.27 和图 8.28 为水力压裂参数的井质量分析结果。这两幅图中的八个参数代表了运营商过去几年在马塞勒斯页岩中的水力压裂实践。在这两个图涉及的八个水力压裂参数中,五个显示出与定义的井质量相关的非线性趋势,而其他三个没有显示任何趋势。有趣的是,虽然图 8.27 中的支撑剂总量显示出明显的趋势(产量更高的井压裂使用的支撑剂总量越高),但每个压裂段的支撑剂量并未显示任何趋势(图 8.28)。由于每个压裂段的支撑剂量是一个平均值,这表明相似的压裂施工参数(一个压裂段中)不一定会获得相同的产量。

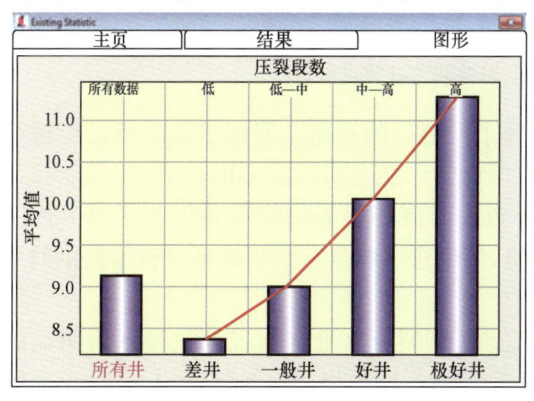

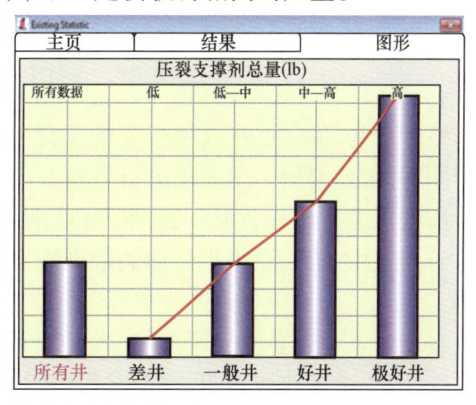

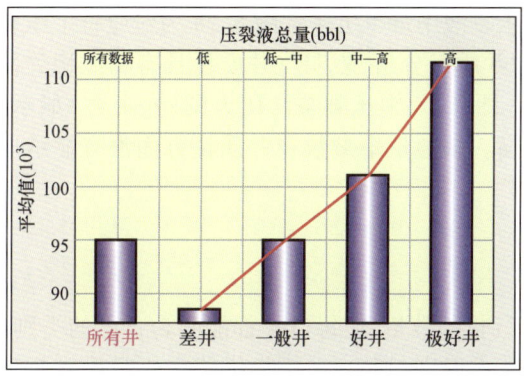

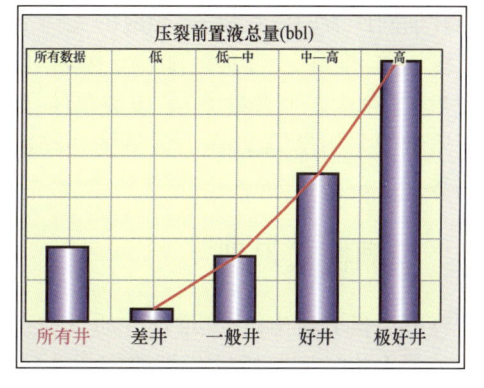

图 8.27 水力压裂第 1 组参数的井质量分析

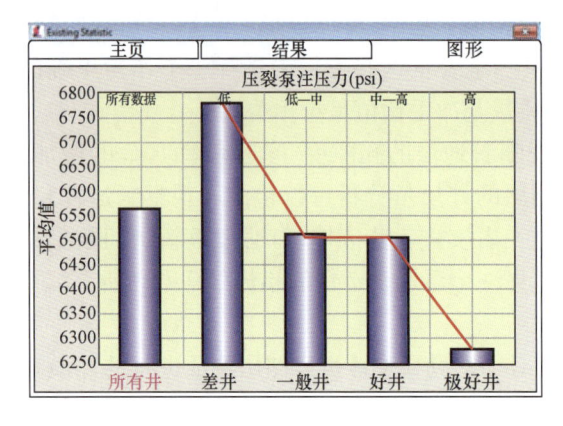

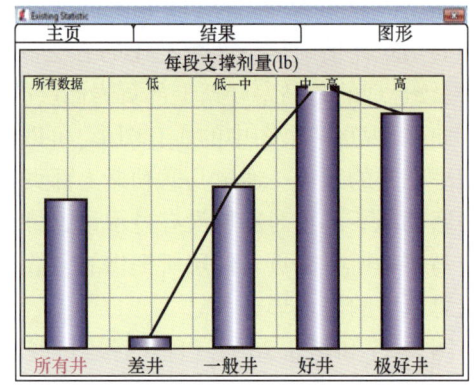

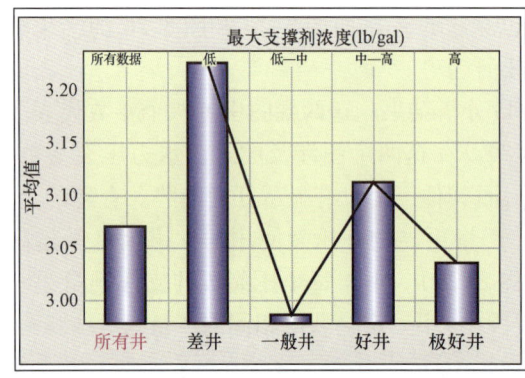

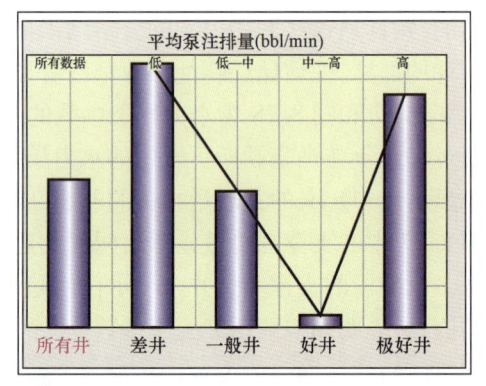

图 8.28 水力压裂第 2 组参数的井质量分析

鉴于这些局限性，在这项研究中没有考虑每个压裂段的产量。但由于该油田已经进行了生产测井，因此对每个压裂段进行分析是切实可行的，可能会揭示重要的信息，使得能够针对每个压裂段进行压裂优化。此外，目前随着分布式温度传感器（DTS）和分布式声学传感器（DAS）的应用，可以获得更详细的数据用于分析，能够进一步丰富页岩数据分析可提供的分析内容。

在图 8.27 中，总压裂段数、注入的支撑剂总量、压裂液总量和前置液量显示出明显的趋势。图 8.27 中的曲线表明，每个参数值的增加确实与井质量相关。换句话说，产量更高的井在完井期间压裂的段数越多，相应的支撑剂和压裂液用量也更多。图 8.28 为对应每个压裂段的泵注压力、排量、支撑剂浓度和支撑剂用量的井质量分析，表明与井质量具有明显相关性的唯一参数（在这四个参数中）是压裂泵注压力。图 8.28 中压裂泵注压力图（左上方）显示，与较低质量的井相比，泵注压力较低的井产量更高。其他三个参数在井质量方面没有显示出任何趋势。

## 8.4 模糊模式识别

在井质量分析中，如果增加井质量类别（级别）的数量，使每口井都能归为自己的类别（模糊粒度最大化），则井质量分析将转化为模糊模式识别（FPR）。模糊模式识别是模糊集理论和模糊逻辑在数据分析中的扩展应用，目的是从看似混沌的行为中推断出可理解的趋势（连续模式)。模糊模式识别可以在多维空间中实现,并且可以考虑二维图形中多个参数的影响。

图 8.29 至图 8.35 显示了将模糊模式识别算法应用于数据集中所有参数的结果。图 8.29 是模糊模式识别在与井位和井轨迹相关的参数(如水平段末端向北和向东、方位角和地层倾角)上的应用,图中的每个图形都显示了这些参数与 30d 累计产气量的相关性,以笛卡儿坐标绘制了实际数据(与右侧 $y$ 轴相对应的灰色点)以供参考。实际数据的分散性表明,这些参数与 30d 累计产气量之间没有任何明显的相关性。另一方面,模糊模式识别显示了易于解释的形态正常的曲线。

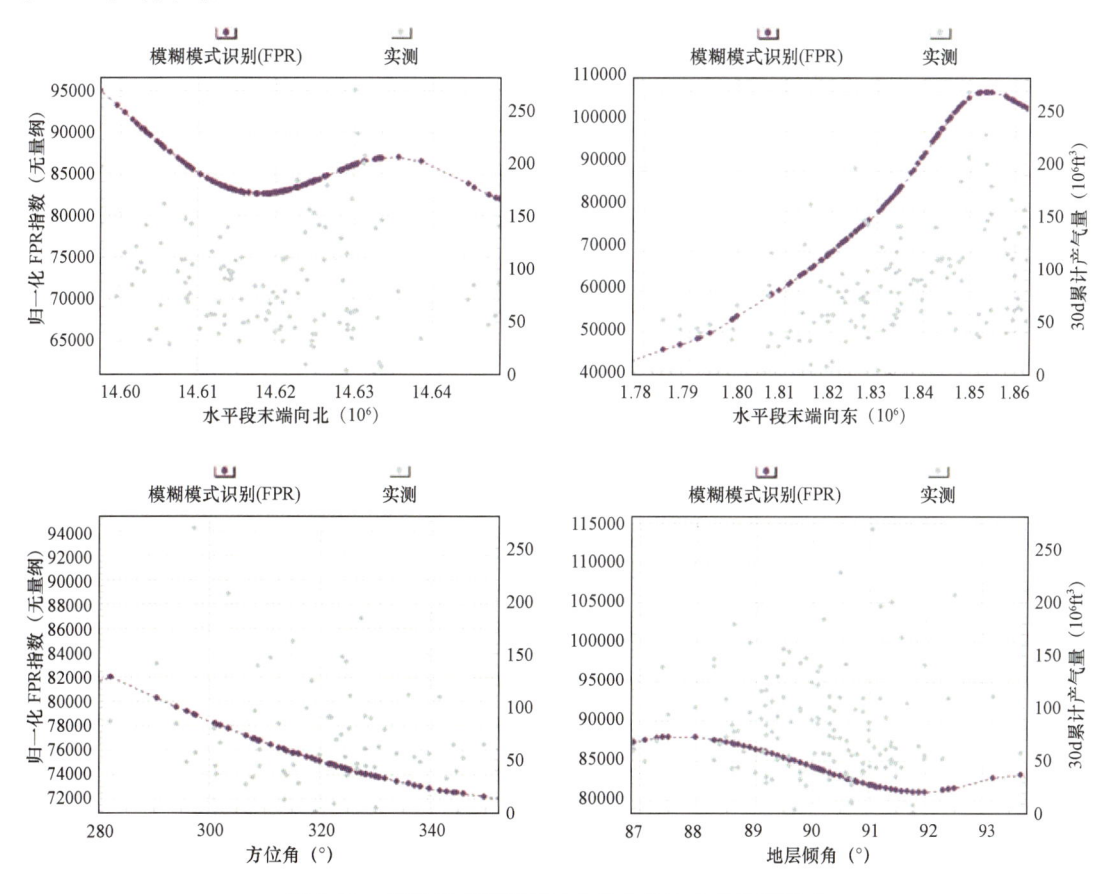

图 8.29 模糊模式识别揭示井位和轨迹中的隐藏模式

例如,图 8.29 左上角图对应的是水平段末端向北时的 30d 累计产气量图,模糊模式识别(深品红色点形成的形态正常曲线)显示出随着水平段末端由向北到向南的改变,产量略微下降和波动。换言之,该图表明在马塞勒斯页岩区块当水平段末端向南时,天然气产量(30d 累计)似乎没有太大变化。

另一方面,右上角图是水平段末端向东的模糊模式识别曲线,清楚地显示了随着水平段末端由向西到向东的改变,天然气产量(30d 累计)的变化趋势。虽然可以观察到方位角越小,产气量越高,但是方位角和地层倾角的模糊模式识别曲线并不代表具有明显的趋势。关于这一趋势的更多内容将在下一节中进行讨论。

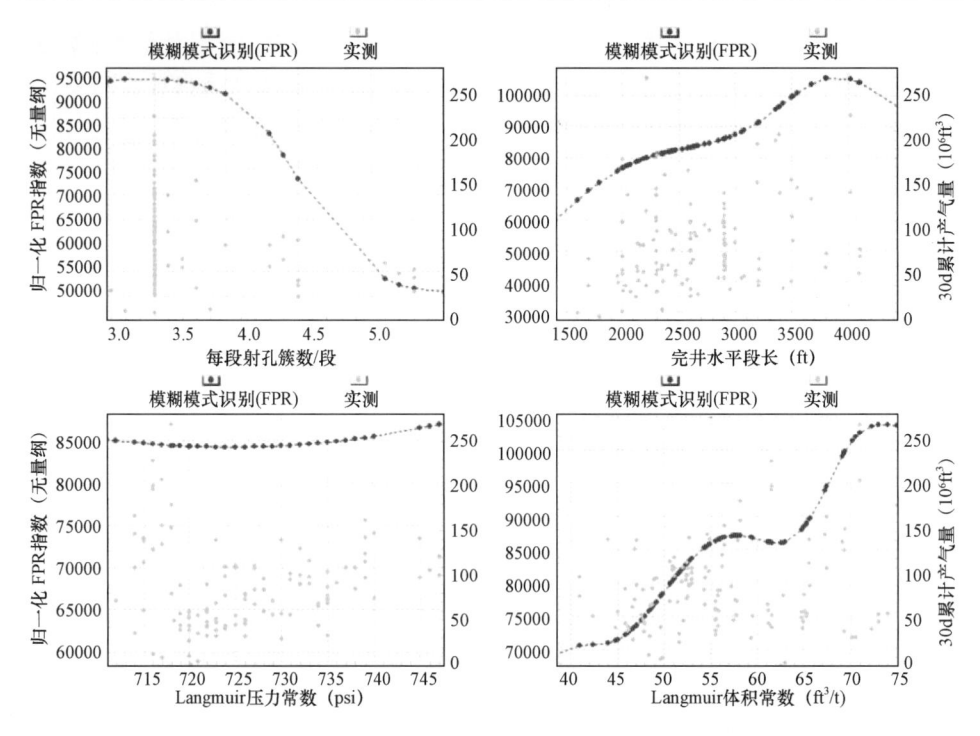

图 8.30 模糊模式识别揭示完井和 Langmuir 常数中的隐藏模式

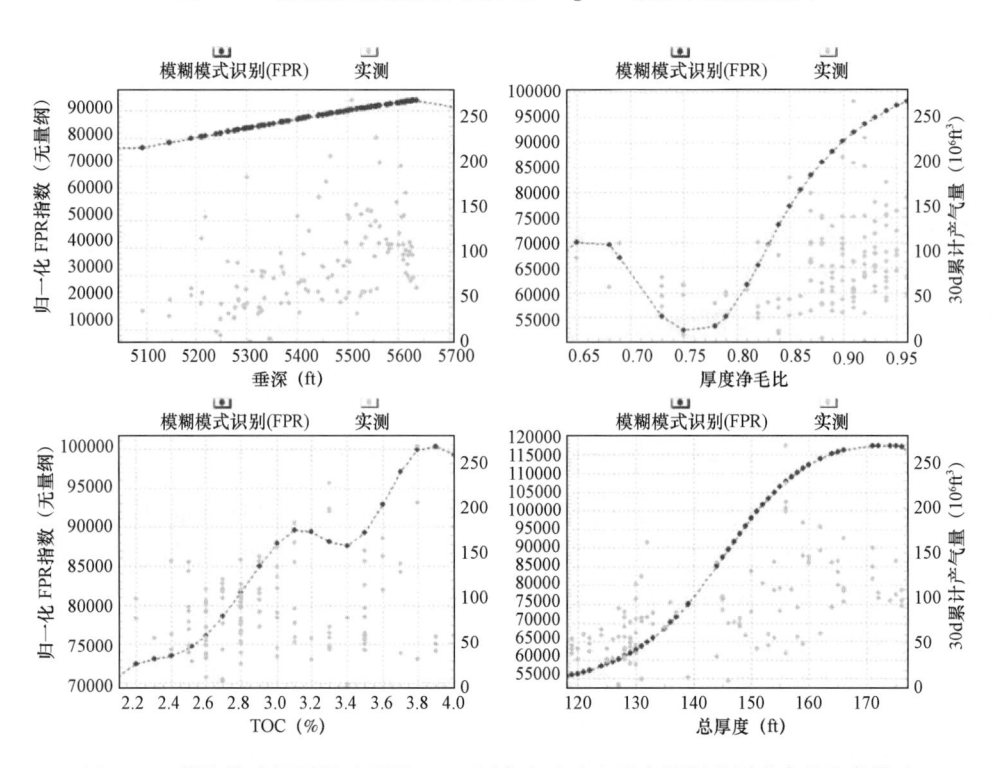

图 8.31 模糊模式识别揭示垂深、TOC、厚度净毛比和马塞勒斯总厚度中的隐藏模式

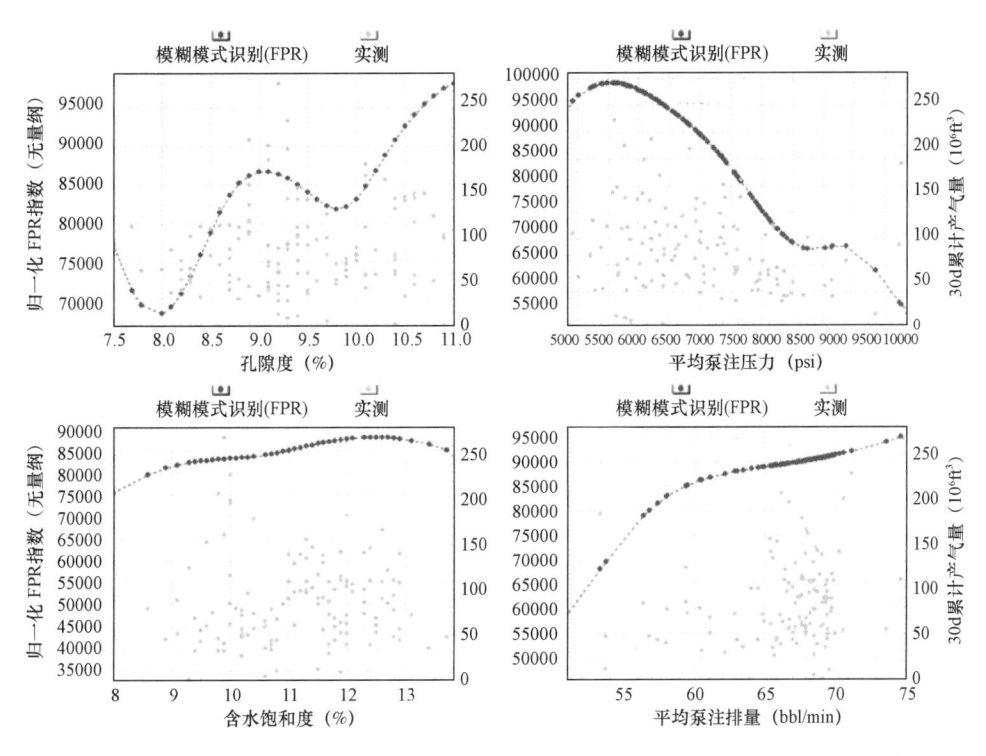

图 8.32　模糊模式识别揭示孔隙度、初始含水饱和度、泵注排量和泵注压力的隐藏模式

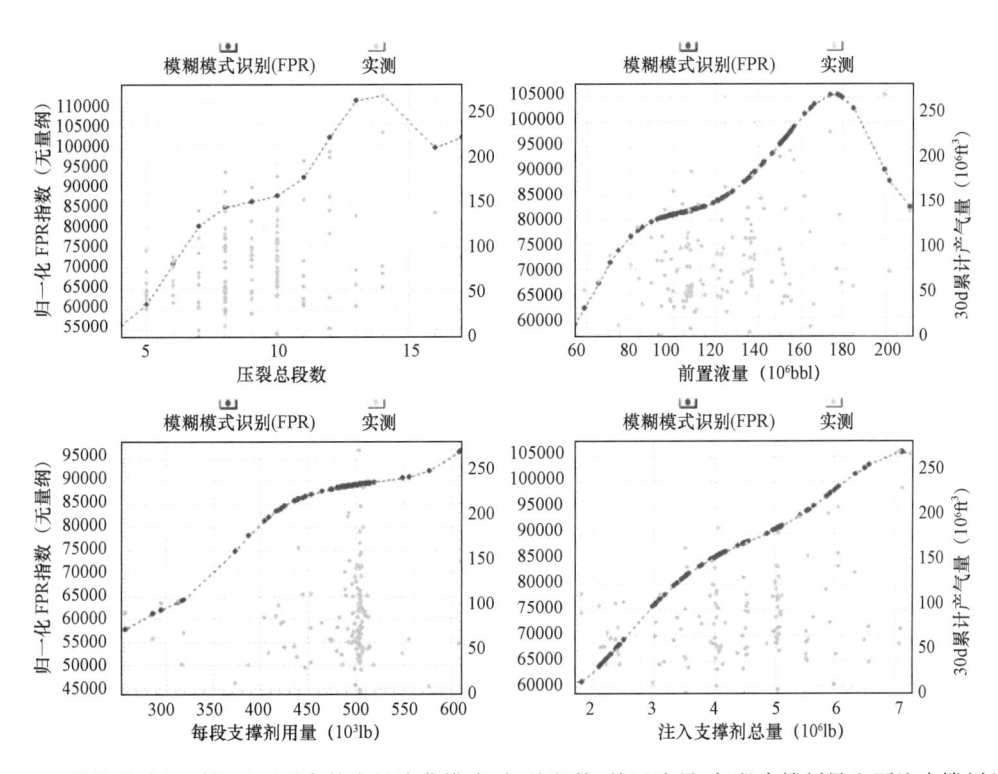

图 8.33　模糊模式识别揭示压裂参数中的隐藏模式,如总段数、前置液量、每段支撑剂量和泵注支撑剂总量

在图 8.29 至图 8.32 中,几个参数的模糊模式识别曲线没有观察到任何令人信服的趋势。当 30d 累计产气量发生显著变化时,图 8.29 中的"地层倾角"、图 8.30 中的"完井水平段长度"和"Langmuir 压力常数"、图 8.31 中的"垂深"和图 8.32 中的"含水饱和度"等参数,变化趋势很小或没有变化。值得注意的是,这些参数的笛卡儿坐标图也没有得到任何结论。

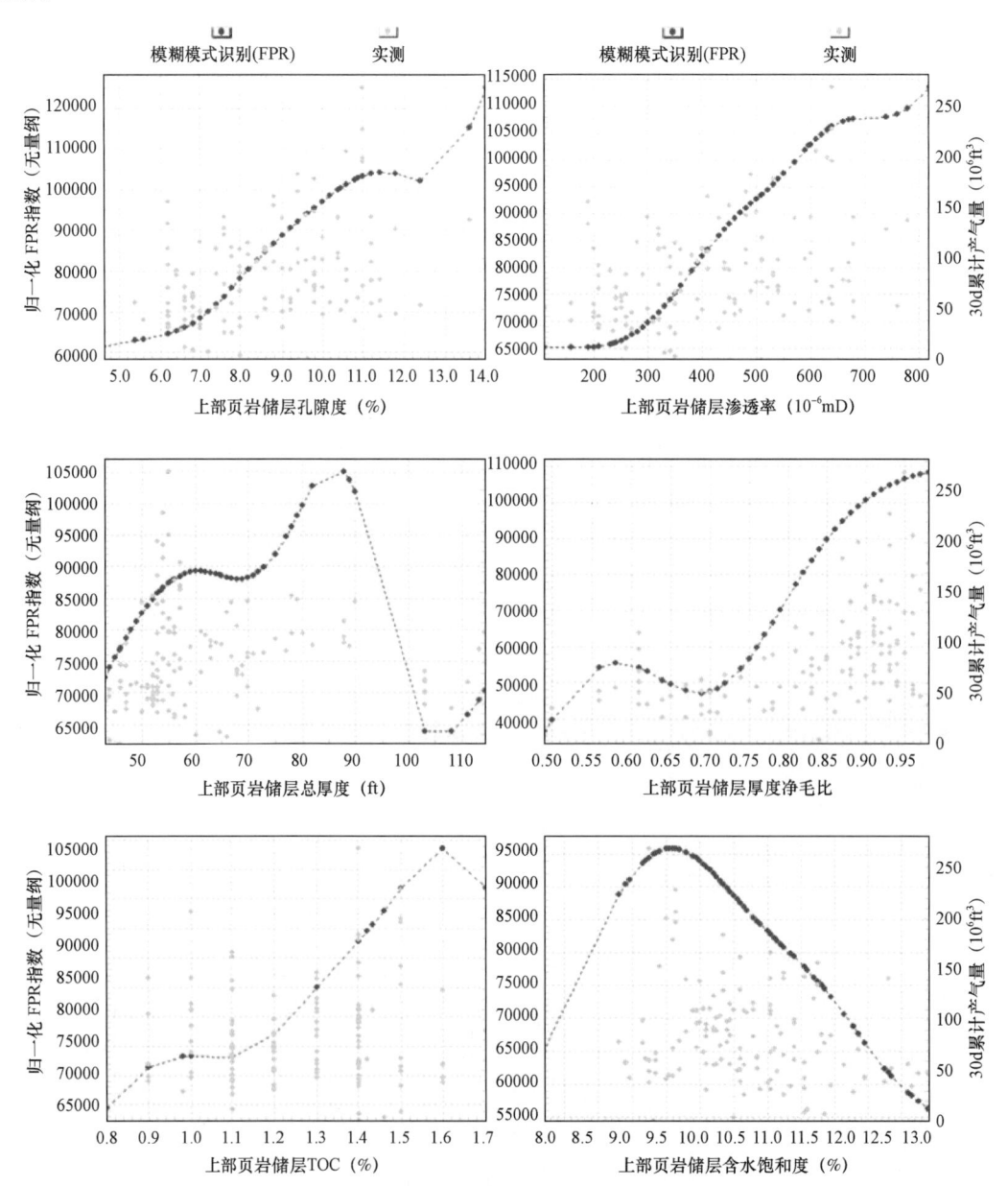

图 8.34 模糊模式识别揭示马塞勒斯上部页岩储层特征中的隐藏模式

另一方面,图 8.29 中的"水平段末端向东"、图 8.30 中的"Langmuir 体积常数"、图 8.31 中的马塞勒斯页岩"TOC"和"总厚度"以及图 8.32 中的马塞勒斯页岩"孔隙度"等参数,与 30d

累计产气量变化呈明显正相关关系。在这些图中,与 30d 累计产气量呈明显负相关关系的参数是图 8.30 中的"每个压裂段射孔簇数"和图 8.32 中的"压裂泵注压力"。还可以观察到图 8.29 中的"水平段末端向北"与 30d 累计产气量之间呈微弱的负相关关系。

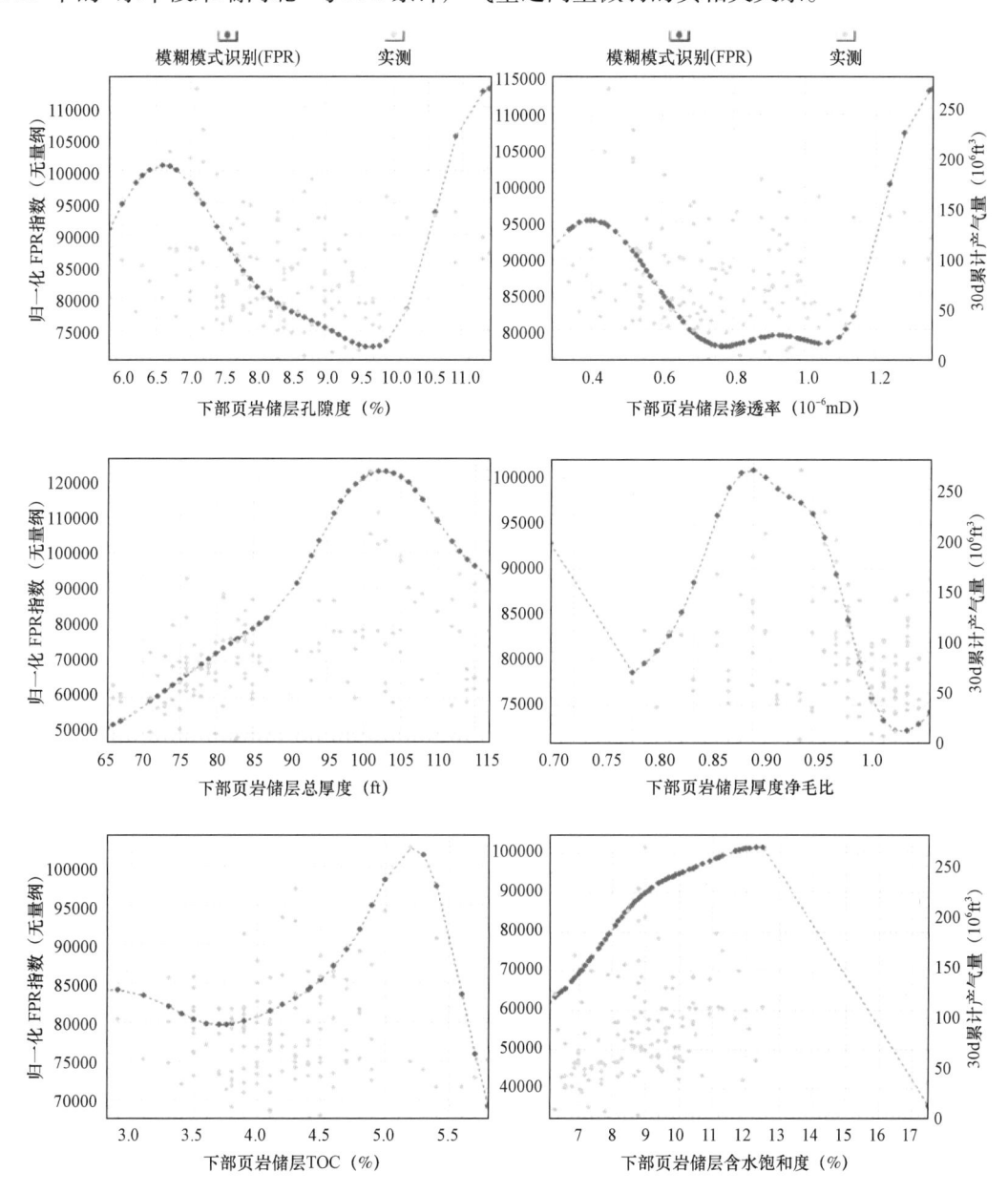

图 8.35　模糊模式识别揭示马塞勒斯下部页岩储层特征中的隐藏模式

图 8.33 显示了四个压裂施工参数的模糊模式识别曲线。图 8.33 中"每个压裂段支撑剂用量"和"支撑剂总量"的模糊模式识别曲线,与 30d 累计产气量呈明显的正相关关系(支撑剂总量曲线几乎呈线性),而其他两个参数(总压裂段数和前置液量)在曲线末端显示出轻微的趋势变化,这一变化可能是因数据中的明显频率差异造成的,对此分析将在下一节

中进行。

图 8.34 和图 8.35 是数据集中马塞勒斯页岩各层段,即马塞勒斯上部和下部页岩储层的储层特征。值得注意的是,在这些图中可以看到马塞勒斯上下部页岩储层孔隙度和渗透率的模糊模式识别曲线之间存在差异。当然,由于渗透率是作为孔隙度的函数计算得到的,因此可以预计到这些曲线形态会有相互影响。但是仅从孔隙度的模糊模式识别曲线上就可以观察到趋势的主要差异。因为马塞勒斯上部页岩储层的孔隙度(以及由此得到的渗透率)与 30d 累计产气量呈明显的正相关关系,马塞勒斯下部页岩储层的趋势也可以认为至少不存在负相关关系。

马塞勒斯上下部页岩储层所有储层特征参数相关性上的这种差异(在某些情况下几乎相反)在图 8.34 和图 8.35 中都可以观察到。这些明显差异可能要归因于其中一类特征参数对天然气的贡献较大,而另一类可能对凝析油产量的贡献更大。为了解决这一特殊问题,应该进行更多类似的分析,了解这些曲线形态,充分利用这些结论管理页岩储层,可能会对宾夕法尼亚州西部未来的油气井应该如何完井和压裂产生重要影响。

所有这些图中的模糊模式识别的单位都是无量纲的、相对的,并且都已归一化。关于这些模糊模式识别曲线的重点在于,它们是从同一图中绘制的实际数据点(右侧 $y$ 轴对应的灰色点)看似混沌的行为中提取出来的,但是具有可以轻松观察到的清晰趋势。

目前有两个重要问题需要说明。

(1) 图 8.29 至图 8.35 都显示了与 30d 累计产气量相关的每个参数的趋势。换言之,这些图中的模糊模式识别曲线并未观察到(又称为组合分析)参数彼此之间的影响。如果考虑它们之间的影响,这些参数可能会对整体趋势的形成产生促进或阻碍的作用。组合分析将在本文后面章节中进行介绍。

(2) 本文中几乎所有分析都是以 30d 累计天然气产量为目标(分析输出)的,这是源于以下事实:

① 页岩储层产量的大幅度下降通常发生在油气井生命周期的早期阶段,这是由于这些储层具有天然裂缝的特性;

② 这些井产出大量伴生天然气的凝析油。

这些分析必须针对凝析油产量以及不同的天然气和凝析油生产时间重复进行,以便从油气藏管理的角度进行有意义的生产。

一旦开展了这些综合分析(针对天然气和凝析油产量以及多个生产时间段),则应结合总体分析结果,进行具有重要油气藏管理效应的全面综合数据挖掘分析。

图 8.36 和图 8.37 给出了两个例子,展示了井质量分析的趋势可视化功能。在这些图中,上图为参数(图 8.36 中的射孔水平段长度和图 8.37 中的压裂泵注压力)与所选的生产指标(30d 累计产气量)对应的笛卡儿坐标散点图。在这两幅图中,数据分散表示每个参数和 30d 累计产气量之间没有明显的模式或趋势。右下角的图是每个参数的模糊模式识别曲线。如上一节中所述,FPR 曲线揭示了数据中隐藏的模式。

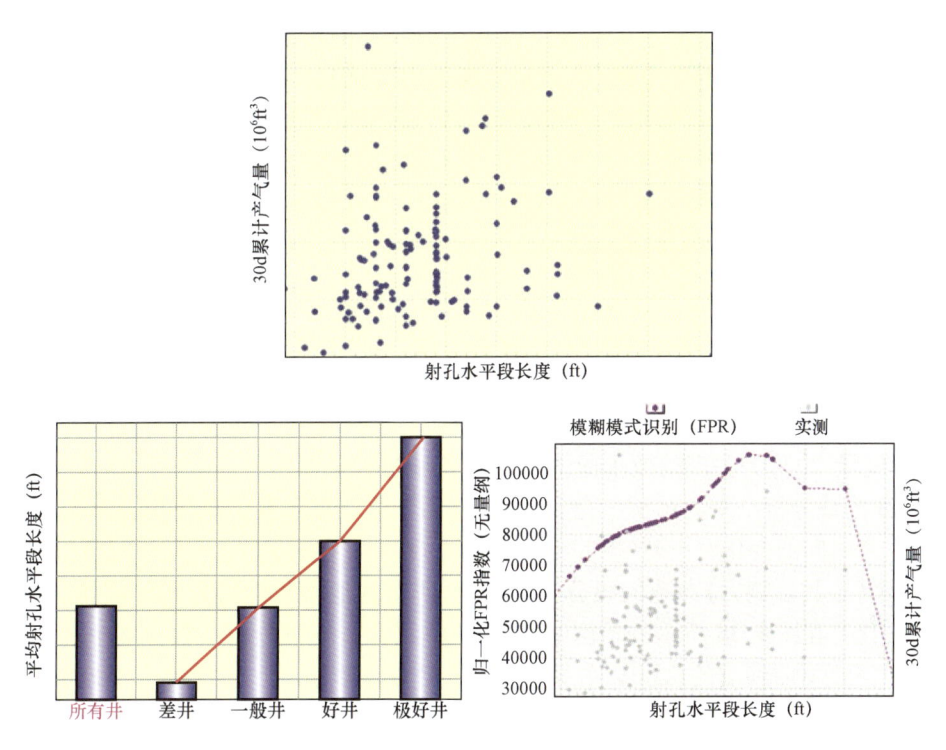

图 8.36　射孔水平段长度的描述性数据挖掘

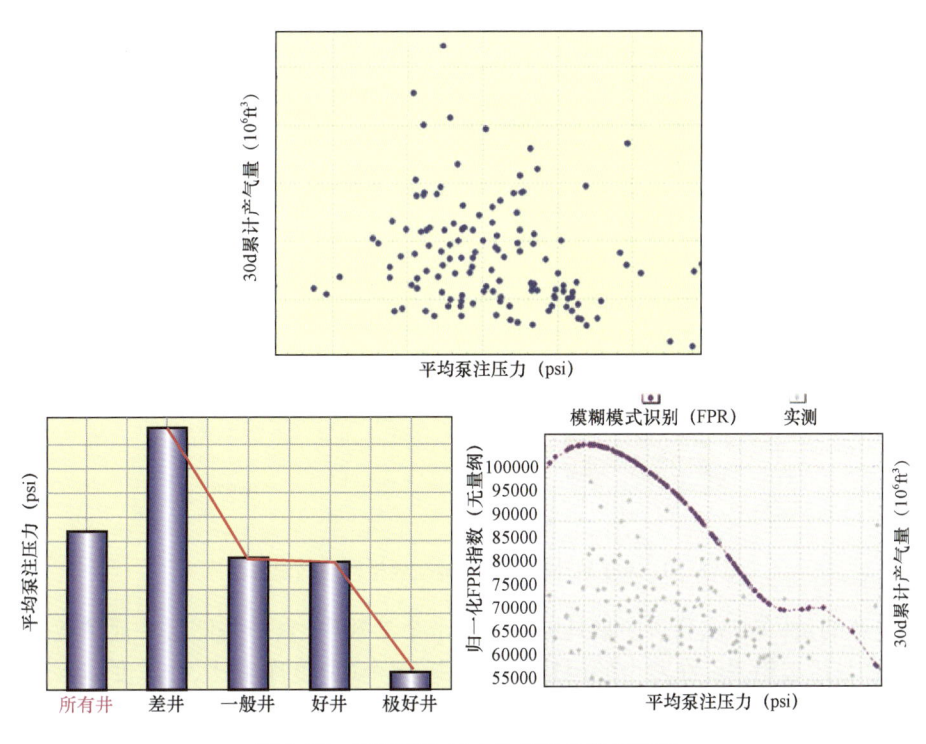

图 8.37　平均泵注压力的描述性数据挖掘

图 8.36 中的 FPR 曲线显示了随着射孔水平段长度的增加,产量呈非线性增长的模式。该曲线在接近 4000ft 时出现一个拐点(倾斜方向发生变化)。请注意曲线末端对应的产量大幅下降,而与之对应的井数(数据点)极少,因此必须排除。井质量分析是左下角带有红色趋势线的柱状图,它显示出极好井的平均射孔水平段长度略大于 3300ft,其次好井对应的是 3000ft,一般井对应的是 2800ft,最后差井对应的是略大于 2500ft。请注意尽管这些数值是平均值,但是单调增长趋势在图中非常明显。

## 8.5 关键绩效指标

利用模糊模式识别(FPR)技术,可以计算和比较每个参数对任何给定生产指标(如在示例中的 30d 累计产气量)的贡献(影响)。这些分析结果形成一个龙卷风图,它将所有参数对 30d 累计产气量[也称为关键绩效指标(KPI)]的影响进行排序。

图 8.38 为该分析结果的示例。完成 KPI 分析后,可以对参数的排序得分进行处理,以分析参数随生产时间的变化对天然气和凝析油产量的影响。在对 KPI 分析中的参数影响进行排名时,第一个(最具影响力)参数的得分为 100 分,所有其他参数的得分将根据排名最高的参数进行归一化。在图 8.38 所示的示例中,针对 30d 累计产气量分析了数据集中的所有参数。在该分析中,马塞勒斯页岩的总厚度(在数据集中确定为马塞勒斯页岩的参数是马塞勒斯上、下部页岩储层的合并参数)被列为最具影响的参数,其次是马塞勒斯上部页岩储层的厚度净毛比和马塞勒斯下部页岩储层总厚度。排在前五的参数还包括水平段末端向东和压裂总段数。

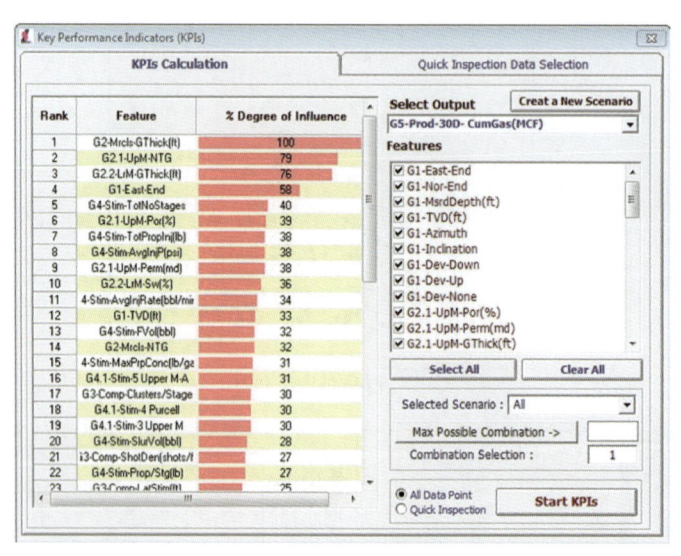

图 8.38 30d 累计产气量关键绩效指标的确定与排序

值得注意的是,在本次分析中最具影响力的十个参数中,六个是储层特征参数,一个与井位有关,三个与压裂相关。在六个储层特征参数中,三个(厚度净毛比、孔隙度和渗透率)属于马塞勒斯上部页岩储层,两个(总厚度和含水饱和度)属于马塞勒斯下部页岩储层,一个(总厚度)属于(整体)马塞勒斯页岩。

在另一个类似的分析中(图 8.39),去除了马塞勒斯下部和上部页岩储层特征参数,保留的是综合了马塞勒斯下部和上部页岩储层的整体马塞勒斯页岩储层特征参数。尽管这样做是为了赋予压裂和储层特征参数同等的权重,但值得注意的是,根据之前的分析,当针对 30d 累计产气量进行分析时,马塞勒斯下部和上部页岩储层的一些参数显示出相反的趋势(图 8.34 和图 8.35),这可能会使整体马塞勒斯页岩储层特征的影响最小化。

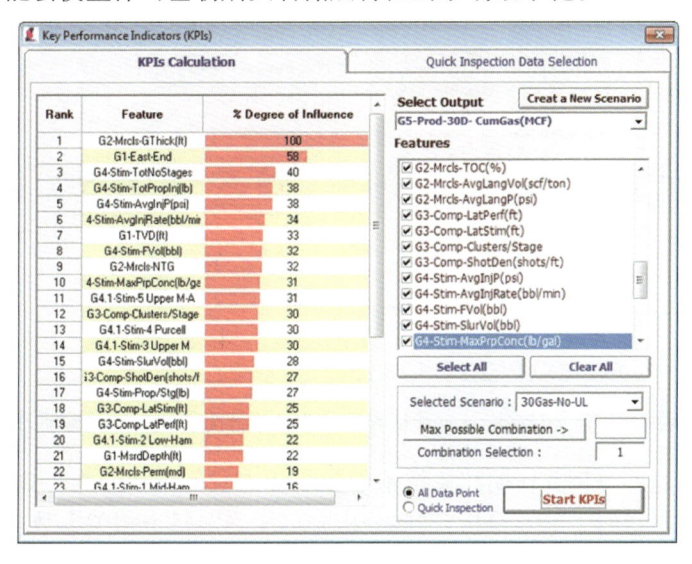

图 8.39  去除马塞勒斯上部、下部储层的各自特征参数后的 30d 累计产气量关键绩效指标的确定和排序

在这一新的分析中,马塞勒斯页岩总厚度再一次排名第一,其次是水平段末端向东和总压裂段数,排在前五的参数还包括注入的支撑剂总量和泵注压力。该分析中前十个参数有六个(总压裂段数、注入支撑剂总量、泵注压力、泵注排量、前置液量和最大支撑剂浓度)与压裂相关,两个是储层特征参数(总厚度和净毛比),两个与井位(水平段末端向东和垂深)有关。图 8.40 和图 8.41 是针对 30d 累计凝析油产量的类似分析。

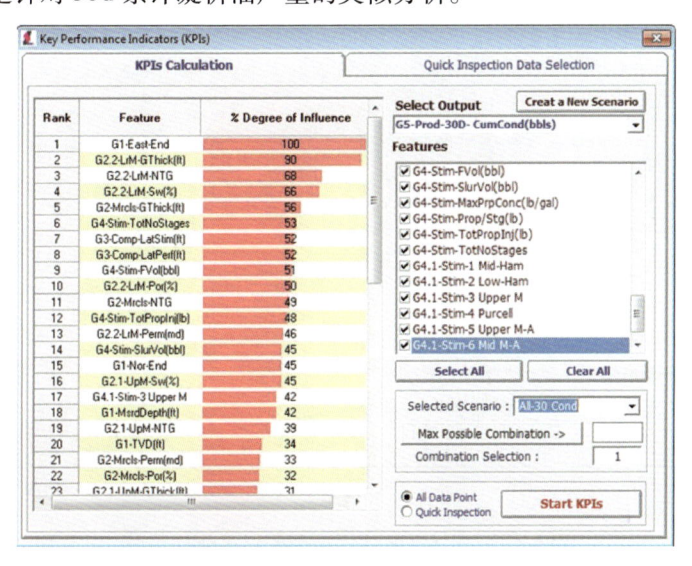

图 8.40  30d 累计凝析油产量关键绩效指标的确定与排序

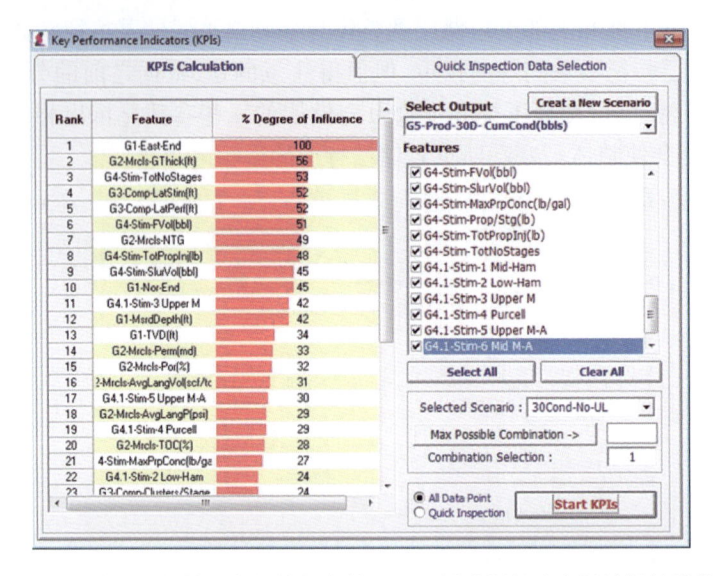

图 8.41　去除马塞勒斯上部、下部储层各自特征参数的 30d 累计凝析油产量关键绩效指标的确定与排序

为了继续开展这些分析并证明相关技术的分析能力,针对 30d、90d、120d 和 180d 的累计天然气和凝析油产量进行了 KPI 分析,这些分析有可能确定每个相关参数随时间变化对天然气和凝析油产量的影响。换言之,可以观察某个参数(或一组参数,如储层特征或与压裂相关的参数)的影响是否随时间而变化,是否有可能某些参数在油气井的生命周期早期阶段影响更强,并且随着油气井进入其生产的不同阶段,其影响随着时间的推移而减弱,或者反之亦然。这些信息可能对生产的经济性产生重要影响,并有助于油气藏管理。

当然,为了使这些分析有一定意义,至少应在油气井生命周期中的不稳态流、晚期不稳态流和拟稳态流阶段进行,如图 8.42 所示。为了展示此类分析能力,如前所述,对 30d、90d、120d 和 180d 的累计天然气和凝析油产量进行了分析。

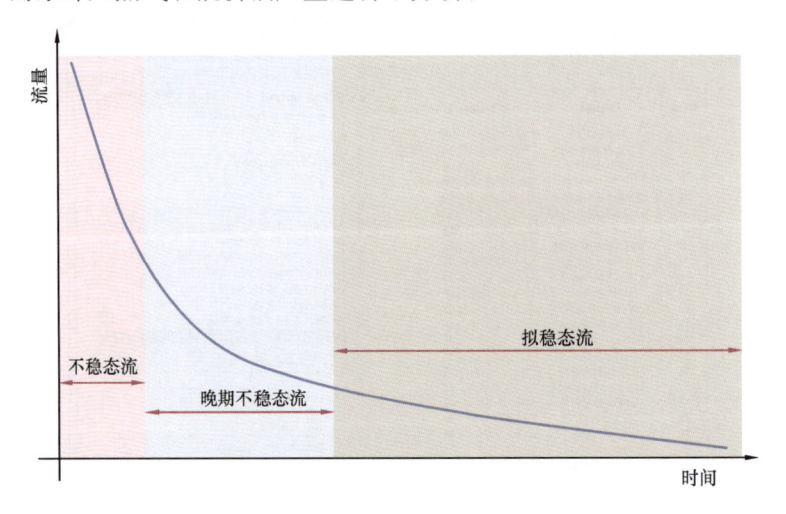

图 8.42　油气井生命周期中的概念流动状态

这些分析确定了不同（彼此相关）参数的变化对天然气和凝析油产量的影响。在接下来的几个柱状图中，每个柱子的高度代表每个参数对天然气或凝析油产量归一化的相对影响。

图 8.43 是针对储层特征参数进行的 KPI 分析。图 8.43 表明，与马塞勒斯上部页岩储层相比，其下部页岩储层特征参数对产量的影响更为明显。必须注意的是，这些分析（影响的相对比较）主要是确定了变化的影响，而不能确定影响的方向是向上或向下。在上一节（模糊模式识别）中分析的是影响的方向（增加或减少产量），并通过图 8.34 和图 8.35 中的 FPR 曲线进行了展示。

从图 8.43 也可以明显看出，当涉及天然气产量时，最具影响的参数是马塞勒斯下部页岩储层总厚度的变化，其次是厚度净毛比和初始含水饱和度，与其他参数相比，TOC 的影响最小。这一分析结果是合理的，因为数据集中 TOC 的变化不大，而且预计 TOC 对产量的影响将在油气井生命周期后期阶段开始显现。此外，鉴于 KPI 分析侧重于不同参数变化对产量的影响，可以观察到一个参数的影响不大可能与数据集中该参数的变化量很少（或微不足道）有关。

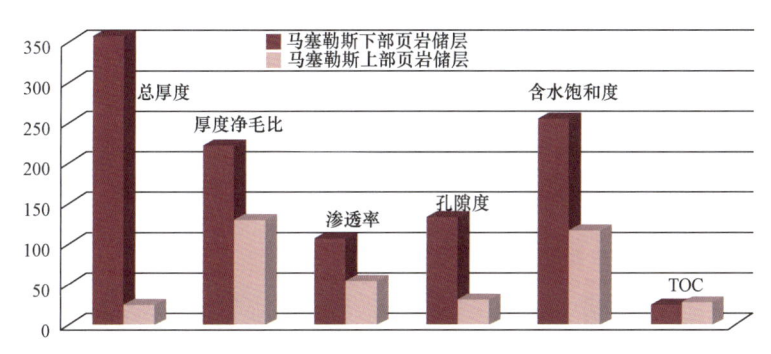

图 8.43　马塞勒斯上部、下部页岩储层参数的 KPI 分析（天然气产量）

图 8.44 至图 8.46 显示了马塞勒斯页岩所有储层特征参数对 30d、90d、120d 和 180d 的天然气和凝析油累计产量的 KPI 分析结果。

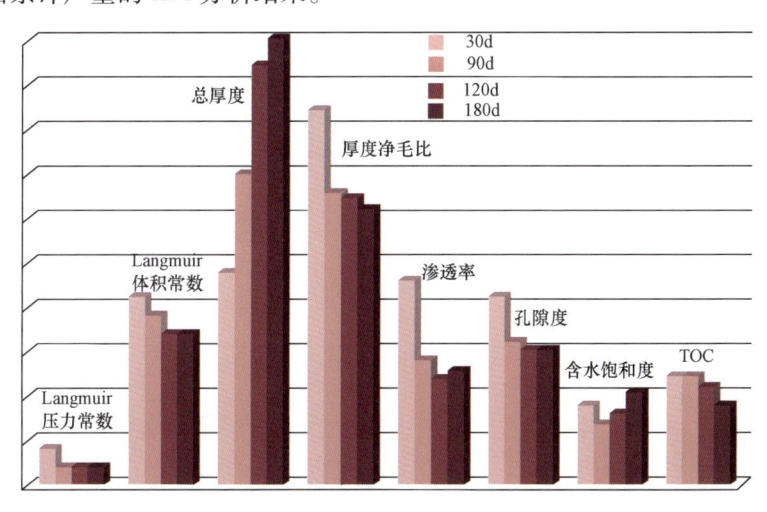

图 8.44　马塞勒斯页岩储层参数的 KPI 分析（天然气产量）

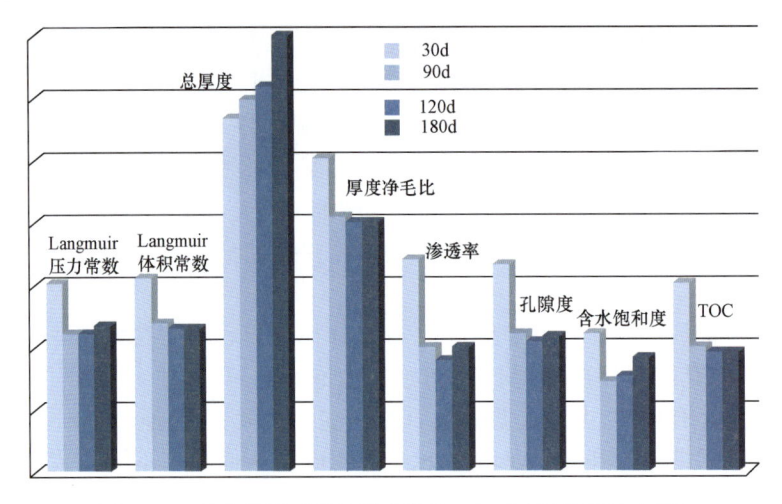

图 8.45　马塞勒斯页岩储层参数的 KPI 分析（凝析油产量）

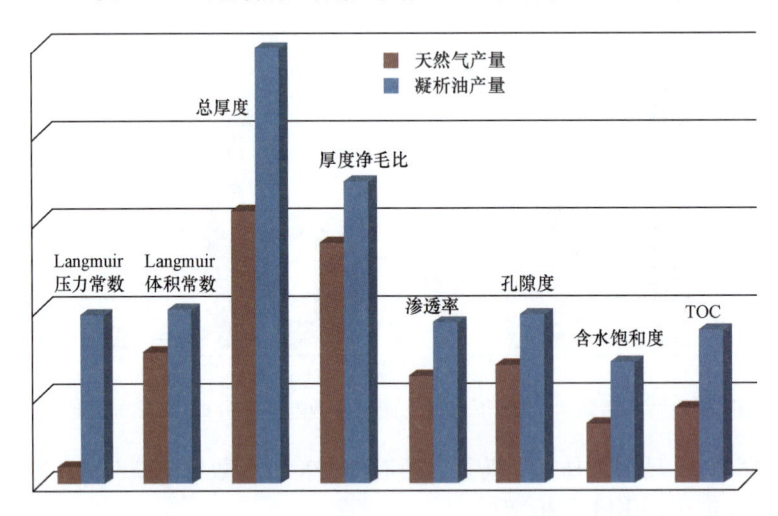

图 8.46　马塞勒斯页岩储层参数的 KPI 分析（天然气与凝析油产量）

图 8.47 至图 8.49 显示了马塞勒斯页岩所有与井位相关的参数对 30d、90d、120d 和 180d 的天然气和凝析油累计产量的 KPI 分析结果。

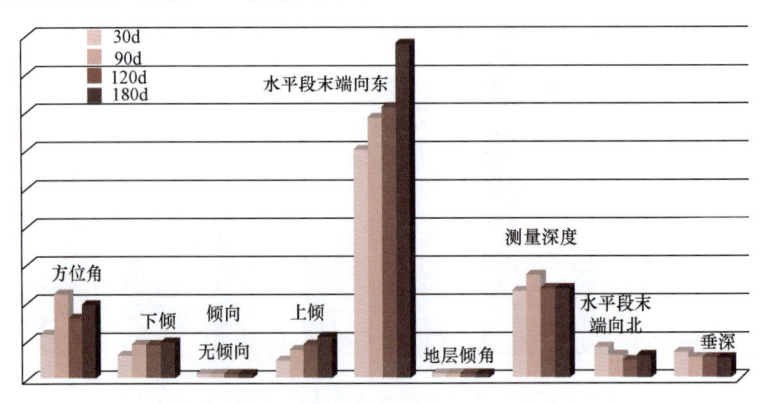

图 8.47　井位相关参数的 KPI 分析（天然气产量）

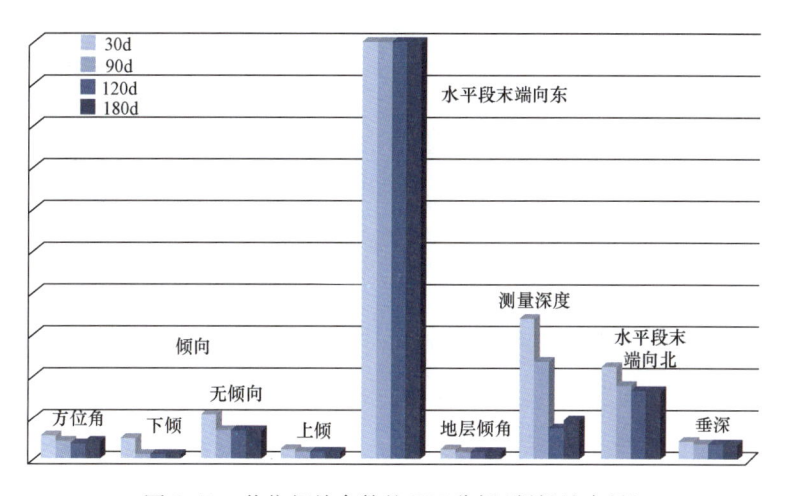

图 8.48　井位相关参数的 KPI 分析(凝析油产量)

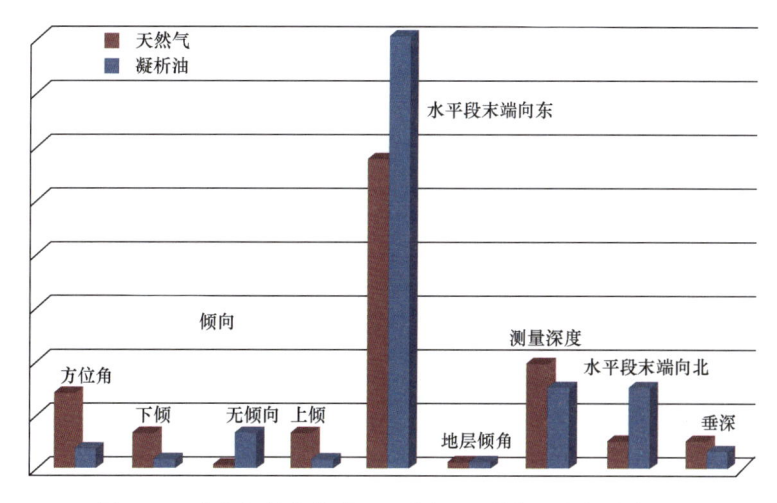

图 8.49　井位相关参数的 KPI 分析(天然气和凝析油产量)

图 8.49 表明,对天然气产量影响最大的最重要的参数(就井位和轨迹而言)是水平段末端向东的变化。此外,还显示出随着生产时间的延长,该参数变化的重要性变得更加明显(图 8.47)。

接下来影响仅次于水平段末端向东的两个参数是测量深度和方位角,随着生产时间的变化,其影响没有任何趋势。有趣的是,当将钻井沿地层的倾斜方向、地层倾角和其他参数的变化与水平段末端向东进行比较时,它们的影响微不足道。这是一个有趣的发现,有利于该油田今后的井位部署。在其他所有条件都相同的情况下,运营商应尝试在该油田井位部署时将水平段末端向东以提高天然气产量。

图 8.50 至图 8.52 显示了所有马塞勒斯页岩完井参数针对 30d、90d、120d 和 180d 的天然气和凝析油累计产量的 KPI 分析结果。图 8.53 至图 8.55 显示了所有马塞勒斯页岩压裂参数针对 30d、90d、120d 和 180d 的天然气和凝析油累计产量的 KPI 分析结果。

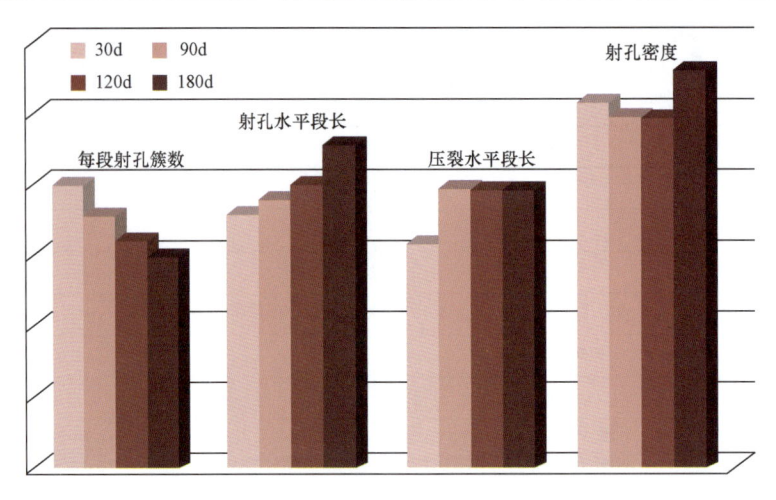

图 8.50　完井相关参数的 KPI 分析（天然气产量）

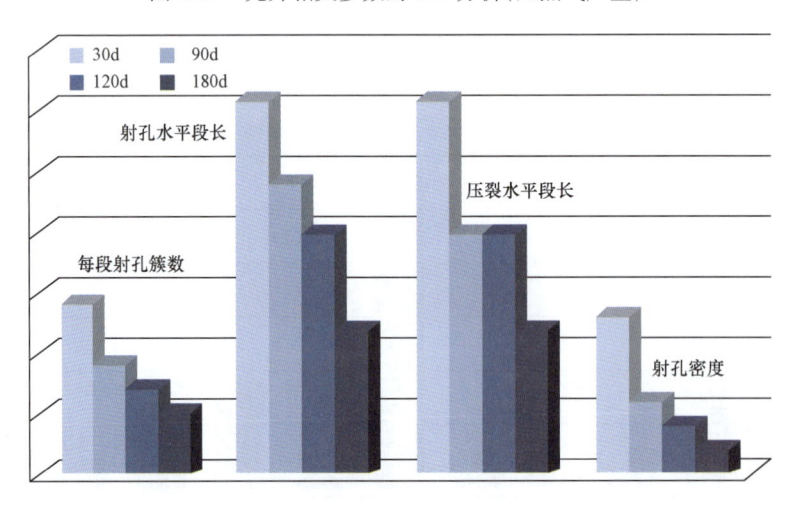

图 8.51　完井相关参数的 KPI 分析（凝析油产量）

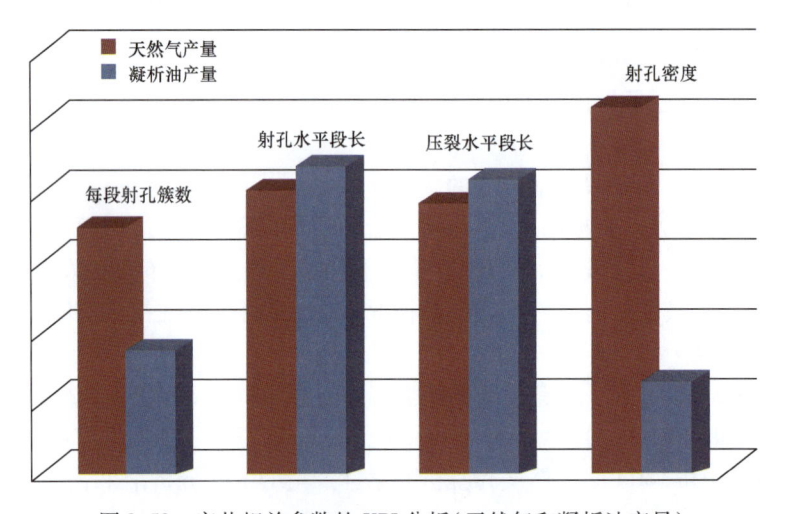

图 8.52　完井相关参数的 KPI 分析（天然气和凝析油产量）

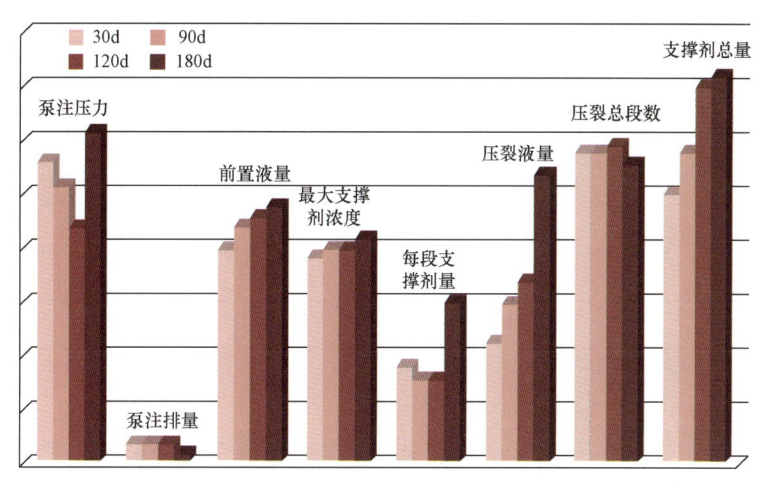

图 8.53 水力压裂相关参数的 KPI 分析(天然气产量)

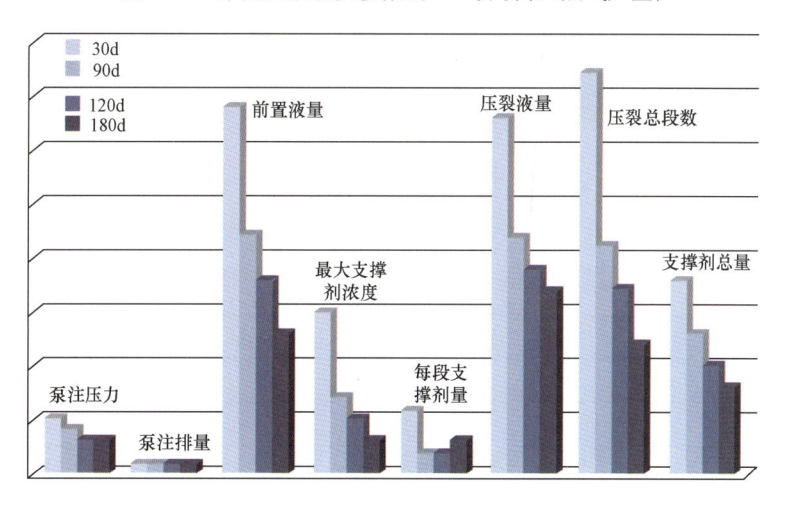

图 8.54 水力压裂相关参数的 KPI 分析(凝析油产量)

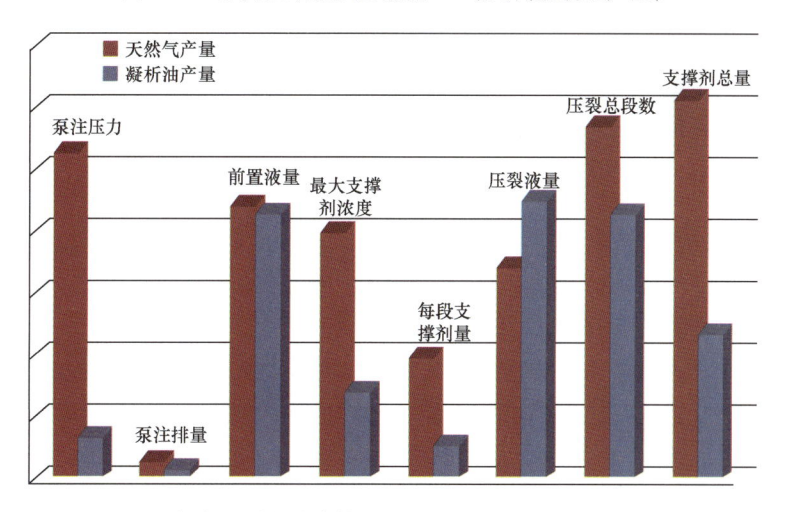

图 8.55 水力压裂相关参数的 KPI 分析(天然气和凝析油产量)

最后,图 8.56 至图 8.60 显示了所有类别并归一化的参数对天然气和凝析油产量的影响。这些图表明,马塞勒斯下部页岩储层特征的变化对天然气和凝析油产量的影响最大。另一方面表明,没有单独的一组(钻井、储层特征、完井和压裂)或类别的参数能够主导对产量的影响。

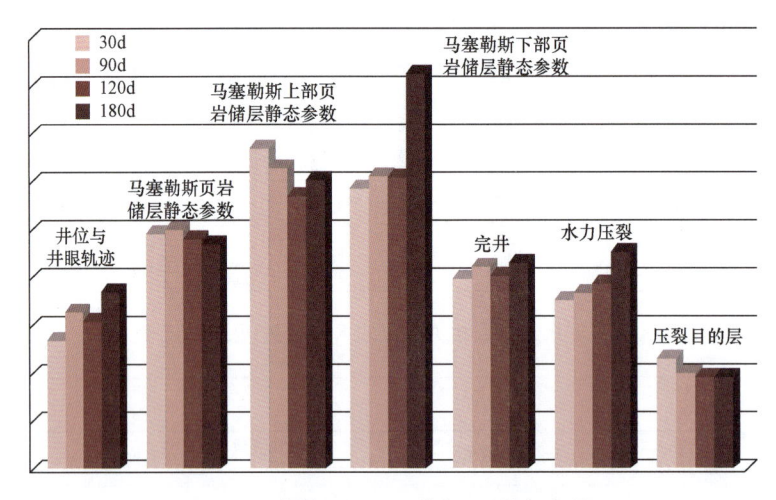

图 8.56 参数组的 KPI 分析(天然气产量)

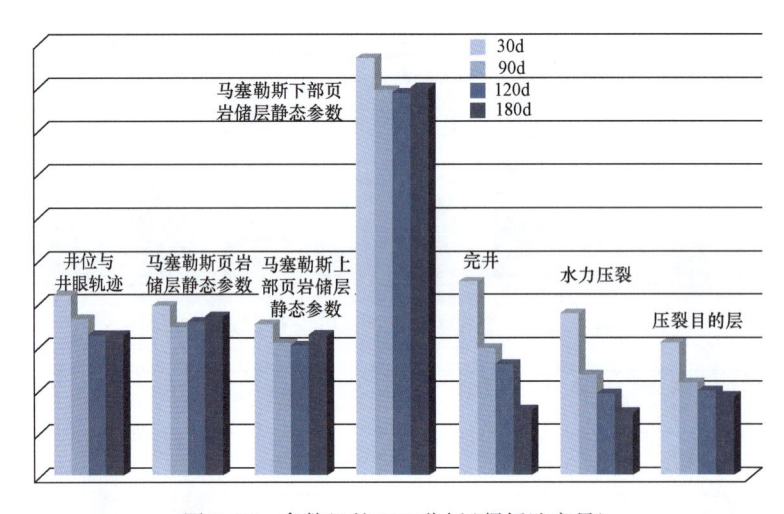

图 8.57 参数组的 KPI 分析(凝析油产量)

图 8.59 和图 8.60 将数据集中的所有参数分为两组,第一组为储层特征参数,第二组为完井和压裂参数。储层特征参数包括井位、井眼轨迹、马塞勒斯页岩静态参数等 29 个参数,完井和压裂参数包括相关的 19 个参数。

图 8.59 和图 8.60 强调了储层特征以及井位的重要性。换句话说,良好的油气藏管理实践可以使马塞勒斯页岩区块比未经工程设计和未经优化的生产更具潜力,可以显著提高马塞勒斯页岩钻探的经济性。

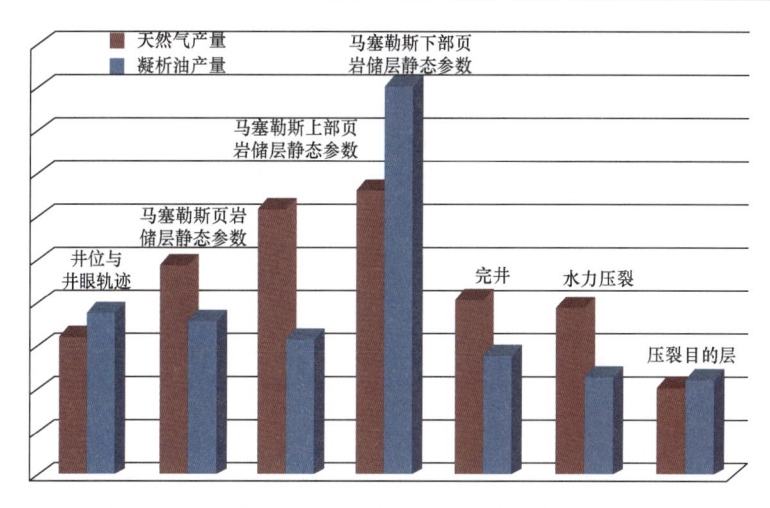

图 8.58　参数组的 KPI 分析（天然气产量和凝析油产量）

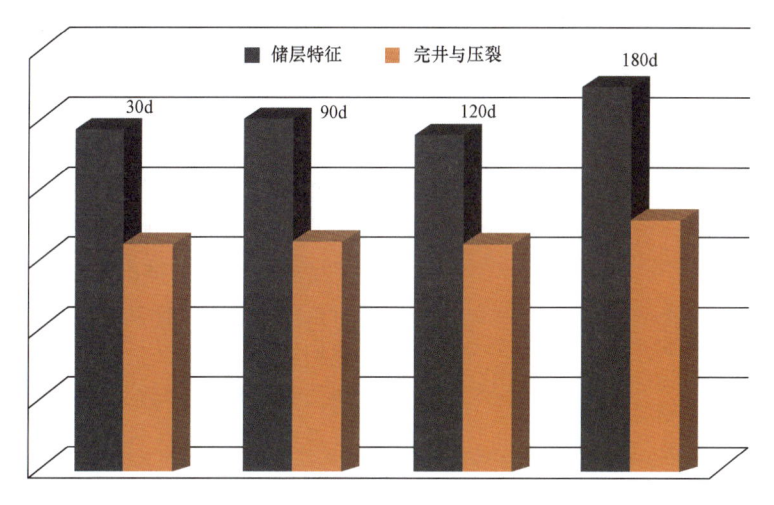

图 8.59　储层参数与完井参数对比的 KPI 分析（天然气产量）

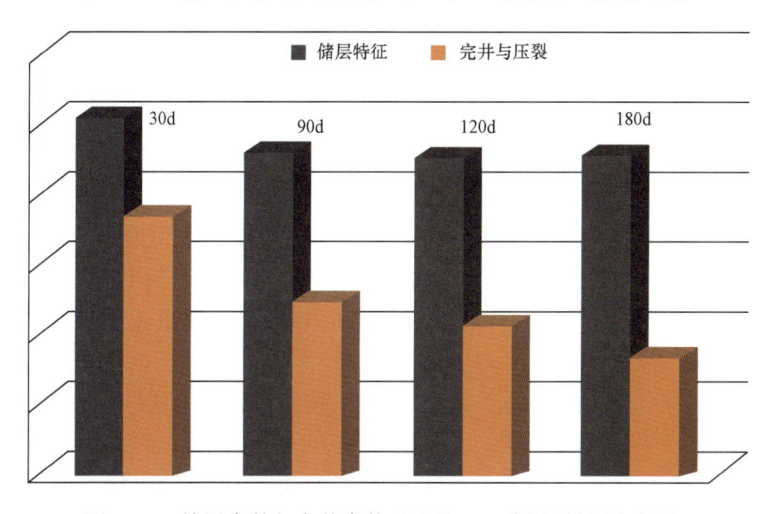

图 8.60　储层参数与完井参数对比的 KPI 分析（凝析油产量）

## 8.6 预测建模

为了能够预测页岩油气的产量,油气行业花费了数年时间致力于开展递减曲线分析、解析算法、产量瞬态分析(RTA)和油气藏数值模拟。页岩是一种同时存在多种储运特征的天然裂缝性烃源岩,由于大量的射孔簇、多级水力裂缝的存在,使得生产模拟的复杂性大大增加。最终,经过多年的不懈努力加上数亿美元的投入,行业引领者已经得出这样的结论(目前在小组研讨会和大型会议上公开承认):这些传统技术在页岩油气生产建模方面,对研究人员的认知和预测能力没有多大价值。这一认识还需要一段时间,才能逐渐渗透到行业的其他部门,成为广泛认可的观点。

现在的问题是,"作为一个行业,现在应该怎么做?"鉴于其他技术已经将建立预测模型的门槛设置得相当低,采用诸如人工智能和数据挖掘技术,或者在本书中称之为页岩数据分析的技术,实现建模这一目标并不困难。只有通过将利用页岩数据分析(数据驱动分析)开发的预测模型与其他试图实现相同目标但绝大多数失败的技术相比较,才能显现这些预测模型的价值。因此,页岩油气产量的数据驱动预测模型应该是在这样的前提下来进行讨论,本章涉及的内容即依照该前提。

这一步分析的目标是建立一个数据驱动预测模型,用以预测在马塞勒斯页岩中钻井、完井和压裂的井的天然气和凝析油产量。毋庸置疑,是否能够进行预测性数据挖掘并最终确定马塞勒斯页岩的最佳压裂措施,都将取决于能否成功开发出可验证的预测模型。

| 输入参数 |
|---|
| 水平段末端向东 |
| 水平段末端向北 |
| 马塞勒斯页岩—孔隙度(%) |
| 马塞勒斯页岩—渗透率(mD) |
| 马塞勒斯页岩—总厚度(ft) |
| 马塞勒斯页岩—厚度净毛比 |
| 马塞勒斯页岩—含水饱和度(%) |
| 马塞勒斯页岩—TOC(%) |
| 马塞勒斯页岩—平均Langmuir体积(ft³/t) |
| 马塞勒斯页岩—平均Langmuir压力(psi) |
| 完井—射孔水平段长(ft) |
| 完井—压裂水平段长(ft) |
| 完井—每段簇数 |
| 完井—射孔密度(孔/ft) |
| 压裂—每口井平均泵注压力(psi) |
| 压裂—每口井平均泵注排量(bbl/min) |
| 压裂—每口井前置液总量(bbl) |
| 压裂—每口井压裂液总量(bbl) |
| 压裂—每口井最大支撑剂浓度(lb) |
| 压裂—每段支撑剂总量(lb) |
| 压裂—泵入支撑剂总量(lb) |
| 压裂—段数 |

图 8.61 预测模型中使用的输入参数

为了做到技术上的准确性,使分析结果对运营公司有所帮助,预测模型应该将储层特征与完井和压裂实践相结合。图 8.61 显示了本章中用于开发数据驱动预测模型的参数列表。通过对参数列表的进一步观察,总结出以下将数据驱动预测模型与其他相比较的技术区分开来的几个重要方面。

(1)预测模型中存在除产量以外的许多类别的数据,与递减曲线分析(产量拟合曲线)有明显区别,后者对于研究人员了解生产特征几乎没有任何价值。

(2)预测模型中包含实际的完井和水力压裂施工参数,如:射孔密度、每个压裂段的簇数、平均泵注排量和压力,以及用液量和支撑剂用量,这与数值模拟和产量瞬态分析明显不同,后者依赖于想象的驱动参数,如裂缝半长、裂缝宽度、高度和导流系数。

(3)预测模型可以根据大量现场测量数据调整油气井的生产动态,通过预测模型的进一步分析,能够揭示有关页岩油气赋存和运移现象的重要信息。

正如接下来将要展示的那样，模型可以预测30d累计产气量与井位、马塞勒斯页岩储层特征、实施的完井和水力压裂设计参数之间的关系。对于这些参数的考虑非常重要，因为在前几节中已经清楚地表明，页岩储层特征对30d累计产气量的影响与完井和水力压裂参数的影响一样大（甚至影响可能更大）。换言之，如果不考虑井位（代表储层特征）因素，针对所有油气井都采取相同的完井作业方式（如曲奇切割法）不是一个好的、可取的做法。此外，对在Marcellus、Utica、Eagle Ford、Niobara和Bakken页岩完成的3000多口井的数据研究中发现，良好的油气藏管理实践可以显著改善这些区块的开发经济性。

为了最大限度地开发强大的数据驱动预测模型，采用了一种策略可以最大限度地提高模型的预测能力，同时确保尊重分析过程（无论该过程如何通用和定性）中的已知物理学知识，即使这些物理学知识不太为人所知。来自每口井的数据通过整理，在数据集中形成一条记录（一个平面文件中的一行），每个参数（图8.61）在平面文件中形成一列。采用的策略是将数据集分成三个独立的部分，第一部分被称为训练数据集，用于训练和建立数据驱动的预测模型。这一部分必须包括前文教授和训练数据驱动预测模型所需的所有内容。通常整个数据集的70%~80%（70%~80%的井）用于训练数据驱动的预测模型。

其他两部分独立的数据集称为校正数据集和验证数据集。分配给这两个数据集的20%~30%的井被分成两个相等（有时不相等）的部分。数据集的这两部分不会用于训练预测模型，而是用于其他目的。校正数据集用于：(1) 确保数据驱动预测模型没有过度训练；(2) 确保最佳训练的预测模型（已学习数据集最大信息量的模型）被保存下来。过度训练的数据驱动模型实际上会记住数据集，并且在输入参数与训练数据集的模型输出关联方面表现得非常出色，但由于它只是一个曲线拟合练习（非常类似于递减曲线分析），而且缺乏任何可验证的预测能力，因此技术和科学价值非常低。校正数据集扮演着监督训练过程的看门狗的角色，确保训练出最佳的数据驱动预测模型。

数据集的第三部分是验证数据集。从建模过程开始时随机选择并保留的这部分数据在预测模型的构建（训练和校正）中没有任何作用。数据集的这一部分是为了测试模型的鲁棒性和有效性，并查看数据驱动的预测模型是否已经学习得足够好，从而能够计算出作为模型输入的所有参数的函数（图8.61）的页岩油气井的产量（模型输出）。校正数据集和验证数据集也称为盲记录（盲井），用于验证预测模型的优度和鲁棒性，这些特性是根据模型在盲井上的表现而不是训练数据集来判断的。

在为马塞勒斯页岩区块开发的数据驱动预测模型中，80%的井用于训练模型，而剩下的20%的井用于校正和验证。图8.62为训练数据集的预测模拟结果，图8.63为盲数据集的模型运算结果。训练数据集的$R^2$为0.76，相关系数为0.89，

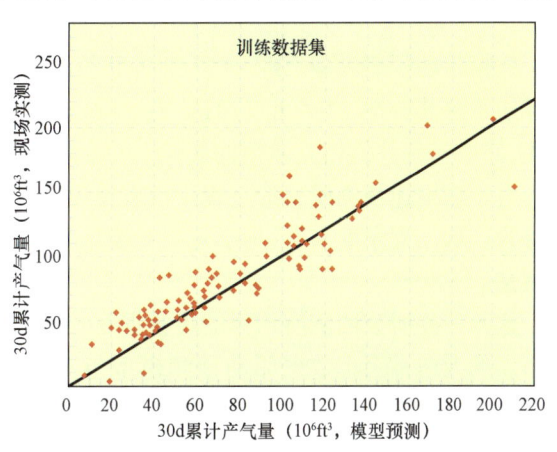

图8.62 数据驱动预测模型的优劣取决于其训练效果

而校正数据集的 $R^2$ 和相关系数分别为 0.71 和 0.88，验证数据集的 $R^2$ 和相关系数分别为 0.75 和 0.91。

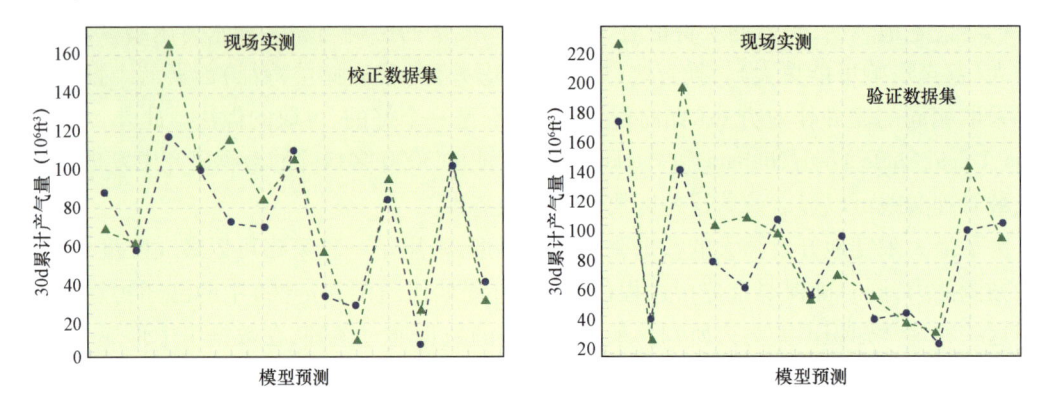

图 8.63　未用于训练模型的盲井数据测试数据驱动预测模型的结果

这些关于模型预测能力的统计数据并不令人十分满意，但对于如此复杂的生产动态来说却是可以接受的。正如之前提到的，所有数据驱动预测模型要求比其他用于模拟页岩油气产量的技术得到的结果更好，预测模型的计算结果远好于用传统方法建立的模型。必须指出的是，本章中提出的马塞勒斯页岩预测模型是第一个（几年前）为页岩油气建立的数据驱动模型。从那时起，笔者参与了为美国其他几个页岩区块构建大量数据驱动预测模型（针对 Marcellus 和 Eagle Ford 页岩，以及 Utica、Niobara 和 Bakken 页岩的多个模型）的工作。如今，用于开发数据驱动预测模型的页岩数据分析技术比开发该模型时要先进得多。

一旦预测模型经过训练、校正和准确性验证，就可以用来分析实例。使用预测模型进行的分析包括单一的和组合的敏感性分析，以及采用蒙特卡洛模拟技术的不确定性分析。此外，可通过预测模型针对任何井、井组或整个油田，以及开发预测模型时使用的任何参数组合绘制典型曲线。

## 8.7　敏感性分析

数据驱动预测模型已经开发（训练和校正）并得到验证，研究人员可以对模型质疑，以便更好地了解其特性，这些可以通过一系列敏感性分析来实现。在这些分析过程中，为了了解不同井、储层和完井的相关参数的影响是如何被纳入模型中的，对模型的行为进行了广泛的研究。由于在构建预测模型的过程中没有使用确定性公式，因此很难在不同情况下快速实现模型行为。从工程角度来看，为了建立对模型预测能力的信心，需要了解模型是否具有物理和地质意义。

这与一些研究团队所认为的将数据驱动预测模型视为黑匣子的肤浅观点是不同的。犯上述错误的人通常会把数据驱动预测模型与不遵循物理和（或）地质推理的统计曲线相混淆。相反，本书中开发和呈现的数据驱动预测模型是工程工具（尊重经验公式的因果关系），遵循使工程师能够轻松使用此类模型的原则。本章中接下来的几节将研究这种数据驱动预测模型的单一参数和多参数的敏感性。

## 8.7.1 单一参数的敏感性分析

对单井进行单一参数的敏感性分析。图 8.64 至图 8.69 中的每一张图代表油田中的一口井。在单一参数敏感性分析中,每次选择一个参数进行研究。在所有其他参数保持其原始值不变的情况下,所分析的参数值在其取值范围内变化,计算针对每个变量的模型输出(30d 累计产气量)并绘制图形。对区块中的每口井都重复该步骤。图 8.64 为孔隙度的单一参数敏感性分析结果,每条曲线上的红叉表示井的实际产量值及其对应的孔隙度值。图 8.64(类似于其他单一参数敏感性分析图)显示了针对单一参数的三口井的分析结果。

必须注意的是,由于所有参数(分析的参数除外)都保持其原始值不变,因此这些分析(基于单井)有时看起来有些奇怪,这是对高度非线性系统进行直观线性分析(单一参数敏感性分析)的结果。

在图 8.64 中,三个图形中的 $y$ 轴均为模型输出(30d 累计产气量),而 $x$ 轴为孔隙度。在这些图形中,可以看到马塞勒斯页岩 30d 累计产气量随孔隙度的变化,即随着孔隙度的增加而增加。这里还应该提到的是,在原始数据集中,储层特征参数(包括孔隙度)是分别针对马塞勒斯页岩下部和上部储层的。在针对整体马塞勒斯页岩储层的分析中,这些储层特征(包括孔隙度)值都进行了综合。

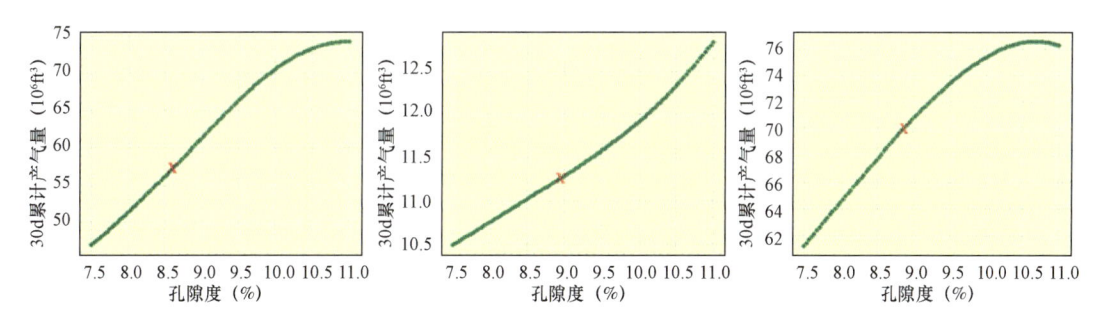

图 8.64 区块中的三口井单一参数——孔隙度敏感性分析(储层特征参数)示例

图 8.65 显示了数据集中其他四个马塞勒斯页岩储层特征的单一参数敏感性分析,即总厚度、厚度净毛比、含水饱和度和总有机碳含量(TOC)。对于每个参数的分析展示了三口井的结果,每个图形中红叉表示每口井的参数实际值和与之对应的 30d 累计产气量。这些示例中显示的趋势与预期一致。最上面一排图显示,随着马塞勒斯页岩总厚度的增加,30d 累计产气量随之增加。第二排图显示,随着马塞勒斯页岩厚度净毛比增加,30d 累计产气量随之增加。第三排图显示,随着马塞勒斯页岩含水饱和度的增加(理解为含油气饱和度降低),30d 累计产气量减少。最后一排图显示,随着马塞勒斯页岩总有机碳含量(TOC)的增加,30d 累计产气量随之增加。

有趣的是,在显示的这些趋势中,几乎 90% 没有遵循线性变化。在所有井的绝大多数趋势中,以及在这些分析中研究的几乎所有参数,都可以观察到某种非线性。这是一个重要的发现,因为业内大多数以某种方式处理有关页岩问题的工程师和地球科学家都本能地相信存在这种非线性行为,但直到现在还没有一种工具或技术可以解释这种行为。

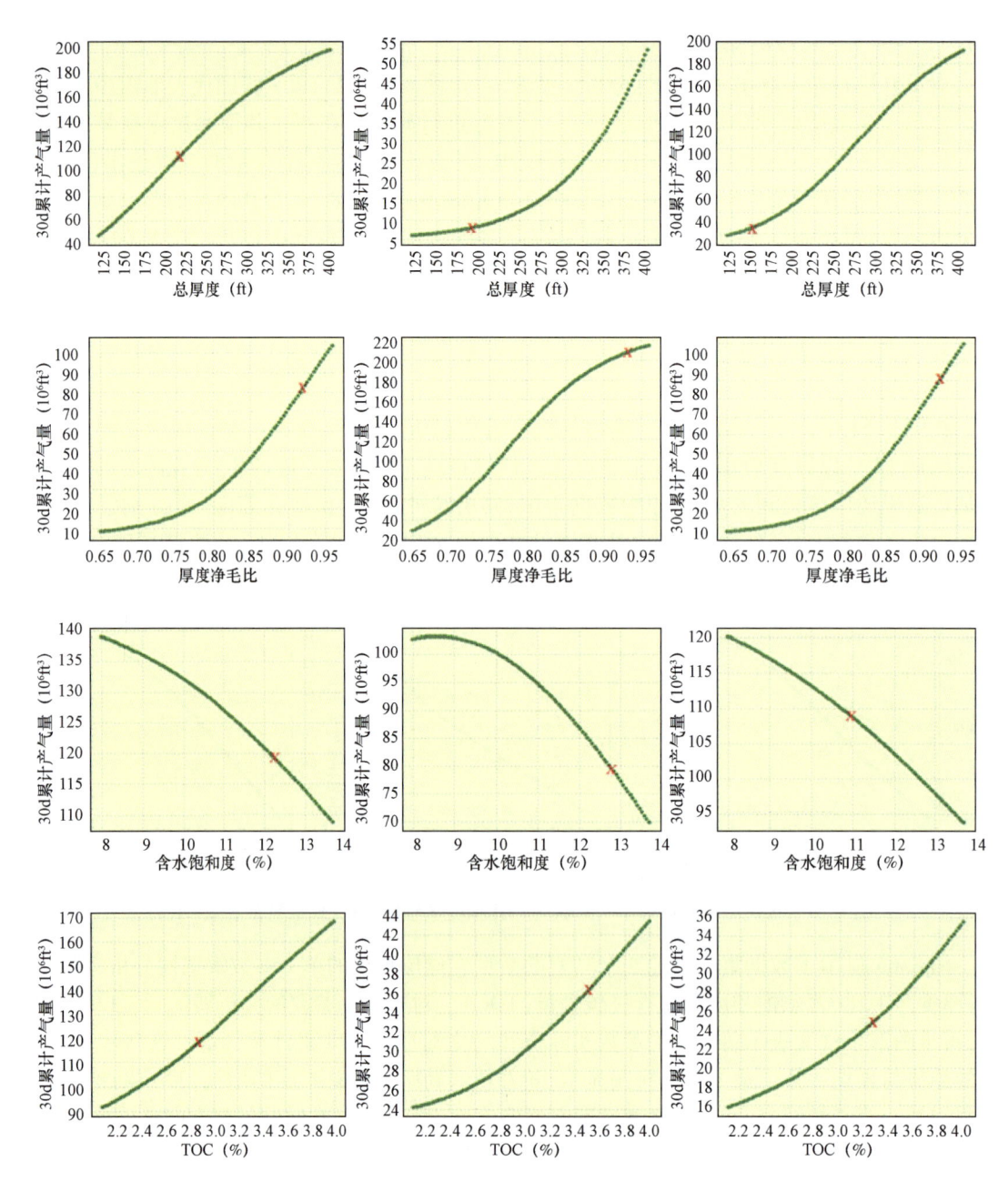

图 8.65　区块中三口井单一参数——总厚度、厚度净毛比、含水饱和度和
TOC 敏感性分析（储层特征参数）示例

图 8.66 是对数据集中最后两个储层特征参数进行的单一参数敏感性分析，即马塞勒斯页岩的平均 Langmuir 压力常数和平均 Langmuir 体积常数，显示了 30d 累计产气量随这两个参数的变化。如预计的那样，尽管不同井的非线性趋势存在差异，仍观察到随着平均 Langmuir 压力常数和平均 Langmuir 体积常数值的减小，30d 累计产气量均呈下降趋势。

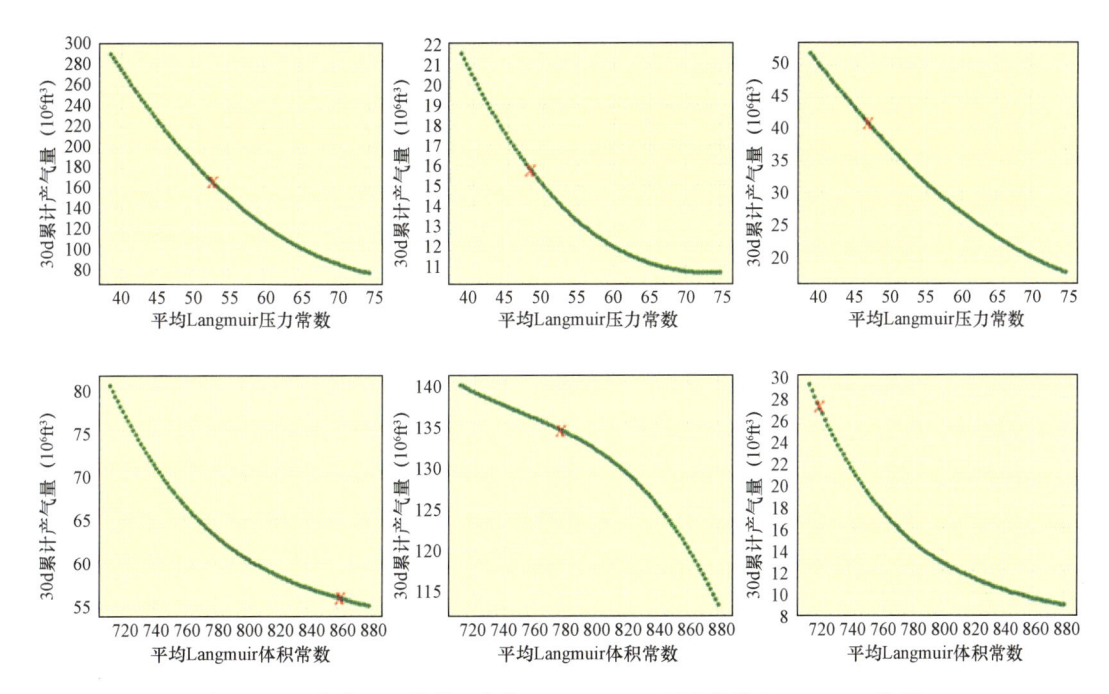

图 8.66 区块中三口井单一参数——Langmuir 压力常数和 Langmuir 体积常数敏感性分析(储层特征参数)示例

图 8.67 显示了本研究中归类为完井参数的单一参数敏感性分析。这些参数包括射孔水平段长度和压裂水平段长度、射孔密度和每个压裂段的射孔簇数。正如预期的那样,尽管是非线性的,但是随着射孔水平段和压裂水平段长度的增加,30d 累计产气量随之增加。图 8.67 中显示,射孔密度越高同时每个压裂段的射孔簇数越少,可以获得更高的 30d 累计产气量,因而对于一些井,由此可以确定每个压裂段的最佳簇数。

这两幅图中所有这些参数的共同点是趋势曲线都是非线性的。这些曲线逐井地将 30d 累计产气量与马塞勒斯页岩所有水力压裂设计和施工参数关联起来。这种非线性行为突出了这些关系的复杂性,并证明使用简单的统计分析来了解和最终优化马塞勒斯页岩水力压裂存在缺陷。

平均泵注排量和平均泵注压力的单一参数敏感性分析表明,如果以较低的排量和较低的压力进行泵注,则可以获得更好的效果,同时表明许多井的泵注排量和压力可能存在最佳值。前置液量和压裂液量的单一参数敏感性分析表明,尽管通常较少的液量似乎有利于获得更高的 30d 累计产气量,但对于许多井来说可以确定最佳的前置液量和压裂液量。

图 8.68 和图 8.69 是与马塞勒斯页岩水力压裂设计和实施相关的八个参数的单一参数敏感性分析。图 8.68 是针对平均泵注排量、平均泵注压力以及前置液量和压裂液量的分析,而图 8.69 是针对最大支撑剂浓度、每个压裂段支撑剂用量、总支撑剂用量和总压裂段数的分析。

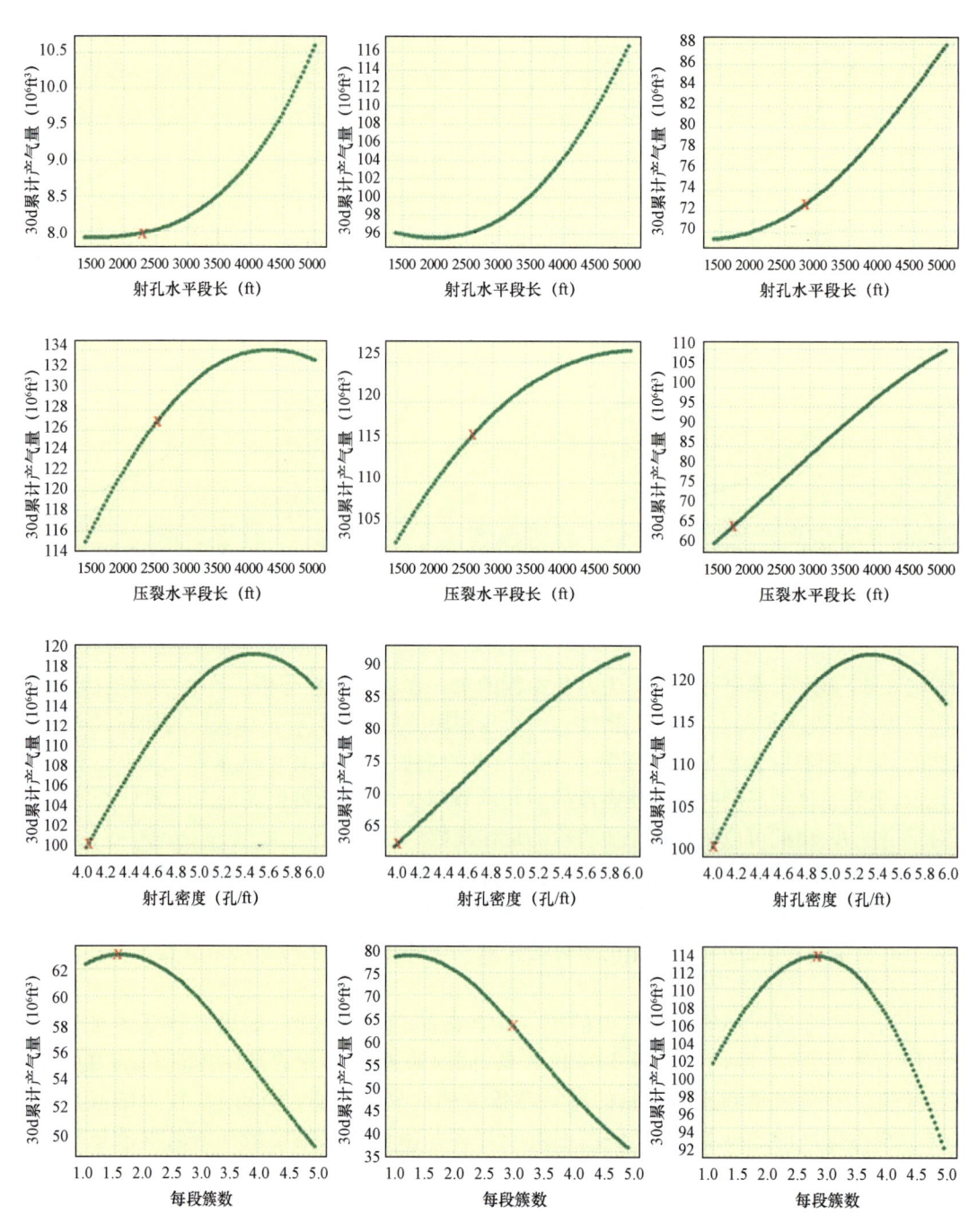

图8.67 区块中三口井单一参数——射孔和压裂水平段长度、射孔密度和每段簇数敏感性分析(完井参数)示例

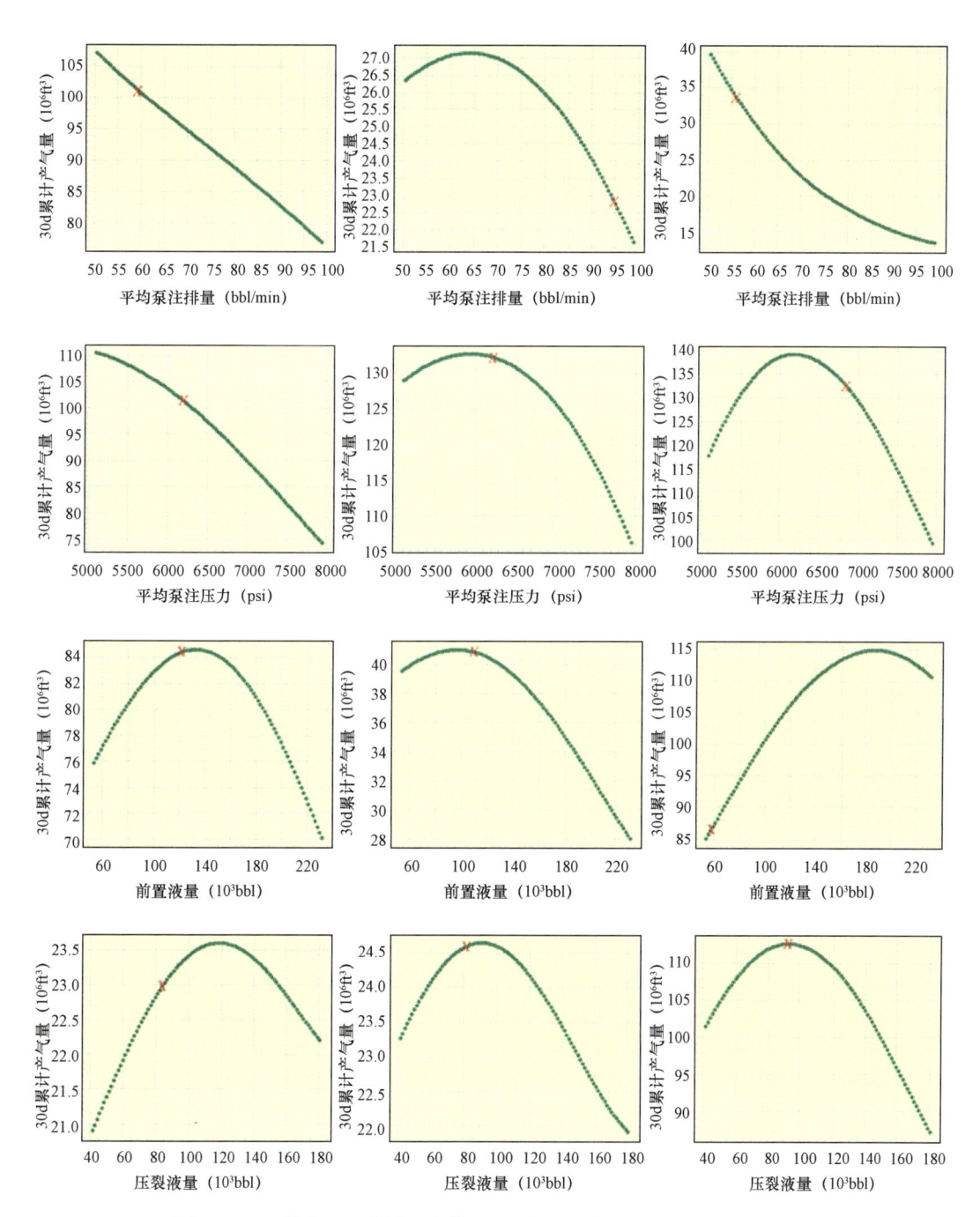

图 8.68　区块中三口井单一参数——平均泵注排量和压力、前置液量和
压裂液量敏感性分析(水力压裂参数)示例

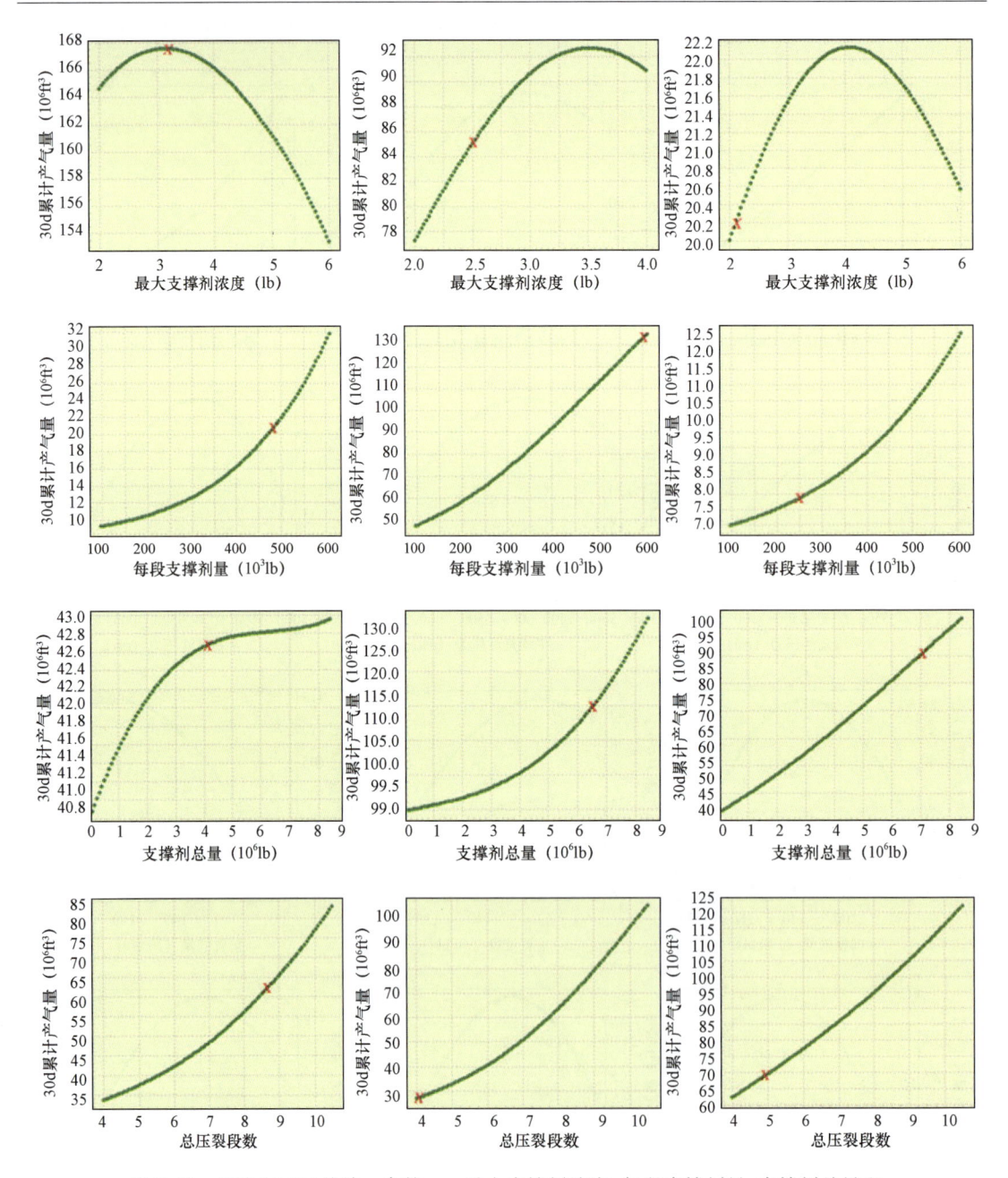

图 8.69　区块中三口井单一参数——最大支撑剂浓度、每段支撑剂量、支撑剂总量和
总压裂段数敏感性分析（水力压裂参数）示例

图 8.69 第一排图是最大支撑剂浓度的单一参数敏感性分析。这些分析表明对于许多井可以确定最佳的最大支撑剂浓度。

最大支撑剂浓度是指水力压裂中压裂工程师将其作为最终目标的一个设计参数。压裂期间支撑剂浓度从低浓度开始，在整个施工过程中缓慢增加，因此在整个压裂作业过程中支撑剂浓度不是一个保持不变的恒定值。

图 8.69 中间两排图说明,支撑剂注入量越高(无论是针对每个压裂段还是针对整口井),通常会导致更高的产量,这种关系是非线性的。最后一排图表明压裂段数越多,产量就越高。

## 8.7.2 组合参数敏感性分析

与单一参数敏感性分析一样,组合参数敏感性分析也是针对单井进行的。图 8.70 至图 8.72 中的每一个图代表油田中的一口井。当对单一参数进行敏感性分析时,会得到一个二维图形,其中目标参数的敏感性根据模型输出(30d 累计产气量)进行考量,如图 8.64 至图 8.69 所示。如果同时对两个参数进行敏感性分析,则结果称为组合参数敏感性分析,并通过三维图形显示,如图 8.70 至图 8.72 所示。

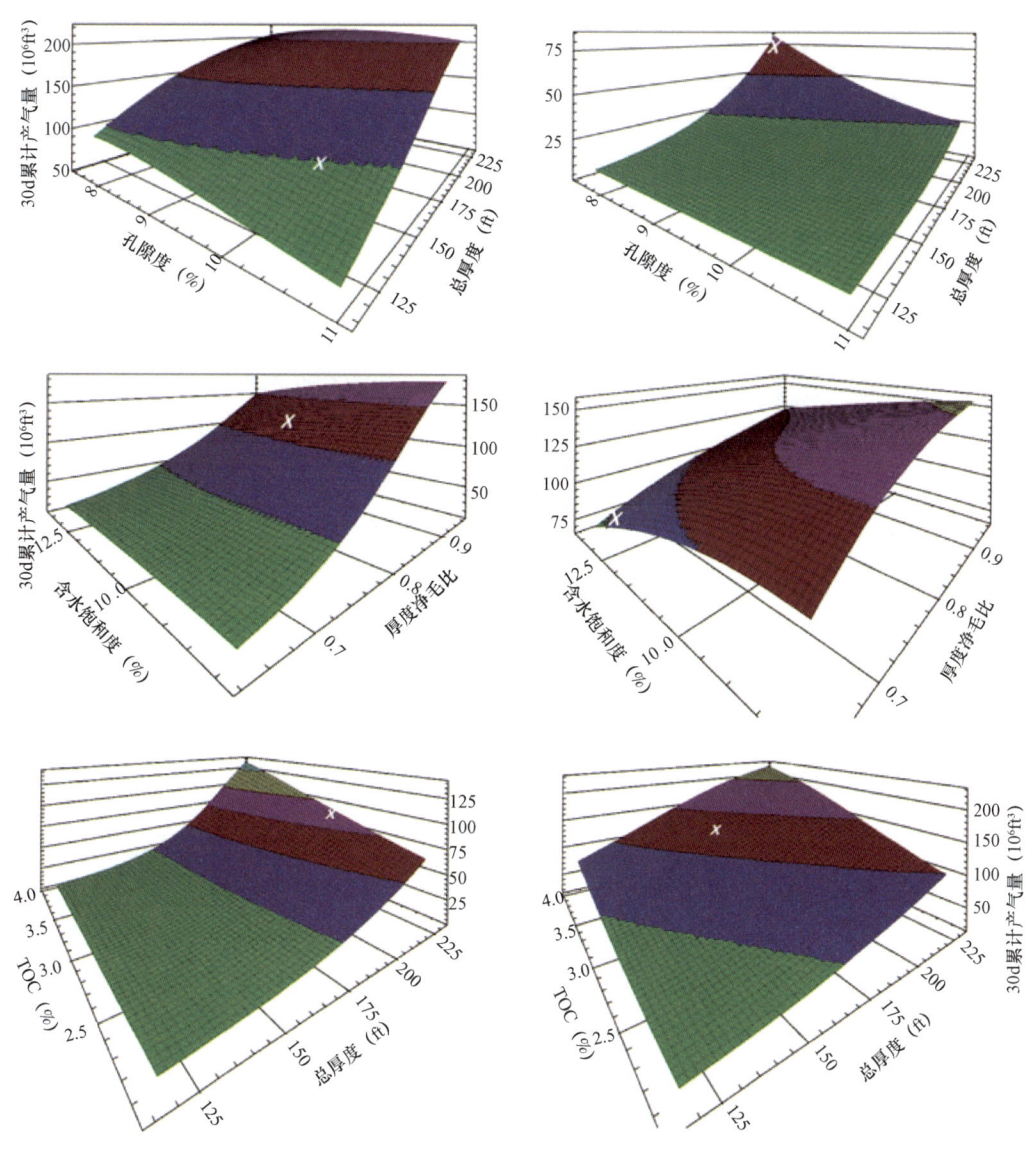

图 8.70　孔隙度和总厚度、含水饱和度和厚度净毛比、TOC 和总厚度的组合参数敏感性分析(储层特征参数)

在这一分析过程中,数据集中的两个参数(针对每口井)被选为要研究的目标参数。当所有其他参数保持其相应值不变时,目标参数的值在其范围内变化,并针对每种变化计算和绘制模型输出(30d 累计产气量)。

图 8.70 是针对 6 口井进行的组合参数敏感性分析结果。图 8.70 中显示了对储层特征进行的组合参数敏感性分析的示例。分析的参数为孔隙度和总厚度(上部两张图)、含水饱和度和厚度净毛比(中间两张图)、TOC 和总厚度(底部两张图)。在每个图中出现的曲面表示 30d 累计产气量随着被分析的两个参数的变化(颜色仅代表不同的 30d 累计产气量值),每个图形上的白叉代表各井 30d 累计产气量的实际值以及对应的储层特征参数。

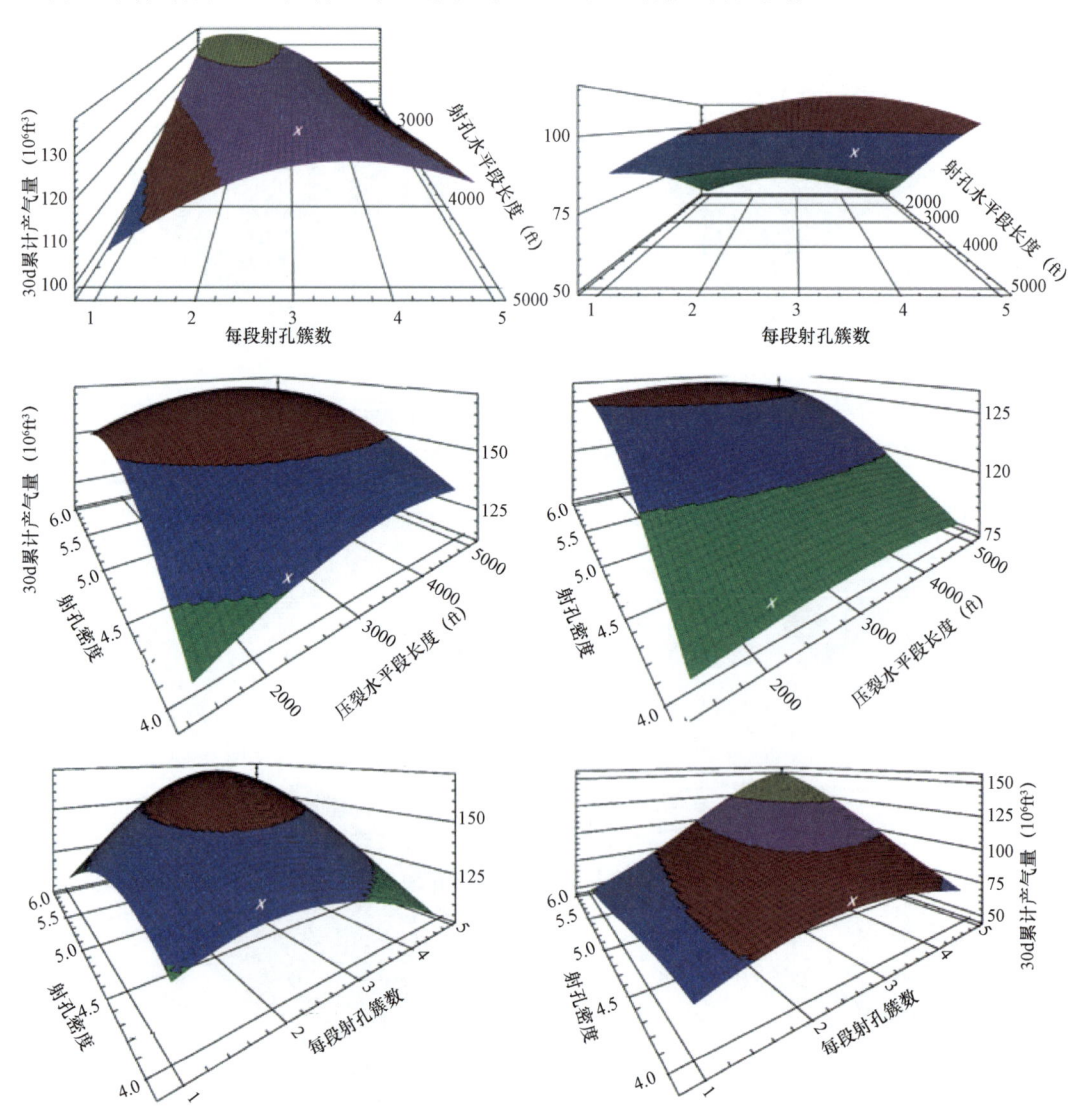

图 8.71 每段射孔簇数和射孔水平段长度、射孔密度和压裂水平段长度、
射孔密度和每段射孔簇数的组合参数灵敏度分析(完井参数)

图 8.71 是针对 6 口井的完井参数进行的组合参数敏感性分析示例,分析的参数为每个压裂段的射孔簇数和射孔水平段长度(上部两张图)、射孔密度和压裂水平段长度(中间两张图)以及每个压裂段的射孔密度和射孔簇数(底部两张图)。

图 8.72 是针对 6 口井的水力压裂参数进行的组合参数敏感性分析示例,分析的参数包括每个压裂段的支撑剂用量和泵注压力(上部两张图)、压裂液量和支撑剂总量(中间两张图)以及最大支撑剂浓度和总压裂段数(底部两张图)。

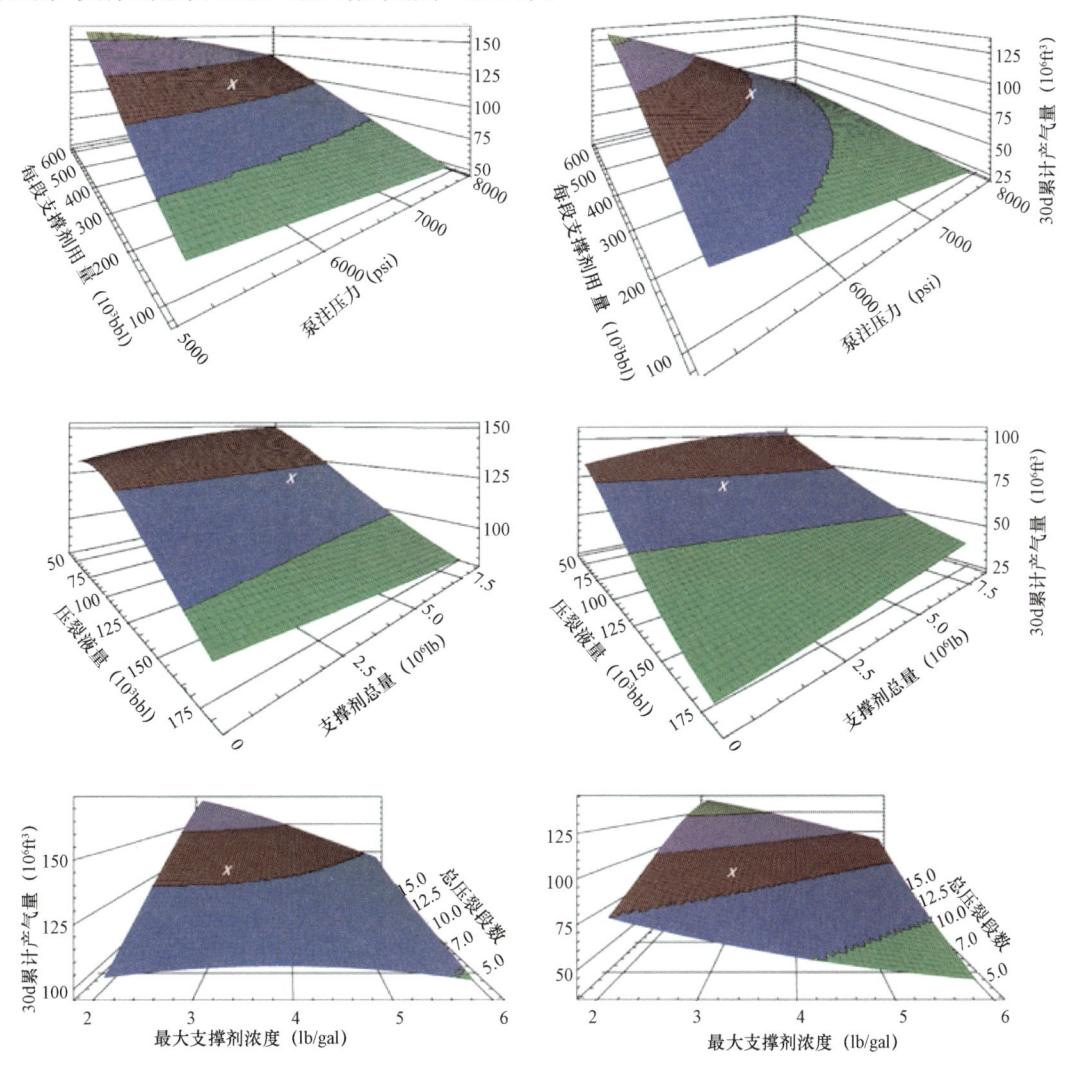

图 8.72 每段支撑剂量和泵注压力、压裂液量和支撑剂总量、最大支撑剂浓度和
总压裂段数的组合参数敏感性分析(水力压裂参数)

## 8.8 生成典型曲线

在成功开发预测模型后,可以生成典型曲线以帮助施工人员在决策过程中确定下一口井的井位(或优先钻探哪些计划井),以及如何完井和压裂。单井、井组(对应区块中的特定区

域)和整个油田均可生成典型曲线。在典型曲线中,$y$ 轴为模型输出(本书中为 30d 累计产气量),$x$ 轴应从输入参数中选择一个,而生成的曲线代表第三个参数。

图 8.73 所示为数据集中两个井位(两口井)对应每个压裂段支撑剂用量的 30d 累计产气量随压裂段数($x$ 轴)变化的两组典型曲线。油田内所有的井均可绘制类似的曲线(图 8.74 至图 8.80)。由于这些典型曲线是针对单井生成的,因此可以将其理解为代表油田特定区域的井动态的典型曲线。为了生成油田中其他区域(新井位)的典型曲线,只需简单修改代表新区域的储层特征参数,即可重新生成典型曲线。

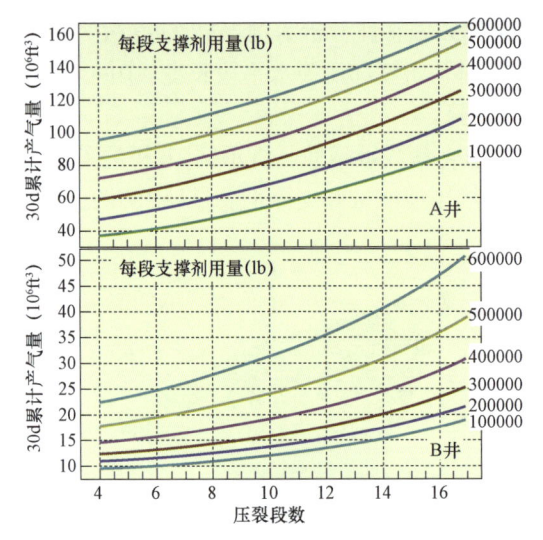

图 8.73 两口井的典型曲线显示了 30d 累计产气量随压裂段数以及不同每段支撑剂用量的变化

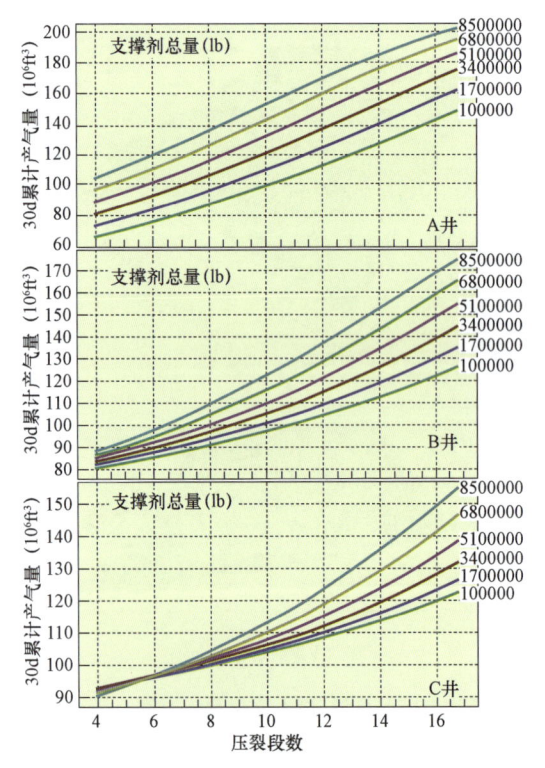

图 8.74 三口井的典型曲线显示了 30d 累计产气量随压裂段数及不同支撑剂总量的变化

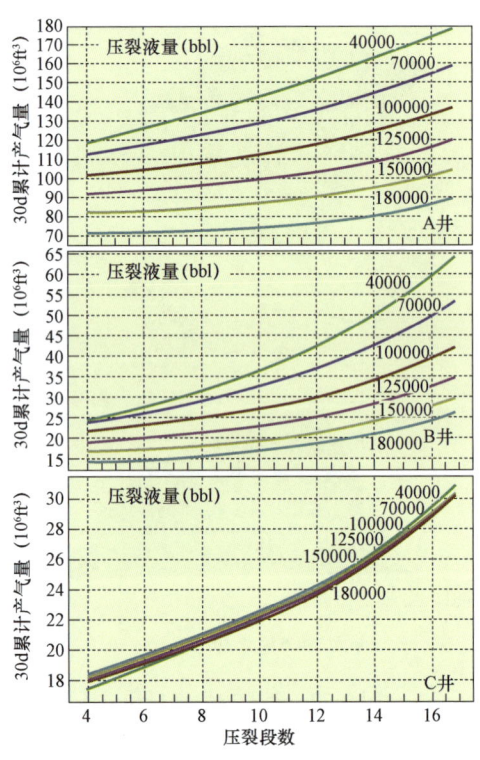

图 8.75 三口井的典型曲线显示了 30d 累计产气量随压裂段数及不同压裂液量的变化

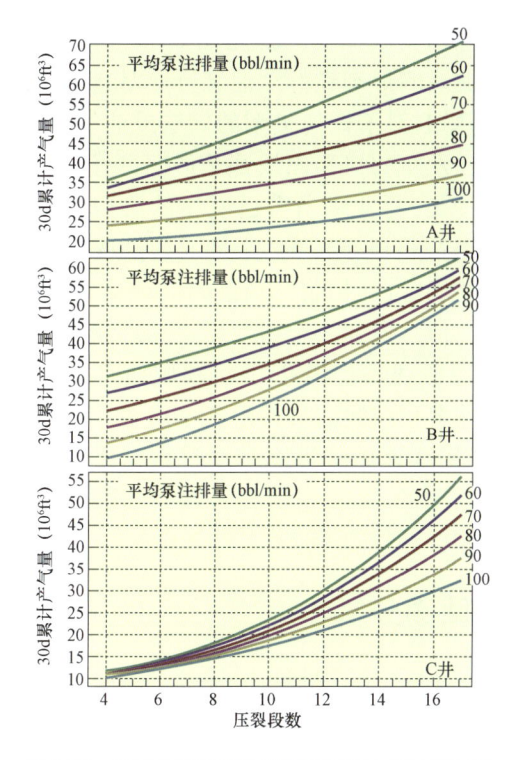

图 8.76 三口井的典型曲线显示了 30d 累计产气量随压裂段数及不同平均泵注排量的变化

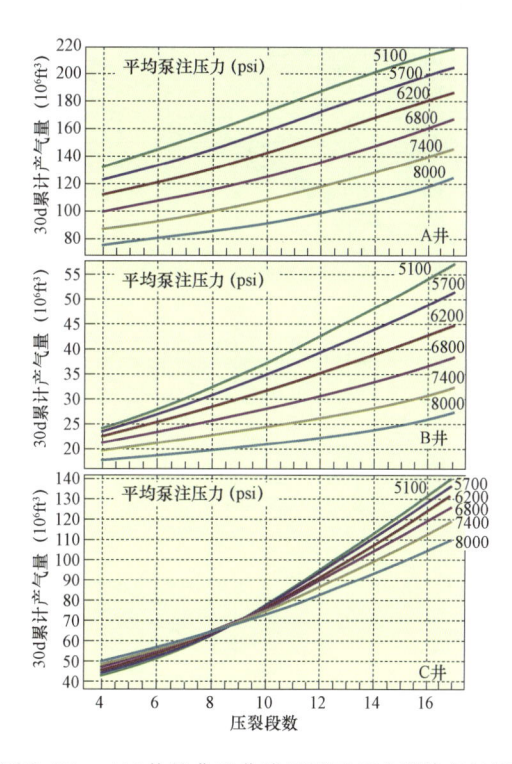

图 8.77 三口井的典型曲线显示了 30d 累计产气量随压裂段数及不同平均泵注压力的变化

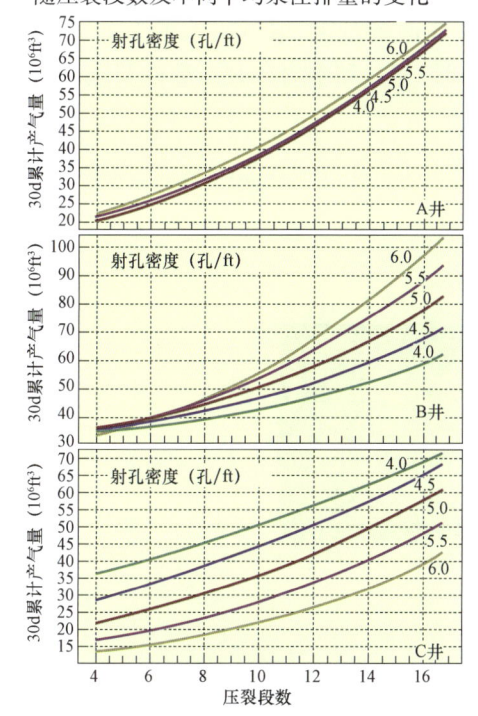

图 8.78 三口井的典型曲线显示了 30d 累计产气量随压裂段数及不同射孔密度的变化

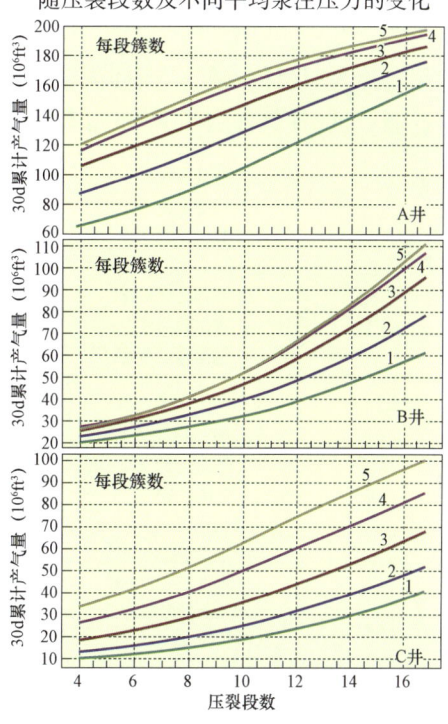

图 8.79 三口井的典型曲线显示了 30d 累计产气量随压裂段数及不同的簇数/段的变化

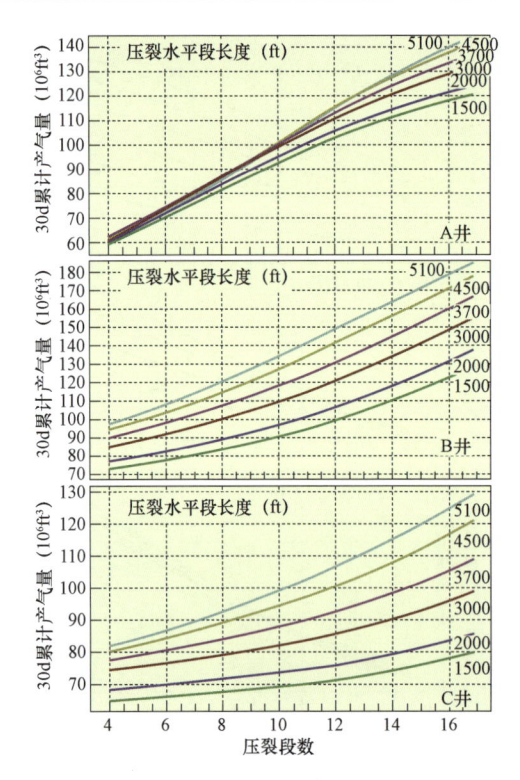

图 8.80 三口井的典型曲线显示了 30d 累计产气量随压裂段数及不同压裂水平段长度的变化

这里需要强调的一点是图 8.73 至图 8.80 中所示曲线的形态良好。油气行业对典型曲线已非常熟知,对于任何类型的储层或油气井,几乎所有已发布的典型曲线都是形态良好的。值得注意的是,行业中所有已发布的典型曲线的良好形态都是所预计的,这是因为这些典型曲线是某些确定性(控制)方程的解析解或数值解的结果。但是得到完全由数据驱动预测模型生成的典型曲线不但开创了新领域而且令人兴奋。这些典型曲线的良好形态不应被视为理所当然,如果这种曲线形态是通过数据驱动预测模型观察到的,那么它应该被理解为数据驱动预测模型已经学会了过程的物理机制。

## 8.9 回溯分析

在"回溯分析"期间,验证的预测模型用于鉴定过去已执行的压裂作业的质量。为了进行回溯分析,如图 8.81 所示,可将模型中的参数分为两组。对于所有已完井、进行了水力压裂并生产一定时间的井,其完井参数和水力压裂参数的组合称为"设计参数"。当回溯钻井后的井动态时,完井和水力压裂参数以及生产约束条件是控制产量(油气井生产率)的参数。

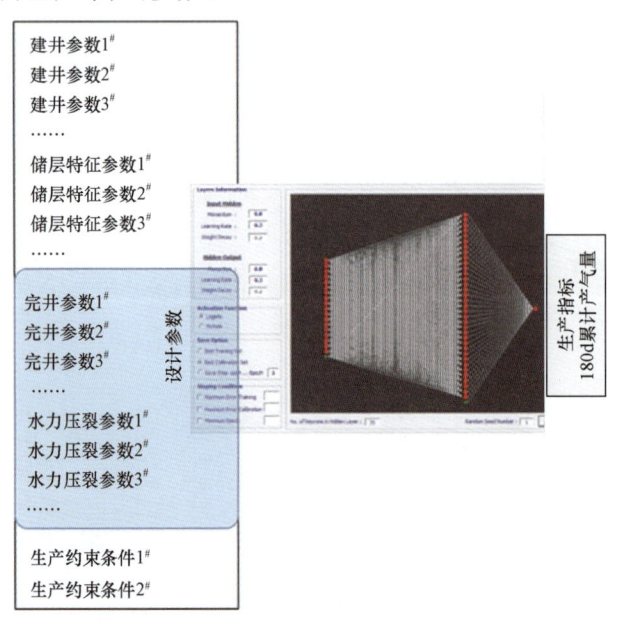

图 8.81 数据驱动预测模型开发所涉及的参数。图中为确定的设计(完井和水力压裂)参数

在此分析期间要解决的问题是：

(1) 在考虑井位(储层特征)和相关施工作业的前提下，井的生产潜力有多大？
(2) 通过对井实施特定的完井和水力压裂实践，可以实现多大潜力？
(3) 区块中有多少井的产量符合预期、好于预期或低于预期？

为了找到上述问题的可靠答案，笔者设计了以下算法。该算法采用蒙特卡洛模拟技术来完成。图 8.82 所示流程图分别针对区块中的每口井。在此分析过程中，将预测模型的输入参数分为两组。第一组包括井施工参数、储层特征和施工约束条件，第二组是设计参数，包括完井和压裂参数。分组的目的是根据每口井的施工、储层特征和施工约束条件，发现每口井的生产潜力。对于每口单井的分析，是通过保持第一组参数不变，同时修改第二组(设计)参数来实现的。

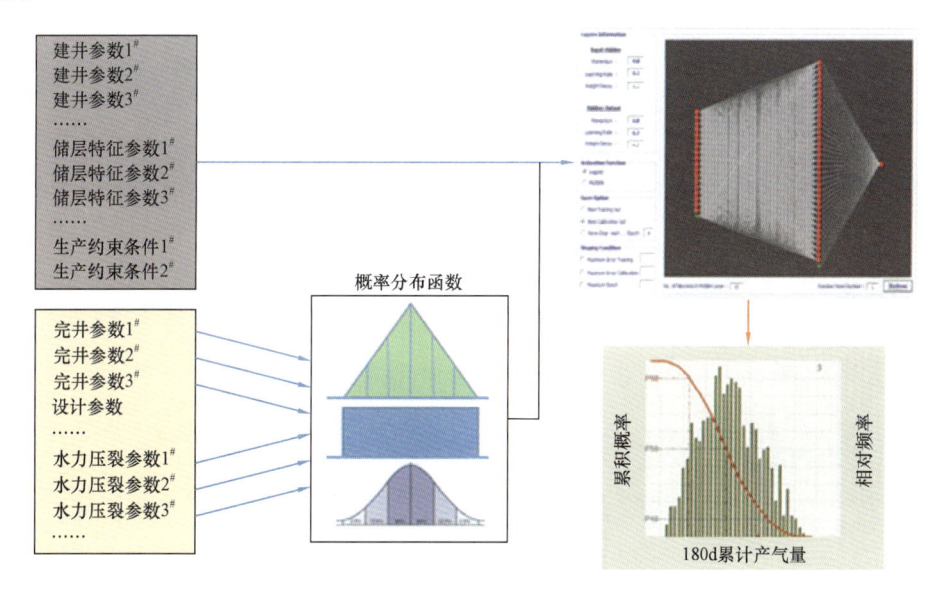

图 8.82　回溯分析示意图

在蒙特卡洛模拟过程中，预测模型每次执行运算时，第一组输入参数保持不变，而第二组参数(设计参数——完井参数或水力压裂参数)被修改为新的组合。如图 8.82 所示，每次根据指定的概率分布函数随机选择第二组参数组合，并计算新的生产指标(例如 180d 累计产气量)。通过这种方式，可以了解到，如果采用一组新的设计参数进行完井和压裂，那么这口井能达到什么样的生产效果。概率分布函数可以根据分析目标进行指定。

在蒙特卡洛模拟分析过程中，数据驱动预测模型作为过程的目标函数，对每口井执行数千次运算，每次执行运算后产生模型输出。这样就会产生数千个生产指标(对于每口井)，每个指标对应的储层、井结构和操作特征相同，但完井和水力压裂(设计)参数不同。以这种方式生成的数千个生产指标值代表了给定井的数千次完井和压裂方案。这些结果的集合代表了给定井的全部可能的产量值范围。这些结果以概率分布函数的形式绘制，从中可计算出 $P_{10}$、$P_{50}$ 和 $P_{90}$(请参见图 8.83 中的示例)。

模型输出的集合代表了该井的生产潜力。给定井达到预计的最小产量、最大产量以及平均产量的对应条件是：页岩储层具有特定的特征，以特定方式施工，并受到特定的操作约束。

根据每口井的分析结果生成的概率分布,可以对压裂作业的质量与井产量的关系进行一系列判断。建议按照以下规定进行压裂作业质量分析:

(1) 如果井产量值高于 $P_{20}$,则压裂作业质量被认定为"优秀";
(2) 如果井产量值介于 $P_{40}$ 到 $P_{20}$ 之间,则压裂作业质量被认定为"好于预期";
(3) 如果井产量值介于 $P_{60}$ 到 $P_{40}$ 之间,则压裂作业质量被认定为"达到预期";
(4) 如果井产量值介于 $P_{80}$ 到 $P_{60}$ 之间,则压裂作业质量被认定为"低于预期";
(5) 如果井产量值低于 $P_{80}$,则压裂作业质量被认定为"差"。

一旦上述规定确定,则将油气井生产指标的实际值投影到概率分布函数上,并根据实际产量投影的范围来判断完井质量。图 8.83 为宾夕法尼亚州马塞勒斯页岩中完成的三口页岩气井的回溯分析结果。图中 120#井(左上角图)的完井质量被归类为"差",因为该井的实际(历史)产量(180d 累计产气量)投影于 $P_{97}$。109#井(中间图)的实际(历史)产量(180d 累计产气量)投影于 $P_{52}$,因此该井完井质量被归类为"达到预期"。60#井(右下角图)被归类为"优秀",其实际(历史)产量(180d 累计产气量)投影于 $P_5$。

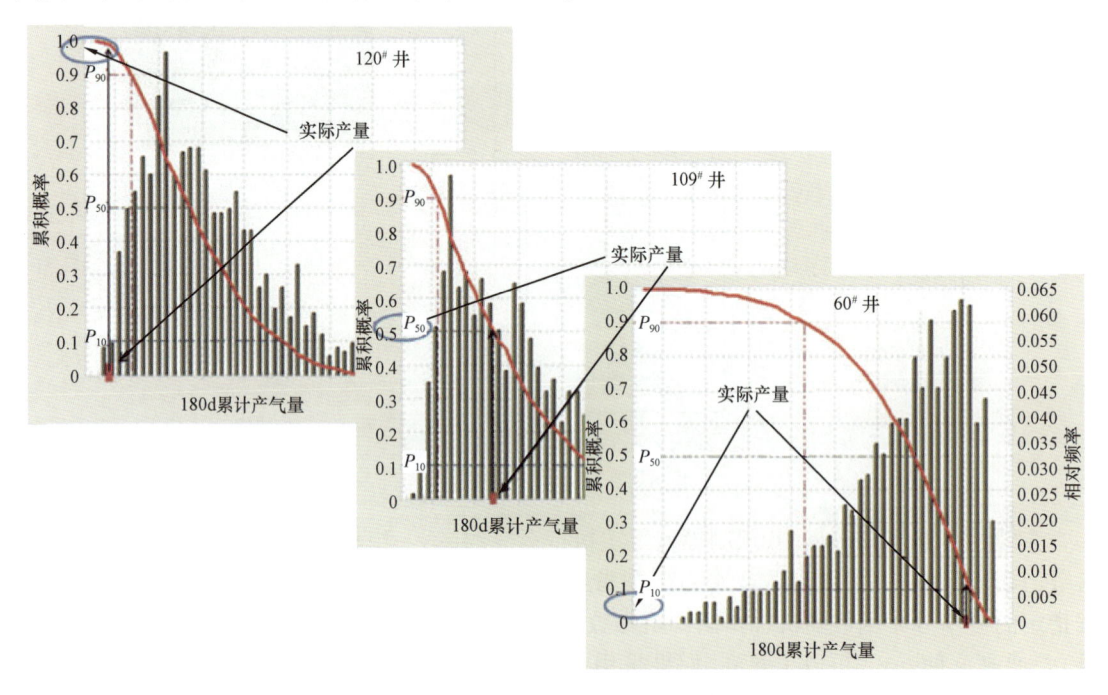

图 8.83 一个页岩气区块中的三口井的回溯分析

如果对区块中的所有井都进行分析,就可以汇总区块所有井的结果,以确定属于五类完井质量的井数量(和百分比)。图 8.84 为俄亥俄州 Utica 页岩区块回溯分析的最终结果。根据回溯分析,该区块中 43% 的井完井和压裂效果不佳,产量低于预期(意味着这些井本应可能产出更多的油气),还有 43% 的井完井与压裂后获得的产量高于平均产量,约 15% 的井如预期进行了压裂,其产量在预期范围内。当然,运营商可能会声明,他们在所有作业中的总体期望是其区块中的每口井的产量高于平均水平产量。如果一家公司应用了页岩数据分析,则可以实现提高完井质量总体预期这一目标。

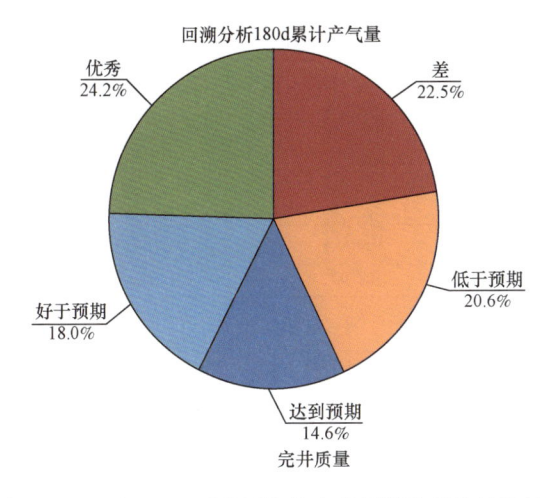

图 8.84 一个 Utica 页岩区块的完井回溯分析的最终结果

## 8.10 服务公司绩效评估

运营商通常雇用多家完井服务公司。拥有一个质量标准是很有意义的，运营商可以据此衡量每家服务公司完成的完井和压裂作业的质量。在第 8.9 节介绍的分析过程中，每口井的储层特征保持不变，完井和压裂参数对产量的影响被分隔开来，因此，这是比较不同服务公司的完井和压裂作业质量的适用方法。在最近对包含 230 多口井的马塞勒斯页岩区块实施的一个项目中，应用该技术比较了五家服务公司在该区块中实施的完井和水力压裂作业。图 8.85 为五家服务公司在该区块中已完井并进行水力压裂的井的百分比。图 8.86 显示了各服务公司已完成的井的平均产量（180d 累计产气量）。公司名称是按字母顺序识别的，如"A‐o""B‐k""C‐c""D‐u"和"E‐h"。

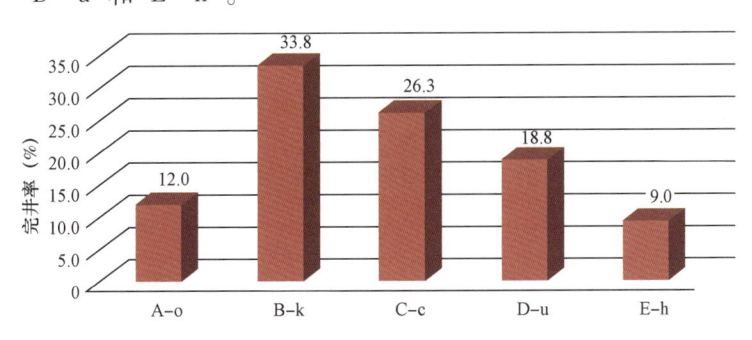

图 8.85 五家服务公司的完井率

从图 8.85 和图 8.86 可以看出，服务公司"E‐h"完成了最少数量的井（占区块中所有井的 9%），每口井平均 180d 累计产气量约为 800 万立方英尺，而服务公司"B‐k"完成的井数最多（约占区块中所有井的 34%），每口井平均 180d 累计产气产量约为 920 万立方英尺。服务公司"D‐u"完成了该区块约 20% 的高产井（平均），平均每口井 180d 累计产气量约 1050 万立方英尺，服务公司"C‐c"完成了该区块中约 26% 的低产井（平均），每口井平均 180d 累计产气量约 750 万立方英尺。

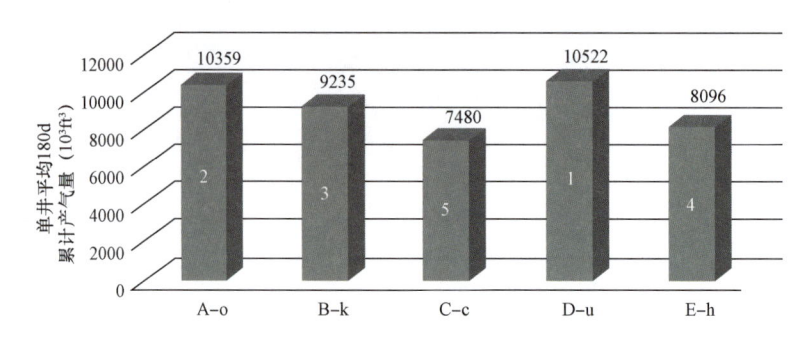

图 8.86 服务公司已完井的单井平均180d累计产气量

"$P_x$"表示在每口井蒙特卡洛模拟生成的概率分布函数上产量指标值的位置。例如,在 $x=50$ 时,$P_x = P_{50}$,表示给定井的蒙特卡洛模拟生成的概率分布函数上产量指标的平均值(当 $P_x$ 中的 $x$ 值较小时,表示产量较高)。图 8.87 中的 $P_x$ 是各家服务公司完成的所有井的平均值。该图表明,在马塞勒斯页岩区块中服务公司中"A – o"($P_x = P_{24}$)的表现最好,其次是服务公司"E – h"($P_x = P_{35}$),而服务公司"D – u"表现最差($P_x = P_{57}$)。

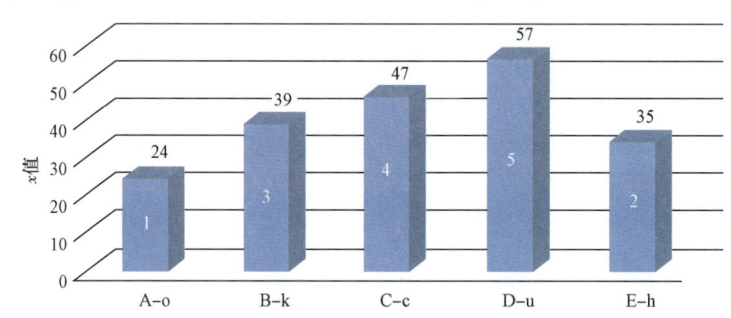

图 8.87 各服务公司已完井和压裂的所有井的平均 $P_x$

图 8.88 和图 8.89 显示了井的实际产量。图 8.88 为低于 $P_{10}$ 的各家服务公司的总产量。此处解释一下如何计算图中标示的数字,对于每口井,从 $P_{10}$ 产量中减去实际产量(180d 累计产气量),$P_{10}$ 产量是应用第 8.9 节中介绍的蒙特卡洛模拟程序计算的,然后对各服务公司完成的所有井得到的上述差值求和。

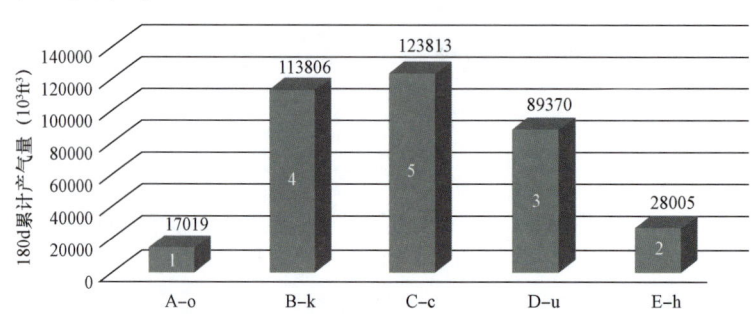

图 8.88 各服务公司完井的低于 $P_{10}$ 值的总产量

图 8.89 中显示的数字是通过将总产量(图 8.88)除以各服务公司完成的井数计算得出的。比较图 8.85 至图 8.89 中所示的数字,可以得出以下结论,服务公司"A-o"实施的完井和压裂作业质量在五家服务公司中最高,其次是服务公司"E-h"。此外,这些图表明服务公司"D-u"在这些服务公司中的完井和压裂作业质量最差。

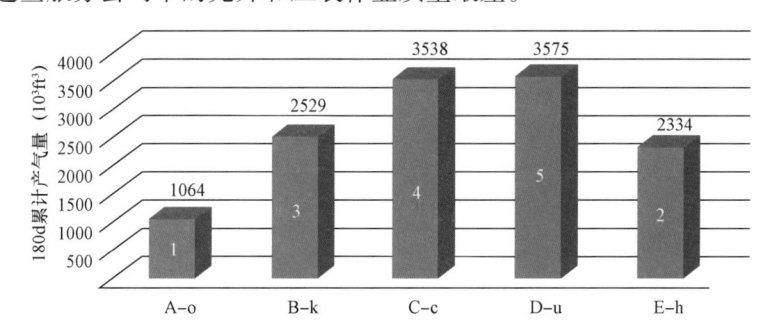

图 8.89　各服务公司完井的低于 $P_{10}$ 值的井平均单井产量

# 第9章  页岩数值模拟与智能代理[1]

理论和实际应用表明,数值模拟技术在页岩油气生产模拟中缺乏有效性。多年来,笔者一直密切参与此类研究。任何数值模拟方法在页岩油气井生产数值模拟中都难以模拟实际情况并获取理想的结果。笔者得出的结论是鉴于数值模拟模型缺乏基于实际情况的约束条件,可以从数值模拟模型中获取希望获得的任何结果。国际一流石油公司中的许多经验丰富的油藏工程师都得出了相似的结论,甚至还有一些人公开表达了这样的观点。

本章主要介绍众多油藏数值模拟研究之一,该研究得益于一种称之为"智能代理"的新型数据驱动分析技术。

## 9.1 页岩油气井生产数值模拟

页岩油气生产数值模拟通过结合多种过去几十年来发展的技术模拟天然裂缝储层和传统流体流动机制以外的吸附和浓度梯度驱动的存储和运移规律。

### 9.1.1 离散天然裂缝建模

天然气—基质—裂缝系统模拟及快速可靠的气藏评价技术是制订页岩油气开发方案的关键。在过去的数年中,油藏数值模拟技术被许多运营商和服务公司广泛用于页岩气藏产量优化及储量计算。

双重连续介质模型是模拟裂缝系统的常用方法,已在行业内得到广泛的应用(图9.1)。Barenblatt等[68],Warren和Root[69]首次建立了描述双孔介质中流体流动的数学模型。双孔介质流动模型假设单相流体为拟稳态流,流体由基质系统向裂缝系统运移。Warren和Root提出的单相流模型后续被扩展为多相流模型[70-73],并开发了双孔模拟器。这些新的模拟器能够模拟基质—裂缝间的非稳态和瞬态流体传输规律。双孔模型利用一组均匀的基质块和裂缝模拟天然裂缝介质,如图9.1所示。

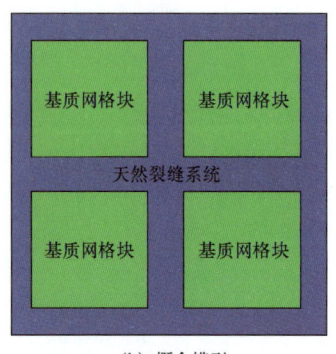

图9.1 双孔模型数值和概念模型

---

[1] 本章作者:Amir Masoud Kalantari 博士,堪萨斯大学。

双孔模型后续发展为考虑基质到基质和裂缝到裂缝系统流体流动的双重渗透率模型,可用于模拟页岩气储层水力压裂诱导裂缝中的气体不稳定流[74,75]。通过引入双重流动机理(流体在基质系统中流动遵循达西定律和Fick扩散定律),利用动态滑脱因子表征煤层或页岩储层中的气体流动[76]。

随机生成是天然裂缝离散建模(DFN)的常用技术。利用井筒成像测井(如FMI)可预测离散裂缝模型的一些初始条件并用于生成随机裂缝。根据断裂点倾角、方位角、平均裂缝长度、开度、裂缝中心点密度等参数(估算与预测)采用随机算法即可生成离散天然裂缝网络。

FMI解释的裂缝比原始页岩裂缝更易于在水力压裂中开启。实践表明所有类型解释裂缝都是天然裂缝的组成部分,这些裂缝一定程度上控制了水力压裂诱导裂缝的密度及分布。原始地应力场和地质力学特征等其他重要因素也直接影响复杂裂缝网络的形成。

生成的离散裂缝网络(DFN)模型将进一步粗化至双重连续介质(双孔模型或双孔—双渗模型)流动模拟所需的网格属性。粗化后新网格属性包括裂缝渗透率(对角张量或全张量),裂缝渗透率和形状因子(基质—裂缝传输函数)。最后通过历史拟合确定每个网格的最终属性。裂缝孔隙度计算公式如下:

$$\phi_f = 裂缝总面积 \times 裂缝开度 \div 网格体积 \tag{9.1}$$

在给定网格的 $i$、$j$ 和 $k$ 坐标方向上裂缝间距(基质块尺寸)对应的形状因子数值表达式为:

$$\sigma = 4\left(\frac{1}{L_i^2} + \frac{1}{L_j^2} + \frac{1}{L_k^2}\right) \tag{9.2}$$

式中　$\sigma$——形状因子;

$L_i$——$i$ 方向上的裂缝间距;

$L_j$——$j$ 方向上的裂缝间距;

$L_k$——$k$ 方向上的裂缝间距。

### 9.1.2　诱导裂缝建模

在认识页岩储层复杂物理过程和建模外,完井驱动油气藏的经济产量主要取决于大规模多簇压裂形成的裂缝性质及其与岩石结构的相互作用。然而,这些复杂裂缝网络的存在使得页岩储层建模尤为复杂。

水力压裂现场施工数据(如支撑剂数量、支撑剂尺寸、段塞体积、注入压力和速度等)无法直接用于数值模型。因此,解析和半解析技术可用于模拟水力压裂裂缝的起裂和扩展,并通过考虑应力和地质力学状态计算(估算)裂缝性质。解析和半解析技术获取的裂缝性质以网格属性的形式用于储层模拟。

显式水力裂缝建模(EHF)和储层改造体积(SRV)是数值模拟中考虑水力压裂措施的两种主要方法,其中每种方法都需要恰当的网格划分技术。在页岩生产数值模拟中考虑水力压裂裂缝建模的不同方法中,显式水力裂缝建模是一种最具体和复杂的方法。尽管该方法比较复杂,但能够将不同簇(段)的水力压裂数据嵌入模拟模型中。

显式水力裂缝模型有耗时耗力和计算量巨大的缺点,模拟计算仅局限于单个平台。页岩油气藏建模研究进展显示几乎所有页岩油气藏生产模拟都以单井为研究对象[29,77-79]。这也显示了页岩油气藏生产模拟技术的复杂性和局限性,尤其在多平台或全区数值模拟研究时尤为突出。

储层改造体积是另一种用于模拟页岩油气藏水力压裂形成及扩展裂缝的替代技术。该方法最初是根据微地震监测事件计算(估算)水力压裂裂缝的延伸和方向。与显式水力裂缝建模方法相比,储层改造体积通过对井眼周围具有较高渗透率区域的水力压裂进行体积建模,从而实现简便快速建模和模拟研究。依靠微地震监测技术和简单的诊断曲线[80-82],前人针对页岩储层水平井眼周围的储层改造体积几何形态开展了大量研究探讨。然而,多数研究都未通过页岩油气藏实际生产数据进行定量校正。

另一方面,多数页岩油气藏生产数值模拟中都未使用微地震监测数据。因此,仅通过改变井眼周围储层渗透率而不考虑水力压裂施工数据的简化历史拟合过程,使得改造体积建模方法存在误区,即使获得良好的历史拟合结果也难以实现准确的预测。为了将数值模拟用于页岩油气藏管理,当微地震裂缝监测数据受限时,可通过水力压裂施工数据(现场数据)对水力压裂裂缝进行刻画,此时显式水力裂缝建模是一种物理上更为准确的方法。目前唯一的问题是探索模型开发和模拟运行时间的解决方法。

## 9.2 案例分析:马塞勒斯页岩

为了对宾夕法尼亚州西南部的马塞勒斯页岩的一个多水平井平台开展数值模拟研究,开发了一个完整的工作流程。该工作流程通过采集页岩储层的本质特征定量模拟页岩气生产过程,如图9.2所示。

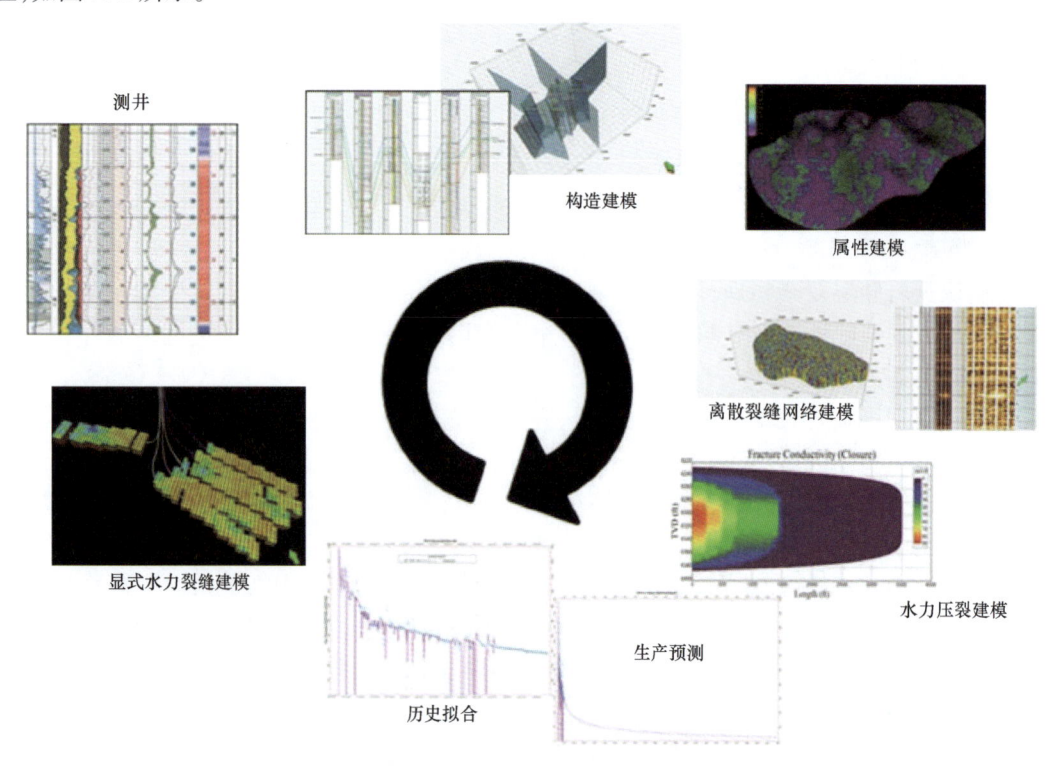

图9.2 马塞勒斯页岩地质建模至数值模拟研究工作流程

## 9.2.1 地质(静态)模型

构建近井储层精细地质模型,需要集成井筒测试数据(如岩心分析、测井等)描述储层横向非均质性和岩石属性变化规律。利用取自宾夕法尼亚州西南部马塞勒斯页岩的77口井数据建立本研究所用的地质模型。

属性建模是通过使用一切可用的地质数据赋予网格离散或连续的属性。利用序贯高斯模拟(SGS)生成所有属性的统计分布,包括不同类型岩石的基质孔隙度、基质渗透率、净毛比、储层厚度、TOC及地质力学参数,如体积模量、剪切模量、杨氏模量、泊松比和最小水平应力等。

马塞勒斯页岩厚度变化范围大,由几米到超过76.2m,储层厚度整体向东呈增加趋势。由于井眼轨迹(井斜)、靶体位置和压裂段数差异,可完全或部分接触产层。地层净毛比为0.74~0.98,基质孔隙度5.0%~12.5%,基质渗透率0.00018~0.00019mD。下马塞勒斯页岩的基质孔隙度、基质渗透率、净毛比和TOC整体高于上马塞勒斯页岩。

为实现该工作流程,利用21井次FMI测井数据建立马塞勒斯页岩中天然裂缝分布模型。对FMI测井解释裂缝进行分类和分析,并在每口井多个深度点提取倾角和方位角两个重要属性。然后利用裂缝数据生成强度测井数据,作为裂缝密度体用于生成离散裂缝网络。通常,合理的属性驱动借助随机模拟可获取裂缝强度的3D分布。当井控裂缝倾角和方位角设置为常数时,利用2D或3D属性和裂缝几何形态可生成离散裂缝网络模型,该模型可通过ODA❶方法进行粗化。

计算水力压裂裂缝属性并嵌入模拟模型是动态模拟前的最后一个环节。利用652段1893簇水力压裂数据(原始数据)直接计算水力裂缝属性(如裂缝长度、高度、孔隙度和裂缝导流能力等),所使用的水力压裂数据包括支撑剂用量、支撑剂尺寸、前置液量、段塞液量、注入压力和速率、流体滤失量、井眼轨迹、射孔、地质力学属性和地应力等。

## 9.2.2 动态模型

受气藏整体数值模拟计算量的限制,选择研究区域中一个6口水平井的平台(WVU平台)开展历史拟合。建立一个由离散基质块和通过网格加密显式表征水力压裂裂缝的双孔动态模型,模型由200000个网格组成,包括三层未加密和九层加密网格模拟层。

通过局部网格加密将每个原始模拟网格在横向上和纵向上分别划分为7个和3个网格块。模拟模型中最小网格宽度0.30m,主要用于模拟水力压裂裂缝,具有计算的水力裂缝特征。根据WVU平台三年的生产历史对每口气井进行了历史拟合。图9.3给出了整个研究区域77口气井分布及用于历史拟合的WVU平台位置。

## 9.2.3 历史拟合

页岩气模拟模型开发的最后一步是通过调整地质模型及参数使模拟模型能够以合理的精度重现产气和井底压力历史过程。历史拟合等同于解决反问题,意味着存在多解性且新模拟模型可能有别于基础地质模型。

---

❶ ODA方法根据每个网格中裂缝的几何形态和分布建立渗透率张量。该方法根据每个网格中裂缝数量和尺寸进行统计分析。该方法建模速度快,但未考虑裂缝的连通性,在低裂缝强度时会低估裂缝渗透率。

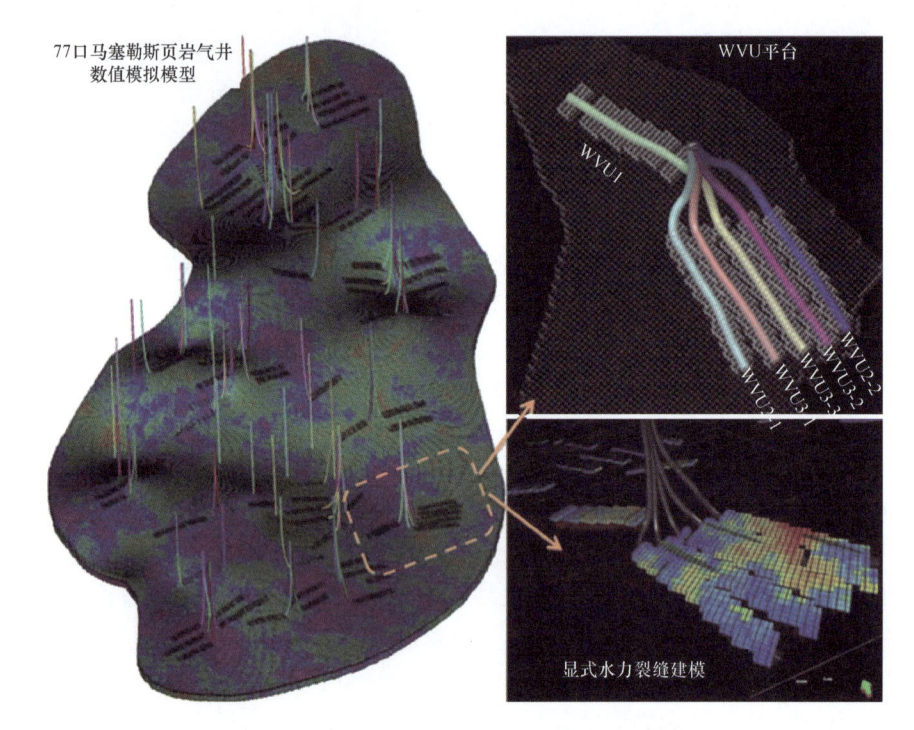

图 9.3　模拟模型三维视图及 WVU 平台模型

通常,在建模和模拟过程中两项最为耗时的任务就是数据收集和历史拟合。简化数据采集通常会增加历史拟合所需时间,有限或低质量数据都需要额外反复的迭代。另外,显式水力裂缝模型长模拟运行时间增加了历史拟合过程的复杂性。

值得注意的是几乎所有页岩地层的数值模拟研究都基于单井模型(截至撰写本书时间)。除了耗时的模型建立过程和模拟过程庞大的计算量外,多井平台中水力裂缝之间的干扰作用也增加了历史拟合的复杂性。拟合气井中基质和天然(水力)裂缝性质的细微调整都会对其他水平井历史拟合结果产生正向或反向的影响,应予以考虑。

历史拟合过程中,数值模拟器以井底流动压力控制模式运行,并将实际监测日产气量设置为拟合目标。通过手动调整关键储层参数(如基质孔隙度、天然裂缝孔隙度、天然裂缝渗透率、岩石粒度等)、水力裂缝参数(如水力裂缝长度和导流能力)和表皮因子等其他完井相关参数实现所有单井和平台历史拟合。图 9.4 给出了 WVU 平台 6 口水平井历史拟合结果。图中点状曲线为实际天然气产量,实线为模拟结果。

## 9.3　智能代理建模

智能代理建模是数据驱动建模技术在数值模拟和建模中的创新应用。这是如何开发代理模型以最大程度发挥数值模拟模型效用的方式转变。本章重点展示如何开发页岩气井数值模拟的智能代理模型。

### 9.3.1　代理服务简介

代理建模被广泛用于重现高保真数值模拟模型的功能及协助开发方案编制、不确定性定

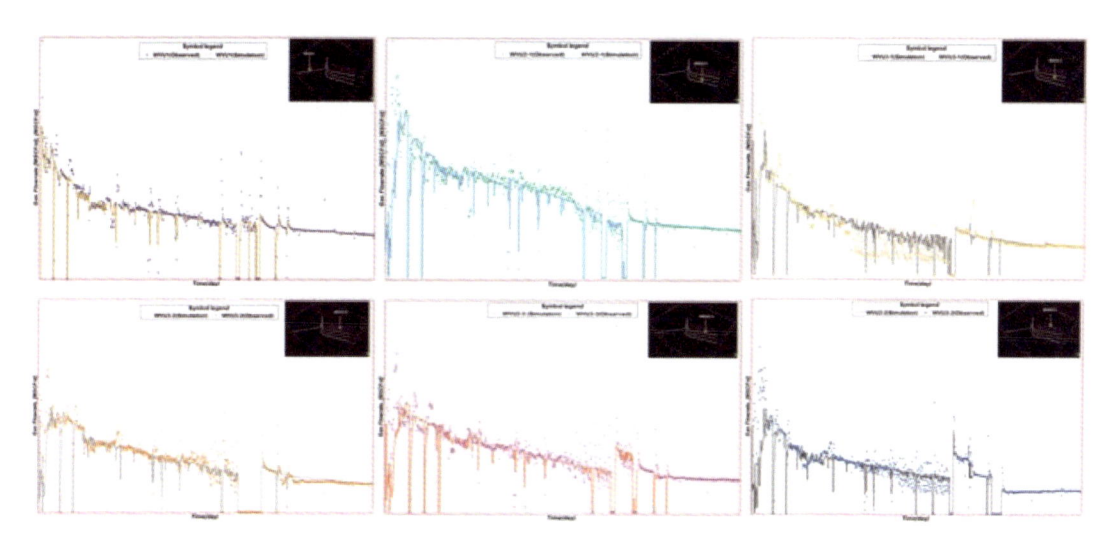

图 9.4 WVU 平台 6 口水平井历史拟合曲线

量分析、施工设计优化和历史拟合。石油天然气领域常用的代理模型包括降阶模型和响应面，两者均借助近似问题和(或)解空间减少模拟运行时间[83]。响应面是基于统计的代理模型，为实现不确定性分析及优化，需要数百次模拟运行达到数值模拟预定的功能。

Mohaghegh[84]指出尤其将统计用于有明确物理意义的问题时，存在两个众所周知的问题:(1)"相关关系与因果关系";(2)提前赋予所分析数据预定的函数形式，如线性、多项式、指数等。当给定复杂问题的数据不遵循预定的函数形式和(或)多次改变形式时该方法不再适用。

智能代理采用不同的方法建立代理模型。智能代理模型与降阶模型不同，其物理意义和时空分辨率不会下降，也不会使用通常用于开发响应面的预定义函数形式。一系列符合系统理论的机器学习算法用于训练，其最终目的是准确模拟页岩气藏数值模拟模型开发的复杂性。

多个相互连通的自适应神经模糊系统是这些模型开发的核心。本书前面章节介绍了人工神经网络和模糊系统。神经模糊系统是这两项技术的组合和集成。目前已经发表了一些有关智能代理开发和验证的文章[84-89]。

### 9.3.2 射孔簇代理建模

集成时空数据库搭建是构建智能代理模型的起点和最重要的环节。通过将基质、天然裂缝性质、水力裂缝特征和解吸附特征及约束条件进行耦合可以建立一个综合的时空数据库。该综合时空数据库作为数值模拟器的输入数据，并根据模拟模型计算气产量。智能代理模型需要学习该数据库中流体在页岩系统中的流动规律。当已开发的代理模型得到了盲模拟验证，便可用于气藏管理和方案制订。

为了建立一个全面翔实的数据库，除历史拟合模型外，还补充了其他九个方案以完全获取 77 口水平井所在研究区域的不确定性(图 9.3)。利用生成的时空数据库将高度非线性和复杂的页岩特征传递至多层前馈反向传播神经网络。经过校准的神经网络能够重复包含 6 口水平井 169 簇水力压裂裂缝数值模拟模型的输出结果(产量剖面)。

页岩气产量随时间的变化特征(即流态变化)以三种数据驱动模型的形式在水力压裂射孔簇上以不同时间分辨率表征(前两个月为日数据、两个月至五年为月数据、五年至一百年为年数据)。图 9.5 给出了数据驱动模型开发的详细工作流程。智能代理是多个数据驱动模型的组合。

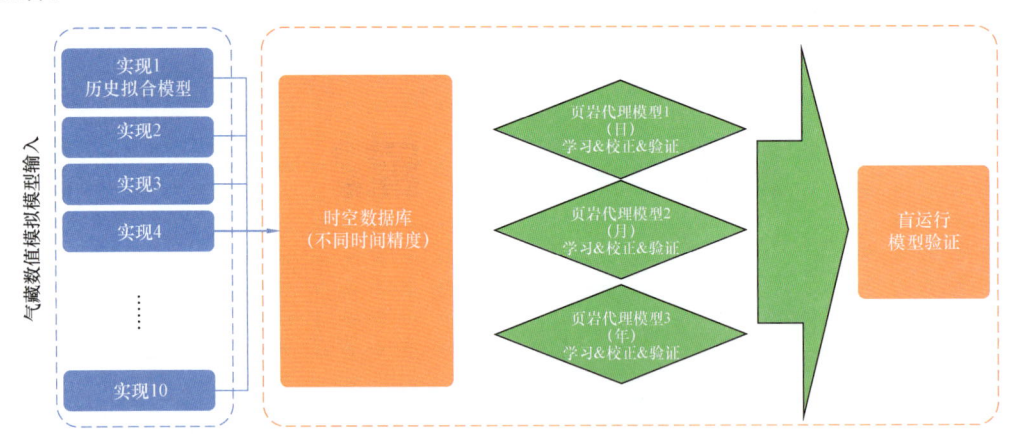

图 9.5 智能页岩代理模型工作流程

表 9.1 列出了根据 77 口气井实际属性直方图获取的用于时空数据库开发的输入参数及范围。为了考虑约束条件的可能变化并将其包含在数据库中,设计了 10 个不同井底压力剖面,包括恒定井底压力(1.38MPa、1.72MPa、2.07MPa、2.41MPa 和 2.76MPa)、井底压力上升剖面(1.03~3.79MPa)和井底压力下降剖面(17.24~0.62MPa)。

表 9.1 智能(数据驱动)页岩代理模型开发的主要输入数据

| 基质孔隙度 | 基质渗透率 | 天然裂缝孔隙度 | 天然裂缝渗透率 | 形状因子 |
| --- | --- | --- | --- | --- |
| 0.054~0.135 | 0.0001~0.00097mD | 0.01~0.04 | 0.001~0.01mD | 0.005~0.6 |
| 水力裂缝高度 | 水力裂缝长度 | 水力裂缝导流能力 | 岩石密度 | 净毛比 |
| 30.48~38.10m | 60.96~335.28m | 0.15~1.65mD·m | 1.60~2.89g/cm$^3$ | 0.75~0.98 |
| Langmuir 体积 | Langmuir 压力 | 扩散系数 | 吸附时间 | 原始气藏压力 |
| 1.13~2.41m$^3$/t | 4.14~6.00MPa | 0.0465~0.2601m$^2$/d | 1~250d | 20.69~29.57MPa |

每个模拟方案和时间步长都对应具体的静态参数和动态参数,以生成唯一的案例用于训练和验证。引入"层级系统"定义考虑不同网格块的属性对每簇生产的影响。定义了三个不同层并通过粗化对应层中所有网格块属性来计算每个层的属性。图 9.6(左图)给出了层系统和本次研究中使用的三种层类型。

第 1 层:包括水力压裂簇的所有加密网格块。

第 2 层( - 和 + ):包括延伸至第一层北部( + )和南部( - )的余下网格块,平面和纵向上延伸至气藏边界或相邻水平井水力压裂裂缝。

第 3 层( - 和 + ):第 1 层和第 2 层之外的网格块。

除此之外,根据相对位置将射孔簇划分为四类,根据射孔簇分类研究簇间干扰效应。图 9.6(右图)给出了每种射孔簇类型的定义及示意图。

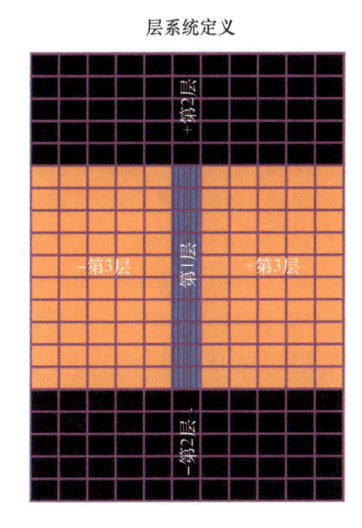

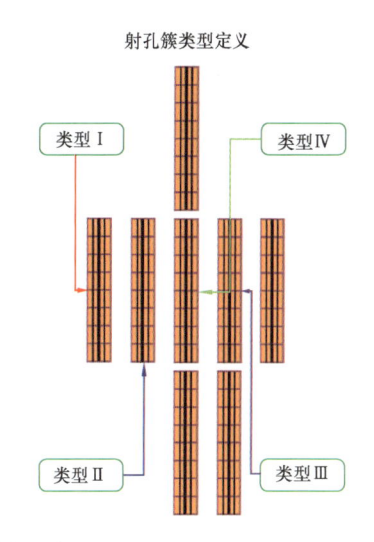

图 9.6　层系统及射孔簇类型定义

类型Ⅰ:存在一个相邻射孔簇共享泄气区域。
类型Ⅱ:存在两个相邻射孔簇共享泄气区域,泄气区域共享程度高于类型Ⅰ。
类型Ⅲ:存在三个相邻射孔簇共享泄气区域,泄气区域共享程度高于类型Ⅰ和类型Ⅱ。
类型Ⅳ:存在四个相邻射孔簇共享泄气区域,泄气区域共享程度最高。

### 9.3.3　模型开发(训练和校正)

以水力压裂射孔簇为单元开发了三种不同时间分辨率的数据驱动模型。第一个数据驱动模型设计以每天为时间步长($10^3 ft^3/d$)重现每个射孔簇及整个水平段的生产过程。第二个数据驱动模型设计以每月为时间步长($10^3 ft^3/mon$)模拟前 5 年的生产过程。第三种数据驱动模型设计以年为时间步长($10^3 ft^3/a$)预测 100 年的天然气产量。三个数据驱动模型组合形成最终页岩智能代理模型。下文对每个数据驱动模型的详细信息和结果进行详细叙述。

#### 9.3.3.1　早期智能代理模型(早期不稳定流阶段)

通过生成具有不同储层性质、吸附属性(吸附时间和 Langmuir 吸附曲线)、水力裂缝构成及操作条件的 1690 个(169 簇×10 个运行模式)生产剖面,建立一个含有 98020 对输入输出数据的典型数据库。该数据库用于训练、校准和验证包含 55 个隐藏神经元的多层前馈反向传播神经网络,以在非线性和多维问题中进行模式识别。

通过训练、校正和验证过程确定了页岩日产气量关键输入参数。分析结果显示水力裂缝导流能力和天然裂缝渗透率是马塞勒斯页岩气井前两个月生产的主控因素。对气井前两个月生产影响较小的参数包括控制页岩气体解吸附、扩散和吸附气含量的吸附时间、Langmuir 压力常数和 Langmuir 体积常数。

时空数据库 70% 用于训练,15% 用于校正,剩余 15% 用于验证。图 9.7 给出了训练、校正和验证过程代理模型和数值模拟器输出的日产气交会图。图中 $x$ 轴对应神经网络预测的日产气量,$y$ 轴对应气藏数值模拟器输出的日产气量。

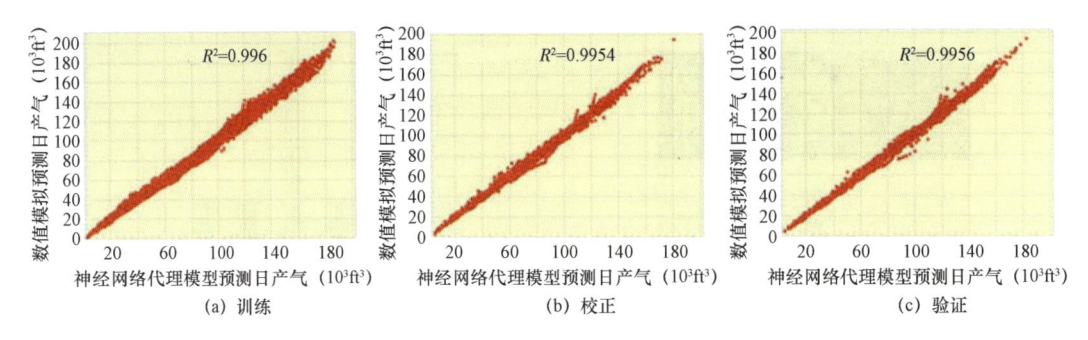

图9.7 神经网络—日数据代理模型训练、校正和验证结果

所有步骤中 $R^2$ 均大于0.99，展示了日数据页岩代理模型的有效性。图9.8给出了气藏数值模拟与代理模型输出日产气量的比较示例以及智能代理模型输出的某些特定射孔簇的日产气预测结果。图9.9给出了部分气井与射孔簇相似的产气预测结果（叠加一口井中所有射孔簇的产气效果）。

所有产气曲线图中蓝色圆点代表数值模拟器计算的日产气量数据，红色实线代表智能（数据驱动）页岩代理模型的预测结果。智能代理模型结果具有高度自描述性，可用于预测每个水力压裂射孔簇和水平井前两个月日产气量。此外，射孔簇级别产量预测可视为每个时间步内生产测井记录合成（生产测井工具）量化每个射孔簇的产量贡献。

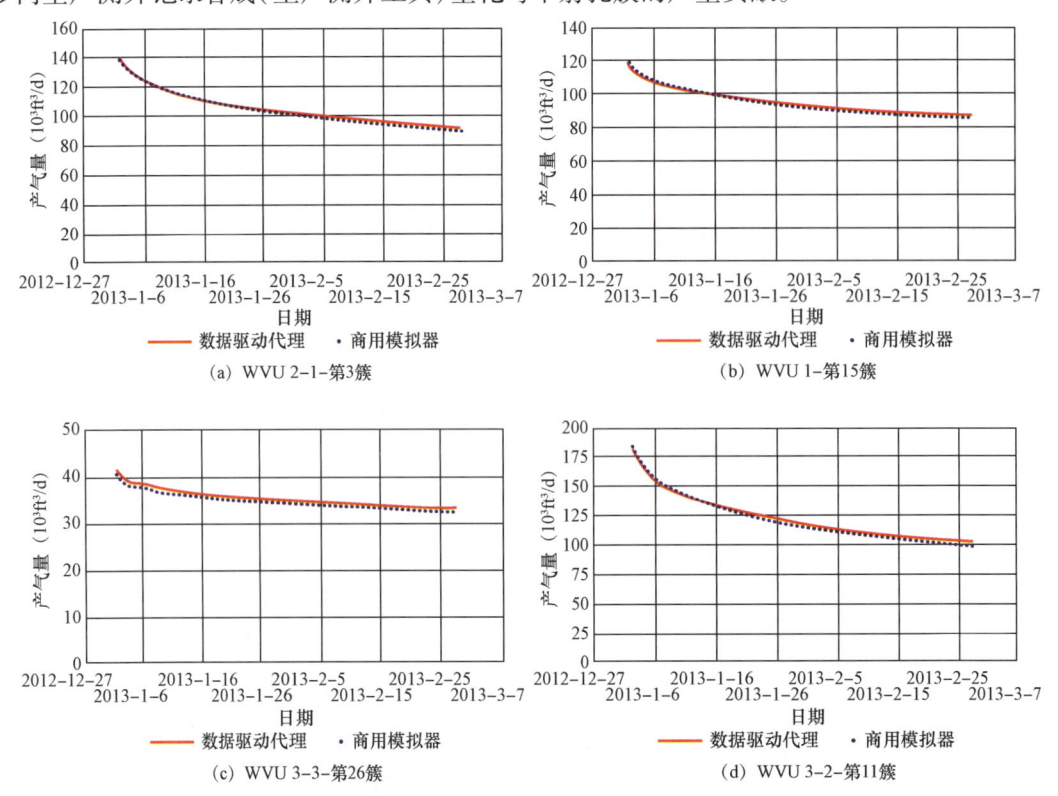

图9.8 部分射孔簇数值模拟与页岩代理模拟预测日产气量对比曲线

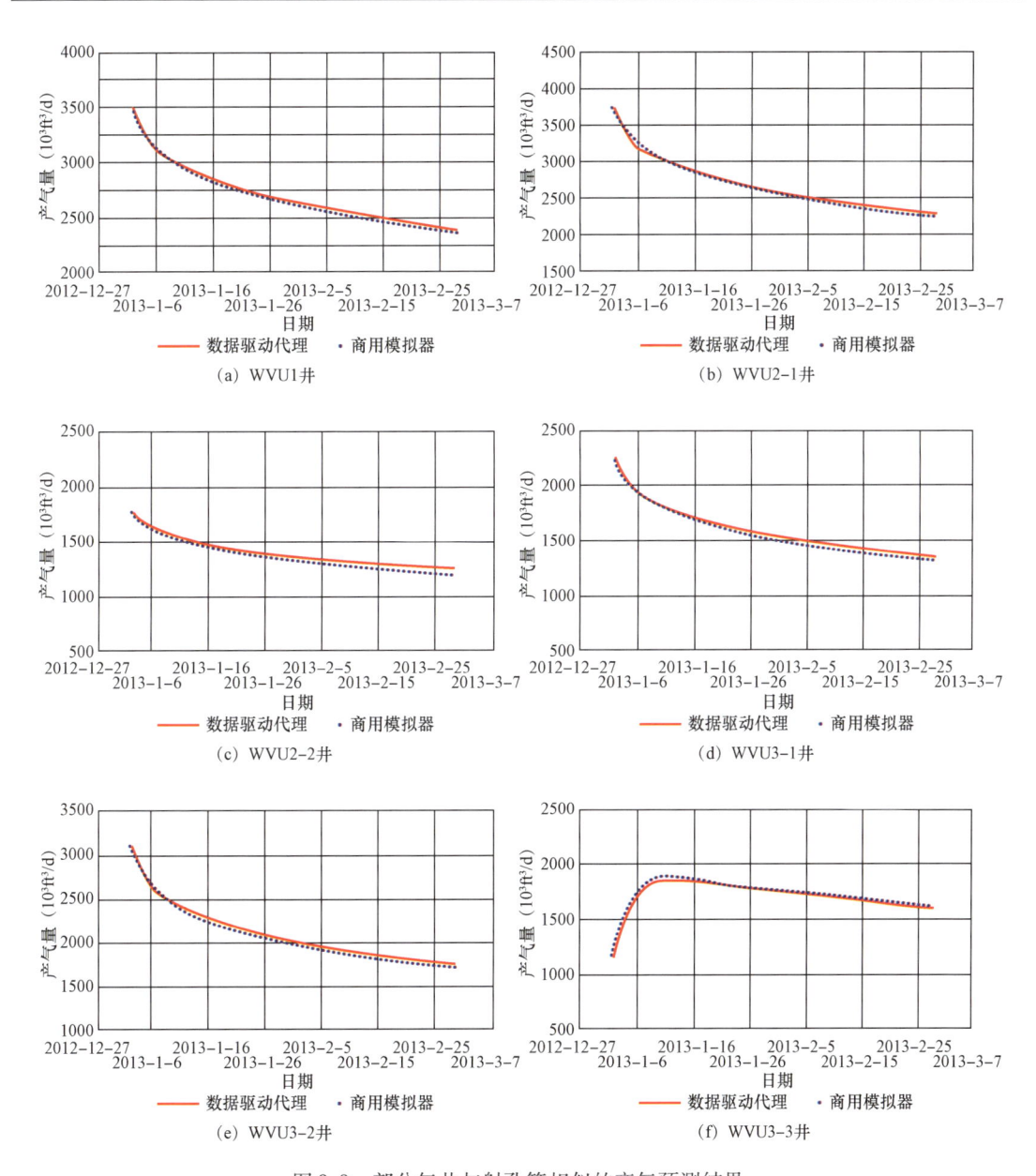

图 9.9　部分气井与射孔簇相似的产气预测结果

#### 9.3.3.2　中期智能代理模型(晚期不稳定流阶段)

第二个智能(数据驱动)代理模型利用 101400 对输入—输出训练数据重现前 5 年的每月天然气产量。月数据页岩代理模型(数据驱动)开发遵循第一个日数据代理模型的流程。采用关键绩效指标(KPI)分析方法确定每个参数对月产气量(前 5 年)的影响。关键绩效指标分析结果显示生产时间、天然裂缝渗透率、井底流动压力以及孔隙度是影响月产气量的主要因素。

影响簇间干扰的射孔簇位置和控制基质—裂缝流动的形状因子是影响气井产量的第二重

要参数。另外,Langmuir 体积常数、Langmuir 压力常数、扩散系数和吸附时间等吸附参数对气井前 5 年产气效果影响很小。

图 9.10 给出了用于训练、校正和验证的智能代理模型预测月产气量和数值模拟预测值交会图。图中 $x$ 轴代表智能代理模型生成的月产气量,$y$ 轴代表数值模拟预测的月产气量。

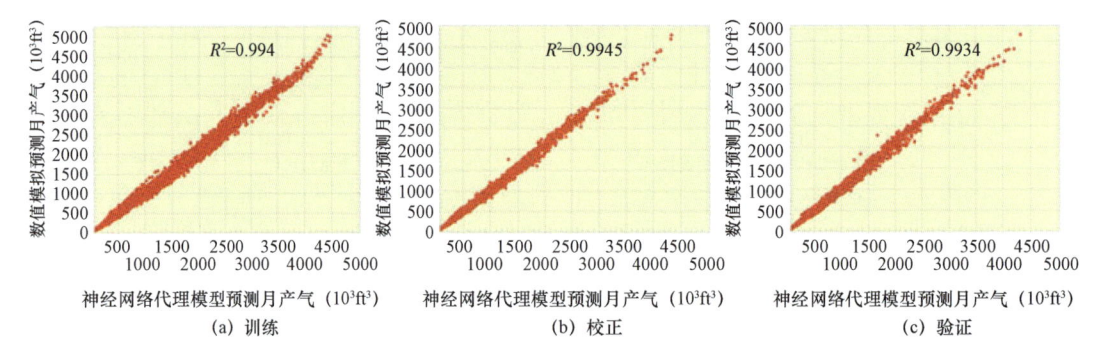

图 9.10　智能代理模型和数值模拟预测值交会图训练、校正和验证结果

在所有环节(训练、校正和验证)中,$R^2$ 数值均大于 0.99,验证了月数据代理模型的准确性。图 9.11 给出了部分示例的对比,针对数值模拟器和页岩代理模型预测的天然气月产量进行了对比。图 9.12 给出了具体气井相似的对比结果(叠加一口井中所有射孔簇的产气效

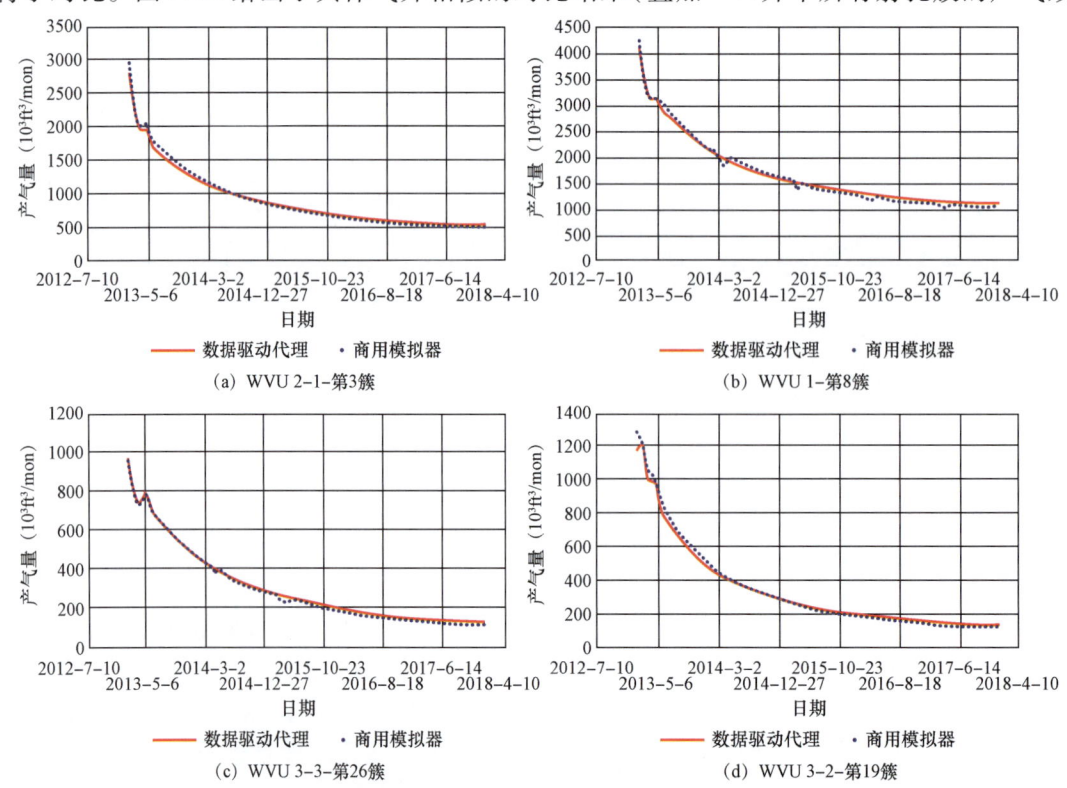

图 9.11　部分射孔簇数值模拟与页岩代理模拟预测月产气量对比曲线

果)。所有产气曲线图中蓝色圆点代表数值模拟器计算的月产气量数据,红色实线代表智能(数据驱动)页岩代理模型的预测结果。

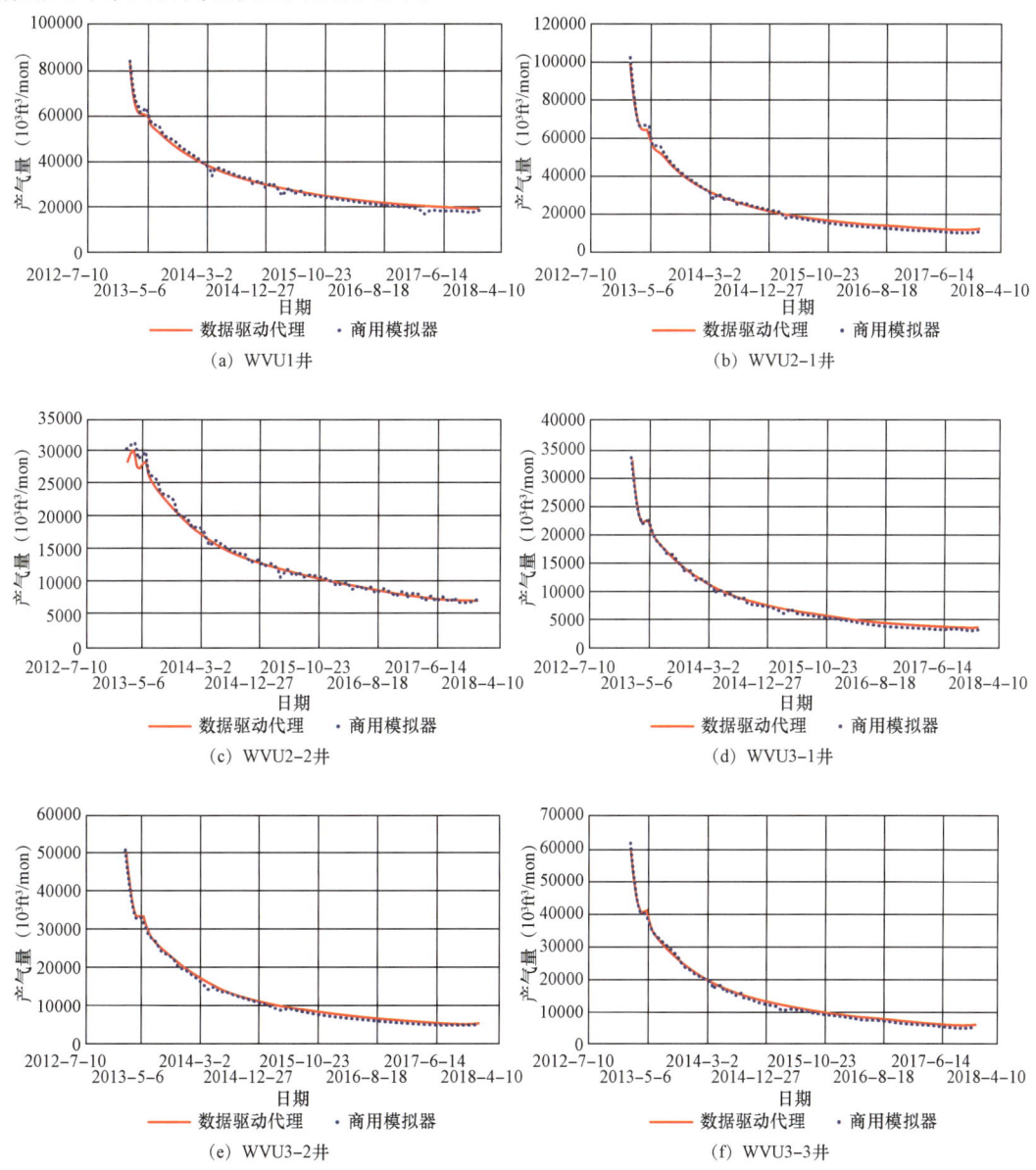

图 9.12 气井数值模拟与页岩代理模拟预测月产气量对比曲线

### 9.3.3.3 末期智能代理模型(拟稳态流阶段)

利用包含 169000 对输入—输出数据的时空数据库开发第三个页岩代理模型,该模型能够预测 100 年的天然气年产量。生产时间、吸附时间、Langmuir 吸附等温线、天然裂缝渗透率和基质渗透率以及净毛比是影响页岩气井 100 年产气效果的关键参数。

图 9.13 给出了数值模拟器和智能代理模型在训练、校正和验证环节输出的年产气量对比交会图。

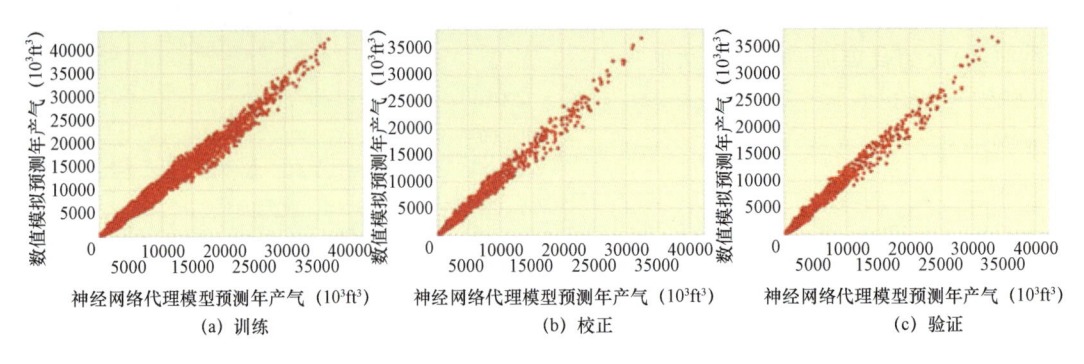

图9.13 神经网络年数据智能代理模型输出训练、校正和验证结果

图9.13中 $x$ 轴代表智能代理模型生成的年产气量，$y$ 轴代表数值模拟预测的年产气量。训练、校正和验证环节计算的 $R^2$ 数值约为 0.99。

图9.14 给出了部分射孔簇数值模拟和智能代理模型输出的年产气量对比示例。图9.15 给出了具体气井相似的对比结果（叠加一口井中所有射孔簇的产气效果）。所有产气曲线图中蓝色圆点代表数值模拟器计算的年产气量数据，红色实线代表智能（数据驱动）页岩代理模型的预测结果。

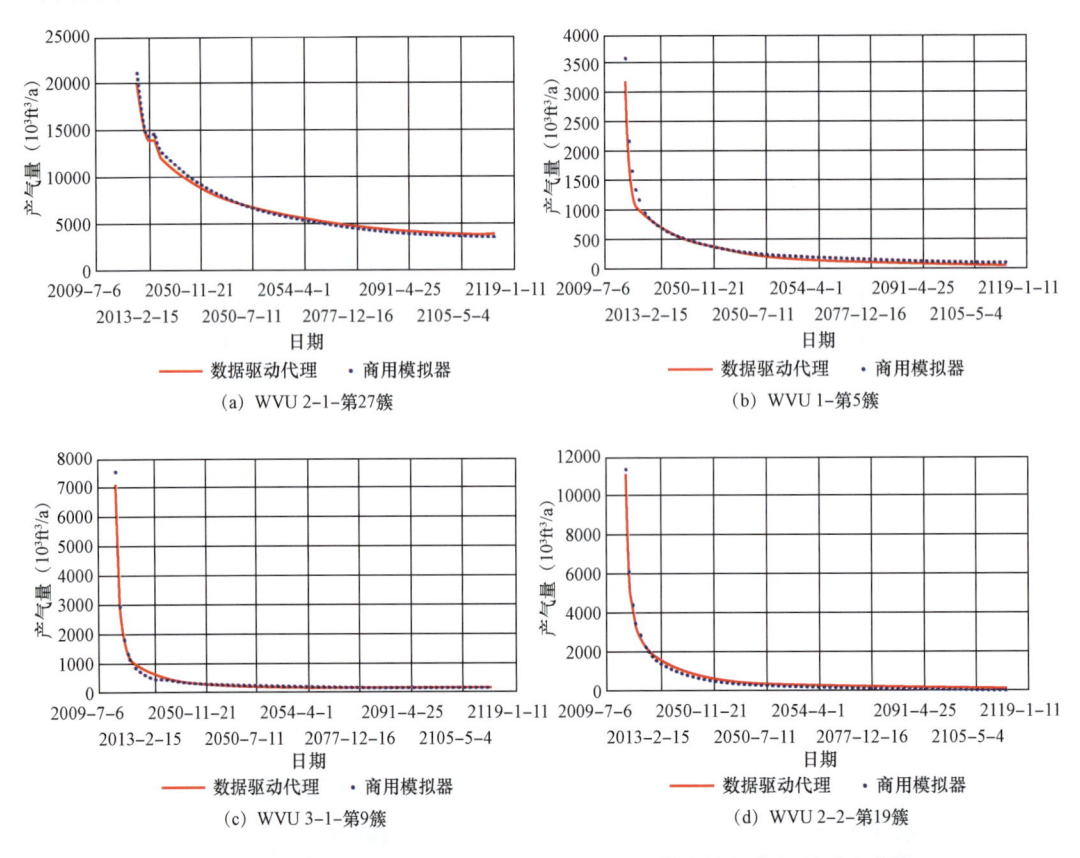

图9.14 数值模拟器和页岩代理模型输出的部分射孔簇年产气量对比曲线

(a) WVU1井

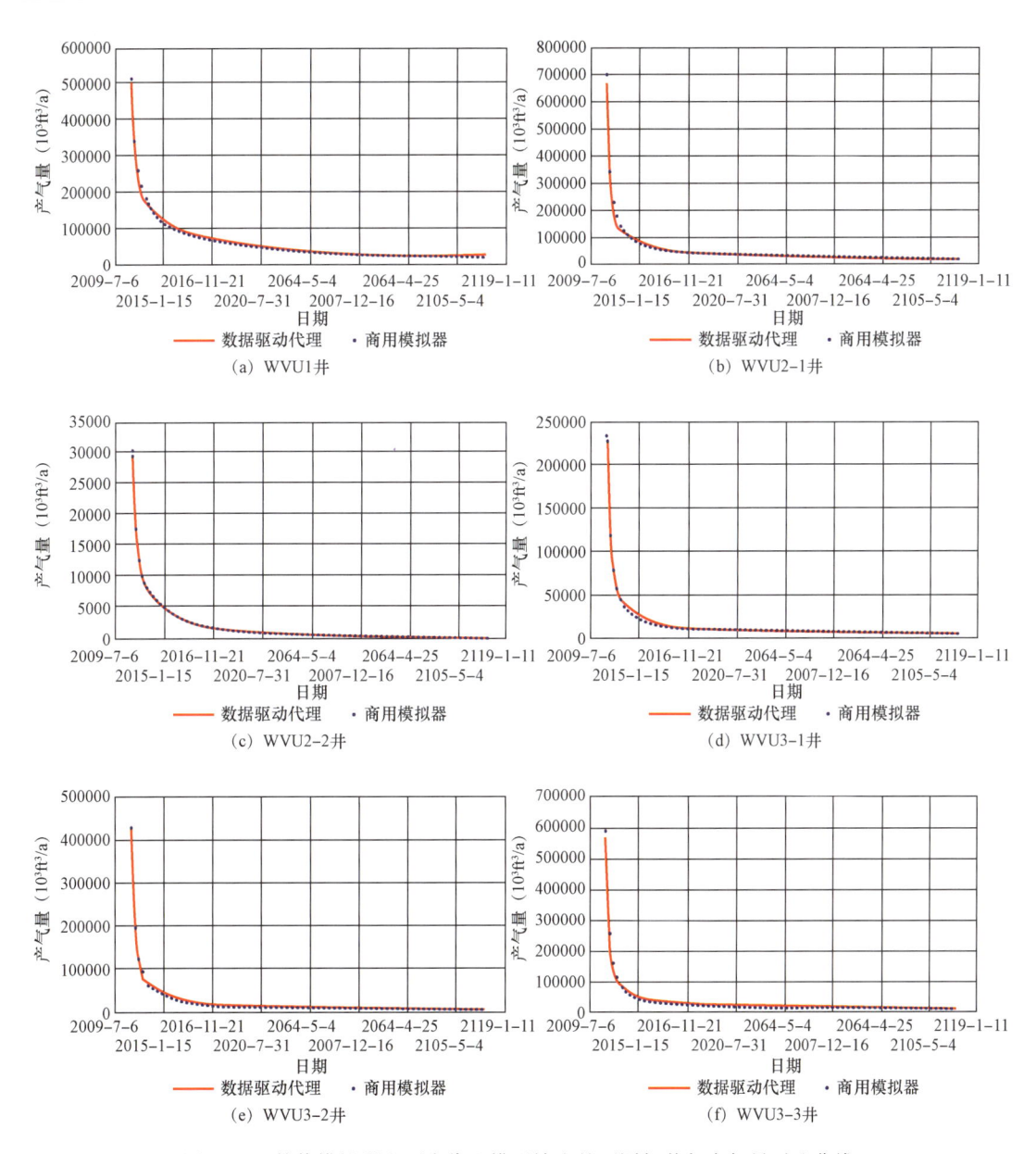

(b) WVU2-1井

(c) WVU2-2井

(d) WVU3-1井

(e) WVU3-2井

(f) WVU3-3井

图9.15 数值模拟器和页岩代理模型输出的不同气井年产气量对比曲线

如图9.14和图9.15所示,智能代理模型重新生成了商业化数值模拟器(蓝点)模拟的天然气年产量曲线(红色实线),用于射孔簇和水平井的100年产量预测。

所有方案中唯一的问题是,用于年产量的智能代理模型无法识别前5年的不稳定生产特征。这也是开发前两个日数据和月数据智能代理模型存在的主要原因。通过将日数据和月数据智能代理模型结合可解决该问题。换言之,利用月数据代理模型输出结果替换年数据代理模型前5年的输出结果,由此可显著改善预测结果。图9.16和图9.17给出了四个射孔簇的改进示例(图9.14)和WVU2-2水平井的改进预测结果(图9.15)。

(a) WVU 2-2-第1簇

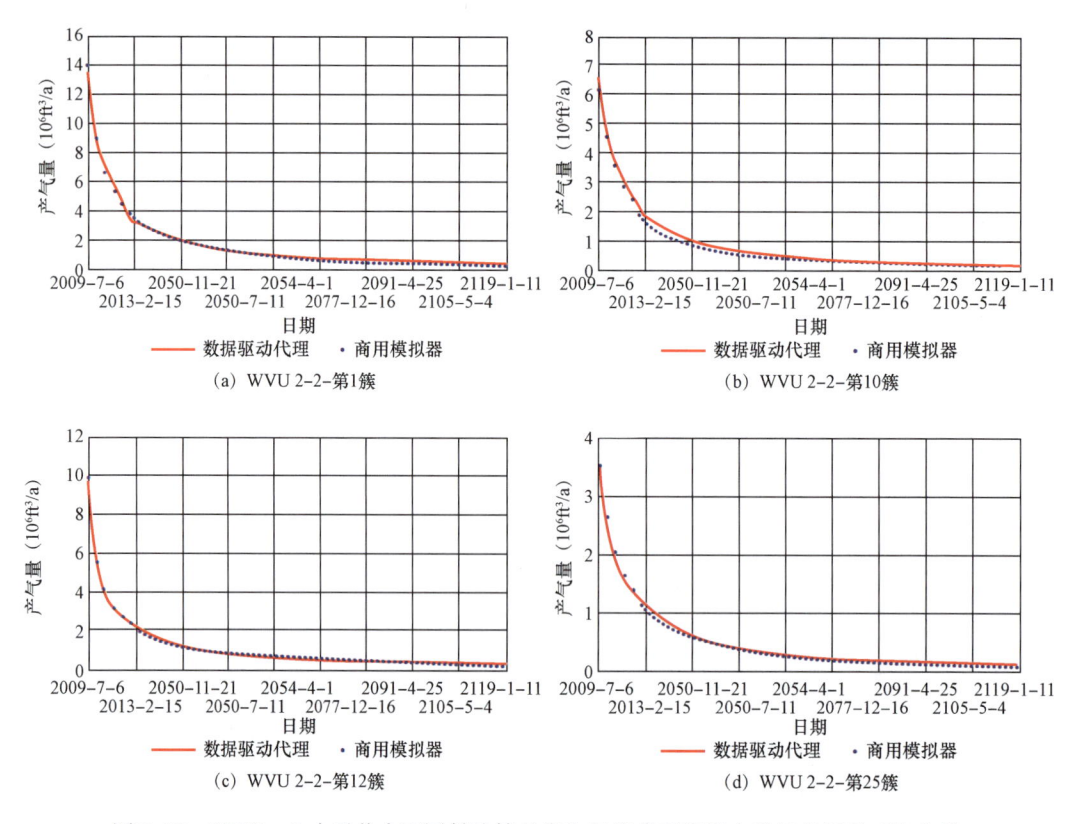

(b) WVU 2-2-第10簇

(c) WVU 2-2-第12簇

(d) WVU 2-2-第25簇

图9.16 WVU2-2水平井中不同射孔簇月度和年度代理模型合并年产气量对比曲线

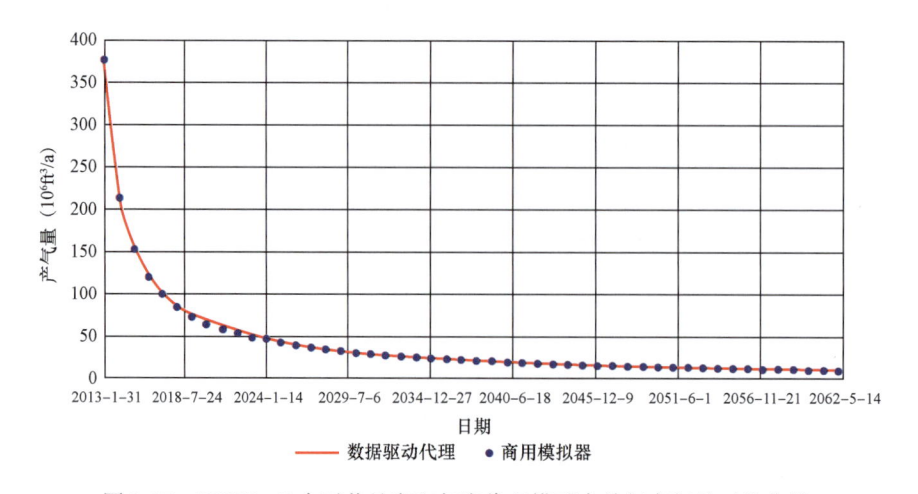

图9.17 WVU2-2水平井月度和年度代理模型合并年产气量对比曲线

## 9.3.4 模型验证(盲测)

智能代理模型开发期间,部分用于校正和验证的数据并未包含于训练数据集中。为了增加额外测试以检验开发的智能代理模型的预测性能,在不确定性范围内设计了一个新的模拟运行方法,该运行方案完全不同于前期在代理模型开发过程中(训练、校正和验证)使用的运行方案。设计的新模拟运行方案称之为"盲测"。

图 9.18 给出了用于盲测运行时已开发的智能代理模型的预测性能。该图中将每天,每月和每年(由上至下)不同时间分辨率的模拟计算天然气产量(蓝点)和智能代理模型输出结果(红线)进行了对比。

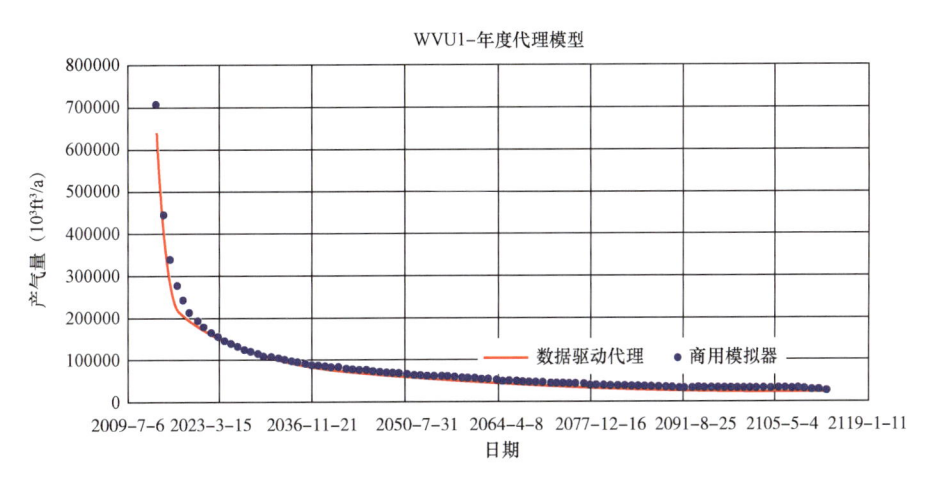

图 9.18 WVU1 水平井日度、月度和年度不同时间分辨率数据驱动代理模型盲测验证

选取平台中的 WVU1 水平井进行示例说明，其他所有气井均获得了相似的预测结果。合理的预测结果证实了已开发的智能代理模型的准确性，该页岩代理模型能够准确预测数值模拟器输出的结果。该页岩智能代理模型可在几秒钟内执行上千次运算并生成不同时间分辨率的生产剖面，以便进行详细快速的不确定性评估。由于数值模拟器单次运行需耗费数十个小时，因此利用数值模拟器执行上述运算方案完全不切合实际。

# 第10章 页岩全尺度储层建模

油气藏建模和模拟发展史显示几乎所有高产区块都采用全尺度油气藏模型(将全区块所有油气井建立一个综合模型)开展模拟研究。高产区块采用全尺度模型能够充分利用静态数据(地质、地球物理和油层物理数据)建立基础高分辨率地质模型并描述井间相互作用。

目前,页岩气藏数值模拟建模研究主要以单井产量模拟为主[29,77-79,90,91]。仅有两篇已发表的文章对页岩气藏多井模型模拟进行了讨论。其中一个研究针对区块中4口气井进行了建模模拟[92],第二个研究对15口页岩气井模型进行了研究[93]。问题是"为何不建立页岩气藏全尺度或综合模型?"

页岩全区数值模拟受限于两个关键问题,即模型计算量和页岩极低渗透率而导致井间无连通作用。模型计算量是页岩油气藏模拟的关键限制因素。页岩油气产量数值模拟实践表明,即使模拟平均具有45个水力射孔簇的单井模型(假设压裂15段,每段3簇),依然需要庞大的计算量。如果采用显式水力裂缝建模方法,该模型单次运行可能花费数十个小时(需要数百个CPU并行计算,单个CPU不可能完成模型庞大的计算量)。因此,对于包含数百口水平井的页岩气藏,包含每个水力压裂射孔簇(局部网格加密)详细信息的地质模型在模拟计算上是不可能实现的。此外,由于极低渗透率是页岩的特性,井间几乎不存在相互作用,这也验证了页岩单井或单元建模的合理性。

第一个限制因素(气藏全尺度建模计算量及工时)是执行单井(或单元)建模的合理客观原因(尤其是针对一些矿权面积或作业面积有限的企业或公司)。第二个限制因素仅仅是优势有限的一种借口。页岩油气井生产过程中井间相互连通已成为业界公认的事实。同一平台或相邻平台不同水平井间都存在井间连通。"裂缝沟通"是井间连通的常见现象。此外,本书页岩气藏全尺度模拟研究验证了考虑井间干扰作用的重要性。图10.1是马塞勒斯页岩"裂缝沟通"示例。

因此,有必要建立页岩气藏全尺度模型以充分利用投资和开发实践收集的数据,刻画井间相互作用以及储层连续性(断层)对生产的影响。由于页岩气藏全尺度模型可能需要数千万个网格(数值模拟模型),研究人员不得不探索其他可替代的解决方案。数据驱动气藏建模(全流程建模)提供了一种替代方法。

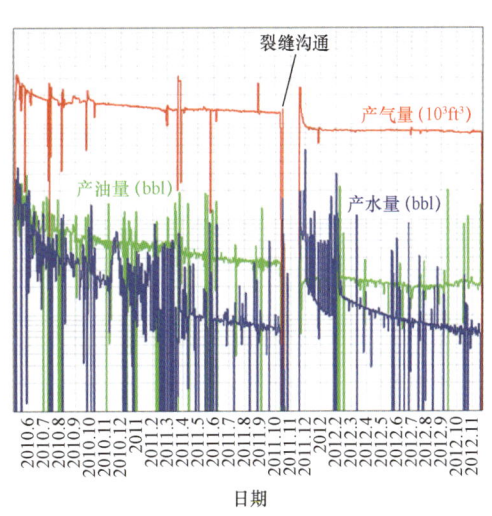

图10.1 马塞勒斯页岩气井"裂缝沟通"示例

## 10.1 数据驱动油藏建模简介

全流程建模是一种近期兴起的数据驱动油藏建模技术[94]（目前正在印刷一本"数据驱动油藏建模"的书籍，不久将由 SPE 正式出版）。数据驱动油藏模型是一种标准化、综合、多元、全尺度和经验油藏模型。模型中考虑了页岩油气开采的各个方面，包括储层性质、完井参数、水力压裂参数和生产特征。尽管页岩油气藏建模中通常采用常规方法建立单井模型[95]，数据驱动油藏建模技术能够对气藏全尺度外所有单井进行历史拟合，同时还考虑了补偿井的影响。

页岩油气藏全流程建模主要步骤如下。

（1）建立气藏时空数据库：数据驱动页岩油气藏建模的第一步是建立一个具有代表性的时空数据库（数据采集和预处理）。时空数据库刻画气藏流体流动特征的程度直接决定模型的潜在有效性。页岩数据驱动气藏全尺度模型的性质和分类取决于数据库的来源。时空属性确定了数据库的本质且受控于这种物理现象。本环节应通过广泛的数据挖掘和分析充分认识数据库中存储的数据。数据编辑、管理、质量控制和预处理是数据驱动气藏全尺度模型中最为重要和耗时的环节之一。

（2）气藏模型同步训练和历史拟合：常规油气藏数值模拟是通过修正基础地质模型实现历史拟合。数据驱动气藏全尺度模拟从静态模型入手，逐渐适应并遵循时空数据，历史拟合过程也不对时空数据进行修改。反之，数据驱动分析会在开发后期阶段分析和量化静态模型的不确定性，训练过程中同时进行数据驱动气藏全尺度模型开发和历史拟合，主要目的是确保数据驱动气藏全尺度模型能够学习需要模拟气藏中的流体流动特征。第一步中开发的气藏时空数据库是数据驱动气藏全尺度模型建立和历史拟合的主要信息源。

本研究中使用了多层神经网络集成[44]，这些神经网络方法适用于非线性模式识别。神经网络由一个包含不同数量隐藏神经元的隐藏层组成，这些隐藏层根据数据记录数量和训练、校正和验证过程中输入次数进行优化，详细内容在本书前面章节已进行了介绍。

寻找清晰强大的策略验证数据驱动气藏全尺度模型的预测能力极为重要。全流程模型开发（训练和校正）过程中，必须选取未使用过的任何形状或形式的全盲态数据对模型进行验证。模型初期训练和历史拟合中使用过的训练和校正数据集都属于非盲态数据。Mohaghegh[85]指出可能有人会将校正数据（也称为测试数据集）划分为盲态数据。这种观点也存在其合理性，但如果在数据驱动气藏全尺度模型开发过程中使用这些数据会影响模型的有效性和预测性能，因此不建议采用这种做法。

（3）敏感性分析和不确定性量化：上述模型开发和历史拟合过程中不会对静态模型进行更改。缺乏对静态模型修正也可能是该技术的弱项，因为静态模型也存在不确定性。为了解决该问题，数据驱动气藏全尺度模型工作流程包括一套全面的敏感性和不确定性分析。对已开发和历史拟合模型中储层性质和（或）操作约束条件的各种变化进行检查。更改模拟过程中设计的所有参数并监测每口气井压裂或产量的变化。这些敏感性和不确定性分别包括单参数和多参数敏感性分析，使用蒙特卡洛模拟方法对不确定性进行量化并最终建立典型曲线。所有单井、井组和整个气藏都可以执行上述分析。

（4）部署模型预测模式：与所有油藏模拟模型相似，经过训练、历史拟合和验证的数据驱动气藏全尺度模型设置预测模式用于油藏管理和目标决策。

## 10.2 马塞勒斯页岩数据

本文重点介绍针对马塞勒斯页岩局部区域开展的研究,研究包括来自 40 多个平台的 135 口具有不同靶体位置、井深和储层性质的水平井。

### 10.2.1 井身结构

页岩气藏开发普遍采用多井平台布井模式。根据同一平台内不同气井间的相互作用定义了三种类型水平井。图 10.2 给出了单平台三种类型水平井的井身结构。根据水平井类型将新参数添加至"井型"数据集中。为"井型"参数分配了类似Ⅰ、Ⅱ和Ⅲ的数值以便整合"井型"信息。

数据驱动气藏全尺度模型中三种"井型"的简要说明如下。

(1) Ⅰ型水平井:水平井没有相邻水平井且不共享泄气面积(体积)。在同一平台中井不存在"裂缝沟通"(可能与相邻平台中的气井发生裂缝沟通),其泄气面积到达水力压裂裂缝波及的位置。

(2) Ⅱ型水平井:水平井仅一侧存在相邻水平井,共享泄气面积(体积)的一部分。此外,该类型水平井可能与平台内或相邻平台水平井发生裂缝沟通。

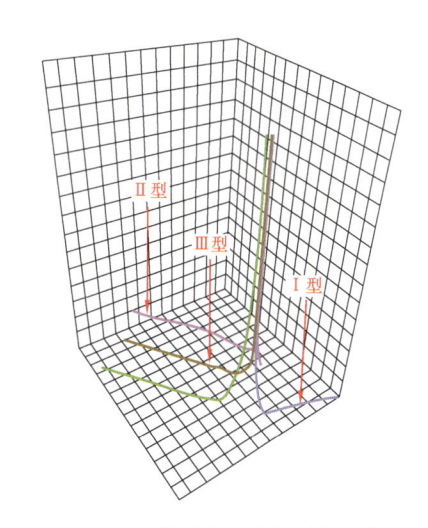

图 10.2 单平台三种类型水平井

(3) Ⅲ型水平井:水平井两侧都存在相邻水平井,完全共享泄气面积(体积)。气井两侧都可能与同一平台内水平井发生裂缝沟通。如果Ⅲ型水平井与相邻平台气井发生裂缝沟通,裂缝沟通区域一定来自不同深度。

### 10.2.2 储层性质

宾夕法尼亚州区域内马塞勒斯页岩主要有两个产层,分别为上马塞勒斯(UM)和下马塞勒斯(LM),两产层被 Purcell 的薄层石灰岩层隔开。根据井斜和完井策略可对其中一个或两个产层进行开发。作业商给出了每个产层的储层性质,包括基质孔隙度、基质渗透率、储层厚度、净毛比、原始含水饱和度和 TOC。

为了保持油气井位置的每个属性一致,假定这些属性直接继承完井层段各项属性。例如,如果某井靶体位置和完井层段为上马塞勒斯页岩,则直接参考该层段的储层性质。基于此假设,定义了五种不同的井身结构(图 10.3)并估算了储层特征。

井身结构Ⅰ:气井靶体位置和完井层段均为 Purcell 石灰岩。Purcell 石灰岩层低厚度和脆性导致裂缝通常向上下地层扩展,因此假定上马塞勒斯和下马塞勒斯页岩储层均对气井产量有贡献。气井中采用了上马塞勒斯和下马塞勒斯页岩储层总厚度及其他属性的加权平均值,见式(10.1)和式(10.2)。

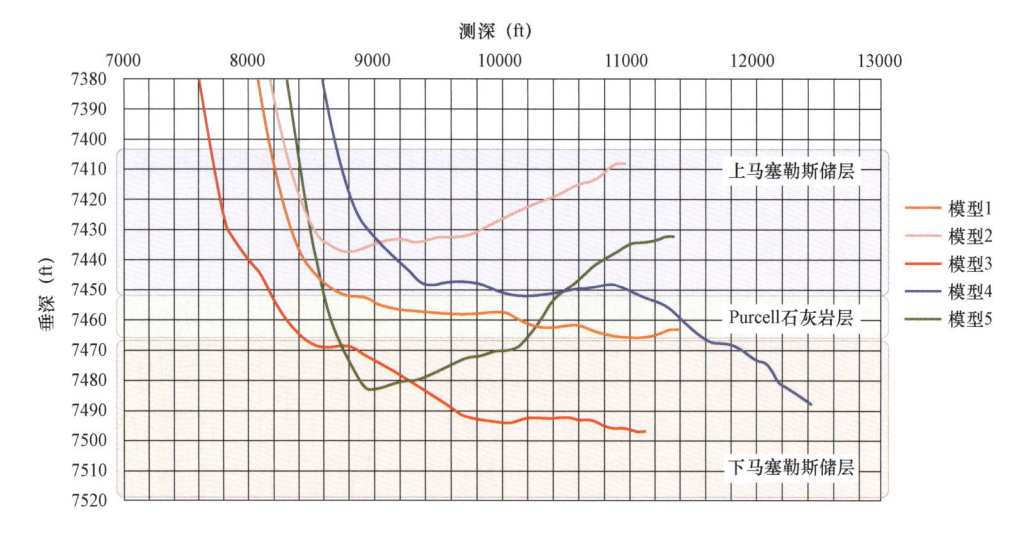

图 10.3 时空数据库中五种不同的井身结构

当上、下马塞勒斯页岩储层都对气井产量有贡献时,利用以下公式计算平均储层静态参数:

$$\begin{cases} \overline{\phi} = \dfrac{(\phi_{UM} \cdot h_{UM}) + (\phi_{LM} \cdot h_{LM})}{h_{UM} + h_{LM}} \\ \overline{K} = \dfrac{(K_{UM} \cdot h_{UM}) + (K_{LM} \cdot h_{LM})}{h_{UM} + h_{LM}} \\ \overline{TOC} = \dfrac{(TOC_{UM} \cdot h_{UM}) + (TOC_{LM} \cdot h_{LM})}{h_{UM} + h_{LM}} \end{cases} \quad (10-1)$$

式中 $\overline{\phi}$——平均储层孔隙度,%;

$\phi_{UM}$——上马塞勒斯页岩储层孔隙度,%;

$\phi_{LM}$——下马塞勒斯页岩储层孔隙度,%;

$\overline{K}$——平均储层渗透率,mD;

$K_{UM}$——上马塞勒斯页岩储层渗透率,mD;

$K_{LM}$——下马塞勒斯页岩储层渗透率,mD;

$\overline{TOC}$——平均储层总有机碳含量,%;

$TOC_{UM}$——上马塞勒斯页岩储层总有机碳含量,%;

$TOC_{LM}$——下马塞勒斯页岩储层总有机碳含量,%;

$h_{UM}$——上马塞勒斯页岩储层厚度,ft;

$h_{LM}$——下马塞勒斯页岩储层厚度,ft。

当上、下马塞勒斯页岩储层都对气井产量有贡献时,利用以下公式计算平均储层含水饱和度:

$$\overline{S}_{w} = \frac{(S_{w-UM} \cdot h_{UM}) + (S_{w-LM} \cdot h_{LM})}{h_{UM} + h_{LM}} \qquad (10-2)$$

式中 $\overline{S}_w$——平均储层含水饱和度,%;

$S_{w-UM}$——上马塞勒斯页岩储层含水饱和度,%;

$S_{w-LM}$——下马塞勒斯页岩储层含水饱和度,%。

井身结构Ⅱ:气井靶体位置和完井层段均为上马塞勒斯层,此时仅该地层对气井产量有贡献,建模时直接使用上马塞勒斯地层静态参数。

井身结构Ⅲ:气井靶体位置和完井层段均为下马塞勒斯层,此时仅该地层对气井产量有贡献,建模时直接使用下马塞勒斯地层静态参数。

井身结构Ⅳ:气井具备下倾轨迹特征,水平井眼穿过三个地层且每个地层中完成了不同的压裂段数($N$)。因此,每个地层中的压裂段数也是计算储层平均属性的因素之一。水平井眼穿过三个地层时,利用公式(10.3)和上下马塞勒斯页岩地层厚度计算平均储层参数。

利用水平段在每个地层中的压裂段数计算储层平均参数:

$$\begin{cases} \overline{\phi} = \dfrac{\left(N_{UM} + \dfrac{N_{Purcell}}{2}\right) \cdot \phi_{UM} \cdot h_{UM} + \left(N_{LM} + \dfrac{N_{Purcell}}{2}\right) \cdot \phi_{LM} \cdot h_{LM}}{N_{UM} \cdot h_{UM} + N_{LM} \cdot h_{LM}} \\[2ex] \overline{K} = \dfrac{\left(N_{UM} + \dfrac{N_{Purcell}}{2}\right) \cdot K_{UM} \cdot h_{UM} + \left(N_{LM} + \dfrac{N_{Purcell}}{2}\right) \cdot K_{LM} \cdot h_{LM}}{N_{UM} \cdot h_{UM} + N_{LM} \cdot h_{LM}} \\[2ex] \overline{TOC} = \dfrac{\left(N_{UM} + \dfrac{N_{Purcell}}{2}\right) \cdot TOC_{UM} \cdot h_{UM} + \left(N_{LM} + \dfrac{N_{Purcell}}{2}\right) \cdot TOC_{LM} \cdot h_{LM}}{N_{UM} \cdot h_{UM} + N_{LM} \cdot h_{LM}} \\[2ex] \overline{S_w} = \dfrac{\left(N_{UM} + \dfrac{N_{Purcell}}{2}\right) \cdot S_{w-UM} \cdot h_{UM} + \left(N_{LM} + \dfrac{N_{Purcell}}{2}\right) \cdot S_{w-LM} \cdot h_{LM}}{N_{UM} \cdot h_{UM} + N_{LM} \cdot h_{LM}} \end{cases} \qquad (10.3)$$

式中 $N_{UM}$——上马塞勒斯页岩储层压裂段数;

$N_{LM}$——下马塞勒斯页岩储层压裂段数;

$N_{Purcell}$——Purcell 石灰岩层压裂段数。

井身结构Ⅴ:气井具备上倾井眼轨迹,水平井眼穿过三个地层且每个地层中完成了不同的压裂段数($N$)。因此,利用与井身结构Ⅳ中的公式计算地层属性。

### 10.2.3 完井和增产数据

油气井完井和增产数据包括射孔密度、射孔(压裂)水平段长、压裂段数、压裂液量、排量、施工压力、段塞数量等。鉴于以单井进行生产,对多段压裂井压裂液和支撑剂量进行累加,对应的产量和压力进行平均处理。

最终数据集超过1200个水力压裂段(约3700个射孔簇)。部分气井压裂高达17段,也有气井仅压裂4段。水平段射孔长度范围为1400~5600ft。这些井中泵入支撑剂总量97000~

8500000lb，注入压裂液总量为40000~181000bbl。

### 10.2.4 生产数据

油气井生产历史包括干气产量、凝析油产量、水产量、套压和油压。最长和最短生产历史分别为5年和1.5年。由于离散的凝析油产量和低油气比[最大约为16bbl/($10^6$ft$^3$)]，将凝析油产量合并至干气产量中式(10.4)，利用公式(10.4)估算了合并后的富气产量数据。

表10.1 数据集包含井位、轨迹、储层性质、完井、水力压裂和生产数据

| 数据类别 | 分组编号 | 数据项 | 数据类别 | 分组编号 | 数据项 |
|---|---|---|---|---|---|
| 井身信息 |  | 经度 | 马塞勒斯静态参数 | 2.3 | 马塞勒斯地层厚度(ft) |
|  |  | 纬度 |  |  | 马塞勒斯净毛比 |
|  |  | 测深 |  |  | 马塞勒斯含水饱和度(%) |
|  |  | 垂深 |  |  | 马塞勒斯TOC(%) |
|  |  | 地层倾角 |  |  | 马塞勒斯体积常数(ft$^3$/t) |
|  |  | 水平段上倾 |  |  | 马塞勒斯压力常数(psi) |
|  |  | 水平段下倾 | 完井参数 | 2.3 | 射孔水平段长(ft) |
|  |  | 水平段无倾向 |  |  | 压裂水平段长(ft) |
| 马塞勒斯静态参数 | 2.1 | 上马塞勒斯孔隙度(%) |  |  | 单段射孔簇数 |
|  |  | 上马塞勒斯渗透率(mD) |  |  | 射孔密度(孔/ft) |
|  |  | 上马塞勒斯地层厚度(ft) |  |  | 单井平均注入压力(psi) |
|  |  | 上马塞勒斯净毛比 |  |  | 单井平均注入速度(bbl/min) |
|  |  | 上马塞勒斯含水饱和度(%) | 压裂参数 | 4 | 单井总清洁液量(bbl) |
|  |  | 上马塞勒斯TOC(%) |  |  | 单井总段塞液量(bbl) |
|  | 2.2 | 下马塞勒斯孔隙度(%) |  |  | 单井最大支撑剂浓度(lb/gal) |
|  |  | 下马塞勒斯渗透率(mD) |  |  | 单段总支撑剂量(lb) |
|  |  | 下马塞勒斯地层厚度(ft) |  |  | 总支撑剂量(lb) |
|  |  | 下马塞勒斯净毛比 |  |  | 压裂段数 |
|  |  | 下马塞勒斯含水饱和度(%) | 生产作业 | 5 | 月富气产量(10$^3$ft$^3$/mon)(干气+凝析油) |
|  |  | 下马塞勒斯TOC(%) |  |  | 井口流压(psi) |
|  | 2.3 | 马塞勒斯孔隙度(%) |  |  | 生产时间(d) |
|  |  | 马塞勒斯渗透率(mD) |  |  |  |

将凝析油产量折算至干气产量，对应的富气产量计算公式为：

$$GE_{Con} = 133800 \frac{\gamma_o}{M_o} \frac{SCF}{STB} \tag{10.4}$$

利用以下公式计算凝析油相对密度和摩尔密度。

凝析油相对密度计算公式：

$$\gamma_o = \frac{141.5}{凝析油\ API + 131.5} \tag{10.5}$$

凝析油摩尔密度计算公式：

$$M_\text{o} = \frac{44.43\,\gamma_\text{o}}{1.008 - \gamma_\text{o}} \quad (10.6)$$

作业商给出的原始储层温度下的 API 值为 58.8。为了消除日产量相关噪声，数据库中使用了月度产量数据。数据库中还存储了相应的月度井口压力和水产量。需要注意的是，马塞勒斯页岩气井初期为套管生产，几个月后转为油管生产方式。因此，在计算平均井口压力时需要考虑该生产方式。经上述处理后，初始数据库包含六类数据信息，包括井身数据、储层性质、地质力学参数、完井数据、增产数据以及生产作业数据。表 10.1 给出了用于生成时空数据库的所有数据列表。

## 10.3 建模前期数据挖掘

全流程建模中的前期数据分析与页岩生产优化技术（SPOT）中的前期数据分析相似。本书在前面章节详细介绍了前期数据分析（8.3 节井筒质量分析、8.4 节模糊模式识别和 8.5 节关键绩效指标），本章不再重复叙述。

## 10.4 全流程建模

与其他数据驱动模型相似，全流程建模包括模型训练、校正和验证，下述章节将进行详细介绍。

### 10.4.1 训练与校正（历史匹配）

数据驱动全尺度气藏建模训练和历史拟合过程中对多个参数进行筛查以确定对模型的影响。图 10.4 给出了开发马塞勒斯页岩全尺度数据驱动建模的流程图。全尺度气藏建模从基础模型开始（第一步建模涉及多数参数），最终获得最佳输入数量和最佳历史拟合模型。

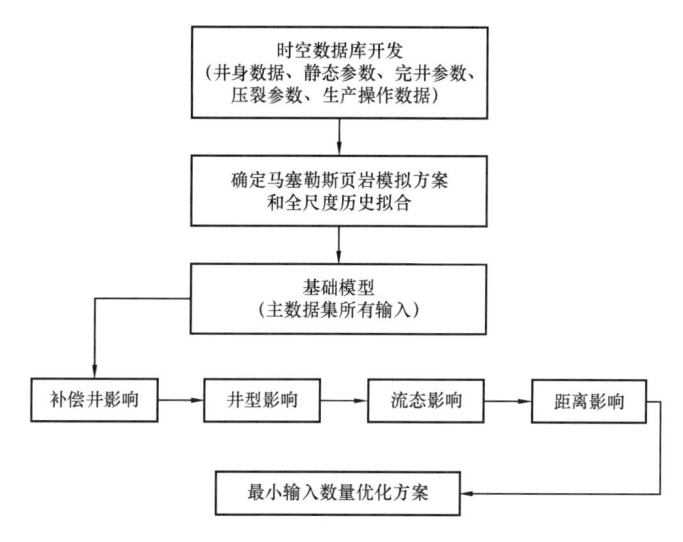

图 10.4　马塞勒斯页岩数据驱动全尺度气藏模型历史拟合流程图

图 10.5 给出了整个区块和单井合理的历史拟合结果,其中左图为全区历史拟合结果,右图给出了具体气井理想拟合结果和较差拟合结果。图中橙色数据点表示实际月产气量,绿色实线表示全流程模型计算结果。橙色充填区域表示实际(测量)累计产气量(标准化处理),绿色充填区域表示全流程模型计算累计产气量(标准化处理)。左图底部红色柱形图为马塞勒斯页岩开井数随时间变化趋势。

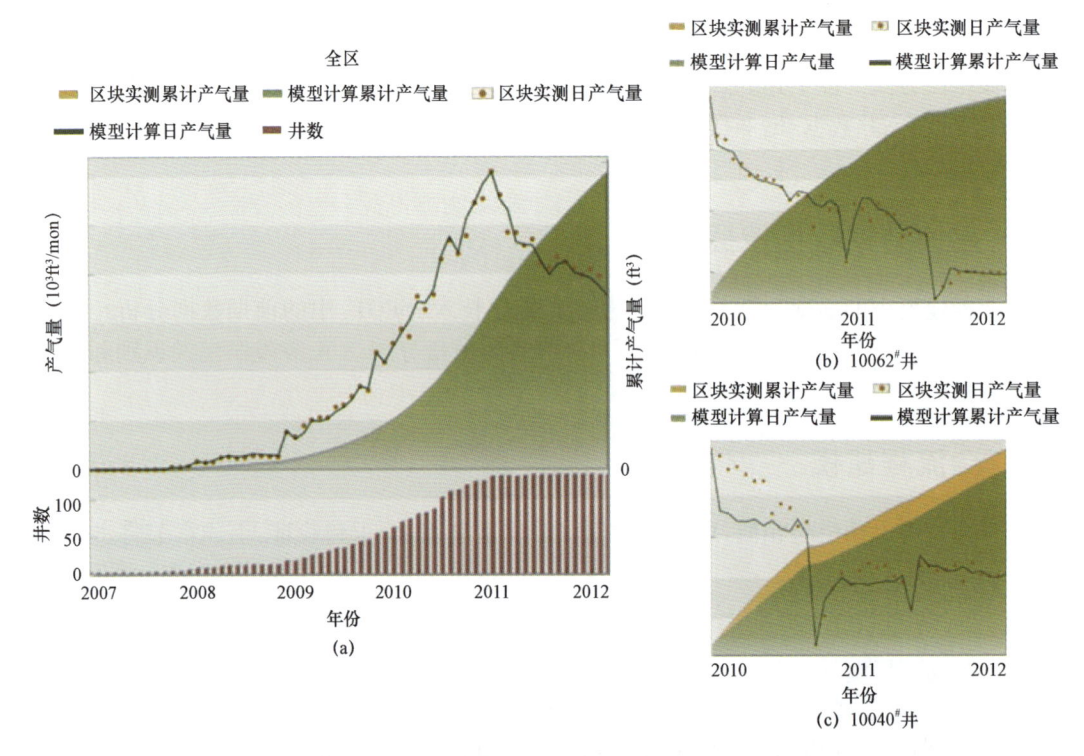

图 10.5 全区历史拟合结果(a),理想拟合方案(b),差拟合方案(c)

该模型为利用反向传播技术训练的多层神经网络模型。将数据划分为 80%、10% 和 10%,分别用于模型训练、校正和验证。图 10.6 给出了全流程模型计算与实际月产气量的交汇图。结果显示经过训练的模型同样适用于盲数据。

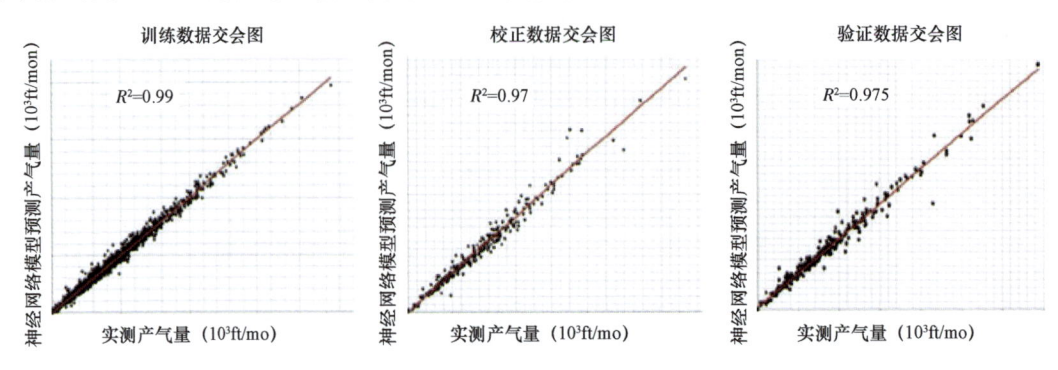

图 10.6 神经网络训练、校正和验证结果($R^2$ 值分别为 0.99、0.97 和 0.975)

## 10.4.2 模型验证

图 10.5 和图 10.6 表明全流程模型可通过训练完成全区油气井的产量历史拟合。模型验证是通过"盲拟合"完成的。该页岩油气田的生产历史可追溯至 2006 年 8 月和 2012 年 2 月。为了验证该历史拟合模型,"盲拟合"通过使用部分生产历史数据训练和拟合生产数据,生产历史尾端部分数据用于盲拟合。

因此,对全流程模型进行训练并对 2006 年 8 月至 2011 年 10 月生产历史进行历史拟合。利用经过训练和历史拟合的全流程模型预测 2011 年 11 月至 2012 年 2 月的产量(该时间段生产历史原本可用,保留用以模型验证)。图 10.7 和图 10.8 给出了盲拟合结果,该过程验证了针对给定区块全流程模型的准确性和可靠性。

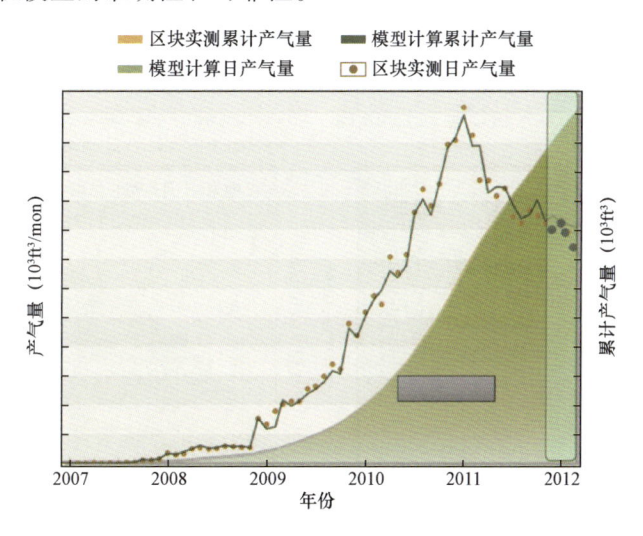

图 10.7　全流程模型全区产量预测结果(后四个月生产历史为盲拟合)

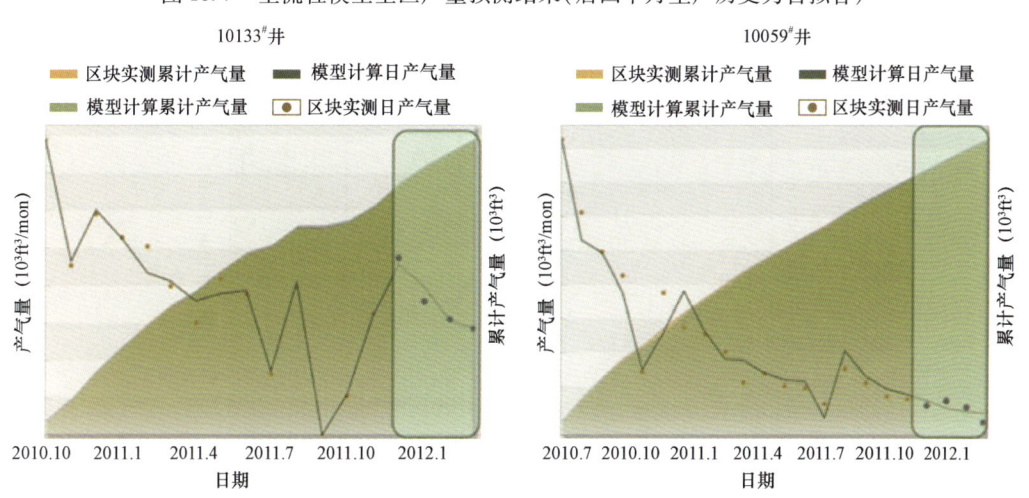

图 10.8　全流程模型对 10133#井和 10059#井预测结果(后四个月生产历史为盲拟合)

通过重复上述训练又一次对全流程模型进行验证。通过删除训练数据集中生产期末历史数据的20%。135口井的生产时间为16~67个月,对应删除了期末4~14个月的生产历史数据以测试模型的预测能力(盲拟合)。此外,还应用全流程模型预测了额外12个月的生产数据。

期末4~14个月生产历史盲拟合中的生产天数已包含在训练数据集中。期末3个月平均井口流动压力作为盲拟合预测阶段(4~14个月以及额外一年的生产阶段)的约束条件。图10.9给出了两口生产历史分别为27个月和36个月的气井盲拟合结果及额外一年的产量预测结果。图10.9中橙色数据点代表实际月产气量(归一化处理),绿色数据点代表全流程模型预测结果。黑色数据点代表训练数据集中删除通过全流程模型预测的结果。将期末6个月和8个月的生产数据从训练数据集中删除(占总生产历史数据的20%),全流程模型对删除时间段的生产历史预测结果达到了精度要求。期末4个月盲数据在区块所有井中普遍存在,因此,为了验证全流程模型区块生产预测精度,将该区块所有油气井的生产数据(实测和全流程模型预测结果)进行了合并,如图10.10所示。所有气井期末4个月生产数据全部为盲拟合预测。

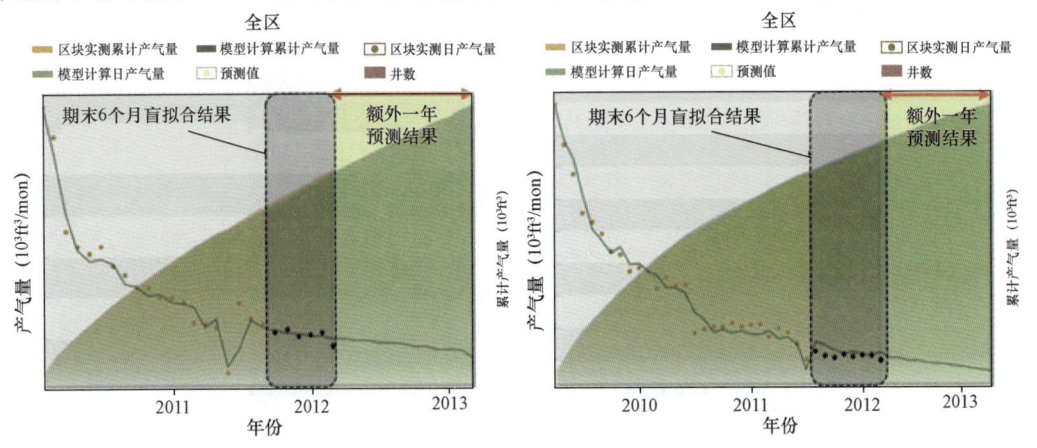

图10.9 全区27个月和36个月盲拟合产量预测结果

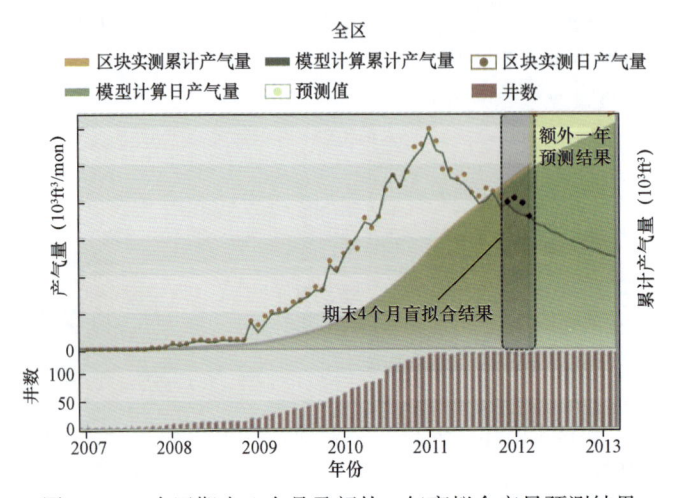

图10.10 全区期末4个月及额外一年盲拟合产量预测结果

为进一步验证模型,利用模型对一口近期完钻井(未在模型训练和初始验证数据集中)生产动态进行了预测,并将预测结果与实际生产历史进行了对比,图10.11给出了盲拟合预测及额外一年产量预测结果。

期末 4 个月实际生产历史显示第二个月产量突然上升,这可能是由于冬季天然气需求量增大的缘故,后续产量在第四个月遵循自然递减趋势。因此,该模型能够准确预测第一个月和第四个月的产量,低估了第二个月和第三个月的产量。期末四个月产量预测显示单井预测误差范围为 1.4% ~ 9.2%,验证了模型的预测可靠性。

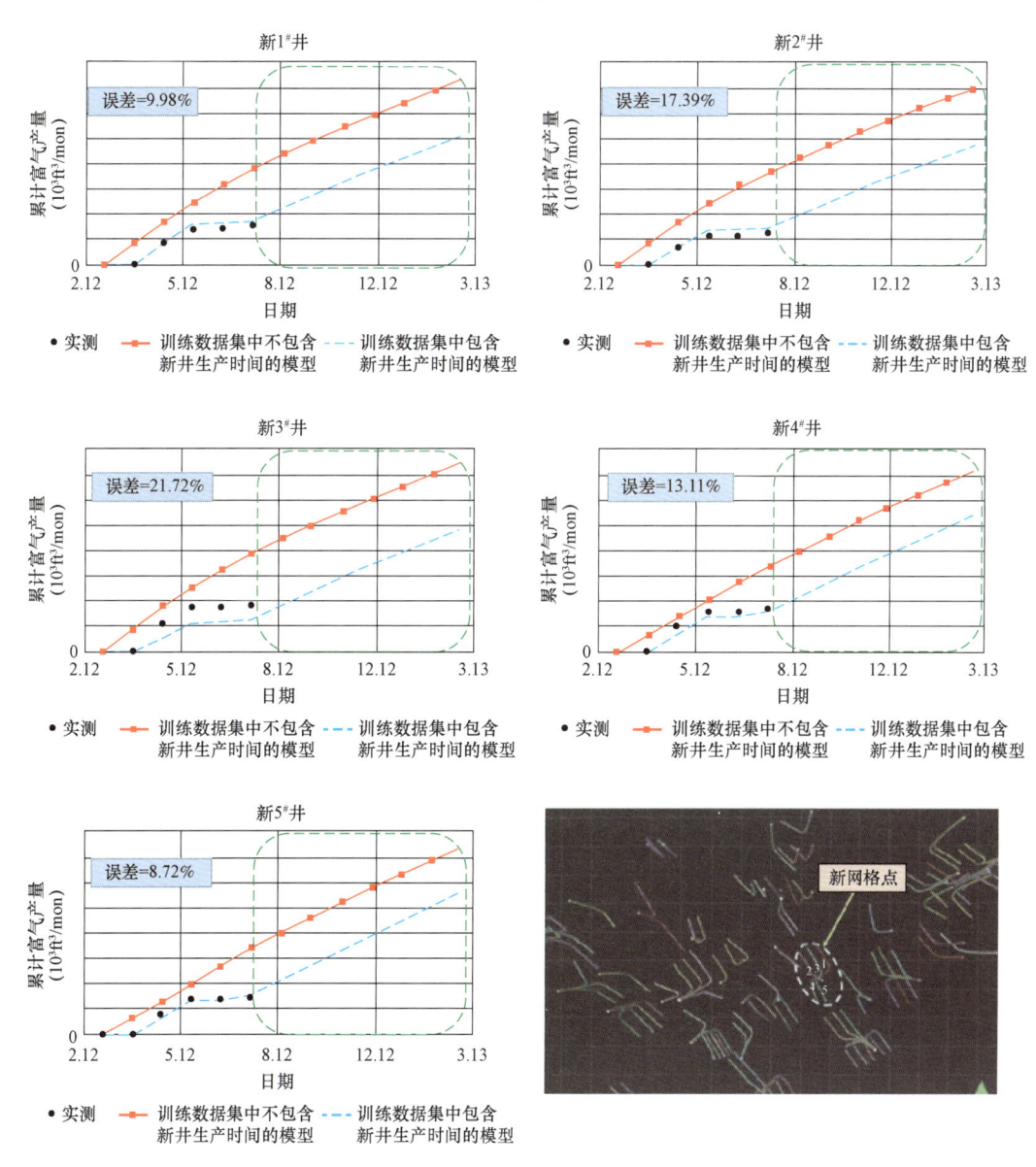

图 10.11 研究区内 5 口新井的位置

# 第 11 章　页岩油气井重复压裂

20 世纪 90 年代以前,重复压裂措施(储层重复改造)相关出版物相对较少。第一部重复压裂相关的著作在 1960 年发表[96],随后是 1973 年发表的另一部著作[97]。数据驱动分析方法在常规压裂和重复压裂中的应用❶具体起源于西弗吉尼亚大学,时间为 20 世纪中期[98-103]至 21 世纪初期[104-109]。1998 年,美国天然气研究院❷设立了一个重复压裂目标优选项目,该项目为重复压裂技术注入了新活力,该项目研究成果被广泛发表,这也大幅激发了重复压裂领域的研究工作[110-113]。

由于页岩油气开采主要借助水力压裂措施,重复压裂措施也自然成为页岩油气增产的重要途径。目前普遍认为页岩油气水平井中至少 40% 的压裂段对产量没有贡献,已发表文献和作业公司技术人员采访中都提到了这一点[114],微地震监测结果也证明了该认识(图 2.12 或文献中相关数字表明部分压裂段中微地震事件微小或不存在)。对于已充分压裂的产量贡献段,油气衰竭产出过程也会改变控制原始水力压裂裂缝延伸的应力方向。与首次压裂措施相比,这些产量贡献段的重复压裂措施很有可能沿新路径开启裂缝,并将波及新储层区域从而获得更高的产量。图 11.1 给出了由于部分储层衰竭开发过程后应力变化导致裂缝转向的示意图。

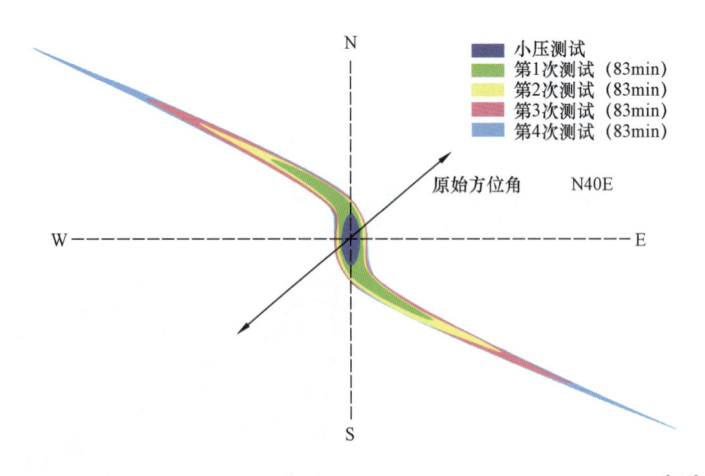

图 11.1　前期生产和井眼周围地层应力变化导致裂缝转向示意图[115]

如上述章节所述,水力压裂措施难以在储层中形成理想的扁平状裂缝(行业多数完井专家持相同观点)。通常认为,局部衰竭开发过程将改变岩石原始应力并在井眼附近形成新的应力场,为重复压裂措施提供裂缝延伸新路径。如果重复压裂措施可通过动用新储量提高页岩油气井产量(包括有效改造首次压裂无效段和由于应力场形成新天然裂缝),重复压裂措施

---

❶ 当时被称为人工神经网络或智能系统数据驱动分析方法,并未在这些技术中广泛应用。
❷ 现在称为天然气技术研究院。

的实施需要准确回答以下两个问题。

（1）鉴于多数页岩油气产区拥有大量油气井,如何筛选确定最佳重复压裂井是第一个关键问题。显然,不是所有的油气井都适合进行重复压裂措施。

（2）重复压裂选井完成后,针对已实施首次水力压裂油气井如何进行重复压裂方案设计。本章利用数据驱动分析和前文中给出的开发案例重点论述以上两个问题。

## 11.1 重复压裂后备井优选

利用数据驱动分析方法（页岩数据分析）优选重复压裂页岩油气井与第8章中8.6节和8.7节内容密切相关。数据驱动预测模型的开发（训练和校正）和验证为页岩油气井产量预测提供了另一途径（生产指标）,前提是具备大量现场测试数据且人为因素影响很小。

利用数据驱动预测模型计算页岩油气井产量取决于油气井构造、储层品质、完井和改造（水力裂缝）参数,以及操作条件。数据驱动预测模型可充分利用现场大量实测数据准确预测页岩油气井产能,同时不需要使用任何解释数据和软数据。除此之外,数据驱动预测模型还能够修改部分输入参数以测试这些参数对模型输出结果的影响（页岩油气产能）,这是认识不同参数或参数组对页岩油气井产能影响的有效方法。数据驱动还具有较小的计算足迹（每次执行时间仅为几分之一秒）,模型可在短短数秒内执行多次预测。因此,该方法能够实现不确定性分析等需要大量模型运算的研究。

例如,通过修改具体某一口井的操作条件可以分析地面设施（转换为井口压力）和油嘴尺寸对页岩油气井的影响。通过修改储层性质并监测模型响应结果（页岩油气井产量）可以掌握不同储层参数对页岩油气井产量的作用。如8.7节所示,数据驱动预测模型还能够评价不同完井实践对气井产量的影响。显而易见,数据驱动预测模型是深入认识页岩油气井生产特征的有力工具。

优选重复压裂后备井的理念与"未产出潜力"相关。换言之,重复压裂井优选过程是在原始钻井和储层性质条件下,根据验证和数据驱动模型寻找能够产出更多油气的井。本节主要讲述数据驱动预测模型的应用以及从"回溯"分析中得到的认识,最终用于确定重复压裂后备井并进行排序。

"页岩分析确定重复压裂后备井"（SARCS）流程主要包括以下四个步骤。

第一步:完成回溯分析并生成包含$P_{10}$、$P_{50}$和$P_{90}$数值的所有气井列表。表格中同时还包括实际气井产能。表11.1中给出了马塞勒斯页岩产区评价的气井表格示例。表11.1中最后一列将气井实际产能与$P_{10}$、$P_{50}$和$P_{90}$进行了对比,给出了实际气井产能对应的概率。

**表11.1 马塞勒斯页岩评价气井清单（$P_{10}$、$P_{50}$和$P_{90}$来源于数据驱动预测模型并作为回溯分析的一部分）**

| 索引 | ISI 编码<br>井名 | $P_{10}$<br>（$10^3 \text{ft}^3$） | $P_{50}$<br>（$10^3 \text{ft}^3$） | $P_{90}$<br>（$10^3 \text{ft}^3$） | 实际产能<br>（$10^3 \text{ft}^3$） | 概率<br>（%） |
|---|---|---|---|---|---|---|
| 1 | Well#0000001 | 10008 | 5327 | 2839 | 4816 | 58 |
| 2 | Well#0000002 | 17320 | 13612 | 9523 | 15582 | 27 |
| 3 | Well#0000003 | 17535 | 14511 | 10876 | 11520 | 85 |

续表

| 索引 | ISI 编码 井名 | $P_{10}$ ($10^3 \text{ft}^3$) | $P_{50}$ ($10^3 \text{ft}^3$) | $P_{90}$ ($10^3 \text{ft}^3$) | 实际产能 ($10^3 \text{ft}^3$) | 概率 (%) |
|---|---|---|---|---|---|---|
| 4 | Well#0000004 | 13699 | 10329 | 7256 | 7685 | 85 |
| 5 | Well#0000005 | 15568 | 12223 | 9199 | 13629 | 29 |
| 7 | Well#0000007 | 17485 | 14182 | 9306 | 17859 | 6 |
| 8 | Well#0000008 | 18025 | 15705 | 12136 | 13117 | 82 |
| 9 | Well#0000009 | 16478 | 13193 | 9253 | 11004 | 75 |
| 10 | Well#0000010 | 12675 | 8872 | 5461 | 12027 | 14 |
| 11 | Well#0000011 | 15233 | 11822 | 8212 | 9459 | 79 |
| 14 | Well#0000014 | 8855 | 6327 | 4341 | 5786 | 62 |
| 15 | Well#0000015 | 13339 | 10146 | 6999 | 7999 | 80 |
| 16 | Well#0000016 | 12672 | 9197 | 6128 | 10580 | 32 |
| 17 | Well#0000017 | 11043 | 8522 | 6344 | 10660 | 14 |
| 18 | Well#0000018 | 12685 | 9578 | 7161 | 6772 | 94 |
| 19 | Well#0000019 | 12381 | 9556 | 7154 | 8880 | 63 |
| 20 | Well#0000020 | 11423 | 8637 | 6480 | 6437 | 90 |
| 21 | Well#0000021 | 10438 | 6109 | 3481 | 10599 | 9 |
| 22 | Well#0000022 | 15753 | 12397 | 8749 | 9719 | 82 |
| 23 | Well#0000023 | 15000 | 11630 | 8082 | 10326 | 70 |
| 24 | Well#0000024 | 9440 | 5352 | 2808 | 8893 | 13 |
| 25 | Well#0000025 | 12465 | 7978 | 4601 | 5530 | 80 |
| 26 | Well#0000026 | 14589 | 9996 | 5931 | 6257 | 88 |
| 28 | Well#0000028 | 18394 | 15866 | 12364 | 16139 | 46 |
| 29 | Well#0000029 | 11185 | 7201 | 3997 | 5642 | 72 |
| 30 | Well#0000030 | 16457 | 13110 | 9630 | 8471 | 96 |
| 31 | Well#0000031 | 16239 | 12880 | 9626 | 9757 | 89 |
| 32 | Well#0000032 | 13599 | 9682 | 6779 | 6007 | 95 |
| 33 | Well#0000033 | 11830 | 7351 | 4226 | 6743 | 57 |
| 34 | Well#0000034 | 11321 | 6959 | 3820 | 11807 | 8 |
| 35 | Well#0000035 | 11067 | 6748 | 3730 | 14358 | 1 |
| 36 | Well#0000036 | 11103 | 7016 | 3809 | 8202 | 35 |
| 37 | Well#0000037 | 11095 | 6966 | 3998 | 4498 | 85 |
| 38 | Well#0000038 | 15288 | 12580 | 9038 | 14278 | 23 |
| 39 | Well#0000039 | 15953 | 11501 | 6715 | 15374 | 15 |

续表

| 索引 | ISI 编码 井名 | $P_{10}$ ($10^3\text{ft}^3$) | $P_{50}$ ($10^3\text{ft}^3$) | $P_{90}$ ($10^3\text{ft}^3$) | 实际产能 ($10^3\text{ft}^3$) | 概率 (%) |
|---|---|---|---|---|---|---|
| 40 | Well#0000040 | 10587 | 7381 | 4676 | 8839 | 28 |
| 41 | Well#0000041 | 13394 | 9668 | 6308 | 9686 | 50 |
| 42 | Well#0000042 | 15501 | 12076 | 8381 | 4622 | 100 |
| 43 | Well#0000043 | 13759 | 9390 | 5570 | 8724 | 58 |
| 44 | Well#0000044 | 10207 | 6010 | 3834 | 7667 | 29 |
| 46 | Well#0000046 | 17067 | 14375 | 10006 | 14735 | 44 |

第二步:将计算 $P_{50}$ 数值与实际气井产能相减,该差值称为"$P_{50}$ 势"(表 11.2)。$P_{50}$ 势指实际气井产量与气井能够实现的预期平均产量($P_{50}$)的差值。预期平均产量是可采气量的第一个指标,但初次压裂忽略了该指标。

表 11.2 气井 $P_{50}$ 势和 $P_{10}$ 势列表

| 索引 | ISI 编码 井名 | $P_{10}$ ($10^3\text{ft}^3$) | $P_{50}$ ($10^3\text{ft}^3$) | $P_{90}$ ($10^3\text{ft}^3$) | 实际产能 ($10^3\text{ft}^3$) | $P_{50}$ 势 ($10^3\text{ft}^3$) | $P_{10}$ 势 ($10^3\text{ft}^3$) | 概率 (%) |
|---|---|---|---|---|---|---|---|---|
| 1 | Well#0000001 | 10008 | 5327 | 2839 | 4816 | −511 | −5192 | 58 |
| 2 | Well#0000002 | 17320 | 13612 | 9523 | 15582 | 1970 | −1738 | 27 |
| 3 | Well#0000003 | 17535 | 14511 | 10876 | 11520 | −2991 | −6015 | 85 |
| 4 | Well#0000004 | 13699 | 10329 | 7256 | 7685 | −2644 | −6014 | 85 |
| 5 | Well#0000005 | 15568 | 12223 | 9199 | 13629 | 1406 | −1939 | 29 |
| 7 | Well#0000007 | 17485 | 14182 | 9306 | 17859 | 3677 | 374 | 6 |
| 8 | Well#0000008 | 18025 | 15705 | 12136 | 13117 | −2588 | −4908 | 82 |
| 9 | Well=0000009 | 16478 | 13193 | 9.253 | 11004 | −2189 | −5474 | 75 |
| 10 | Well#0000010 | 12675 | 8872 | 5461 | 12027 | 3155 | −648 | 14 |
| 11 | Well#0000011 | 15233 | 11822 | 8212 | 9459 | −2363 | −5774 | 79 |
| 14 | Well#0000014 | 8855 | 6327 | 4341 | 5786 | −541 | −3069 | 62 |
| 15 | Well#0000015 | 13339 | 10146 | 6999 | 7999 | −2147 | −5340 | 80 |
| 16 | Well#0000016 | 12672 | 9197 | 6128 | 10580 | 1383 | −2092 | 32 |
| 17 | Well#0000017 | 11043 | 8522 | 6344 | 10660 | 2138 | −383 | 14 |
| 18 | Well#0000018 | 12685 | 9578 | 7161 | 6772 | −2806 | −5913 | 94 |
| 19 | Well#0000019 | 12381 | 9556 | 7154 | 8880 | −676 | −3501 | 63 |
| 20 | Well#0000020 | 11423 | 8637 | 6480 | 6437 | −2200 | −4986 | 90 |

第三步:将计算 $P_{10}$ 数值与实际气井产能相减,该差值称为"$P_{10}$ 势"(表 11.3)。$P_{10}$ 势指实际气井产量与气井能够实现的预期最高产量($P_{10}$)的差值。预期最高产量是可采气量的第二个指标,但初次压裂忽略了该指标。

第四步：分别依据 $P_{50}$ 势（$P_{50}$ 势是实现预期平均产量的偏差，该值气井最易于实现）和 $P_{10}$ 势（$P_{10}$ 势是气井实现有效压裂的偏差，该值可以实现但有一定难度）对表格进行排序。

第五步：表 11.3 给出了重复压裂后备井的最终排序。基于气井 $P_{50}$ 势和 $P_{10}$ 势结果确定了最终排序。表 11.3 中 $P_{50}$ 势和 $P_{10}$ 势排序对照按照赋予 $P_{50}$ 势排序贡献是 $P_{10}$ 势排序的两倍原则。

表 11.3　$P_{50}$ 势、$P_{10}$ 势和最终重复压裂后备井排序表

| $P_{50}$ 排序 | ISI 编码井名 | $P_{50}$ 势（$10^3 ft^3$） | $P_{10}$ 排序 | ISI 编码井名 | $P_{10}$ 势（$10^3 ft^3$） | 最终得分 | 最终排序 | ISI 编码井名 |
|---|---|---|---|---|---|---|---|---|
| 47 | Well#0000001 | −511 | 33 | Well#0000001 | −5192 | 4 | 1 | Well#0000042 |
| 92 | Well#0000002 | 1970 | 83 | Well#0000002 | −1738 | 5 | 2 | Well#0000066 |
| 16 | Well#0000003 | −2991 | 23 | Well#0000003 | −6015 | 11 | 3 | Well#0000079 |
| 21 | Well#0000004 | −2644 | 24 | Well#0000004 | −6014 | 12 | 4 | Well#0000119 |
| 77 | Well#0000005 | 1406 | 78 | Well#0000005 | −1939 | 17 | 5 | Well#0000068 |
| 112 | Well#0000007 | 3677 | 112 | Well#0000007 | 374 | 20 | 6 | Well#0000065 |
| 22 | Well#0000008 | −2588 | 39 | Well#0000008 | −4908 | 23 | 7 | Well#0000135 |
| 27 | Well#0000009 | −2189 | 30 | Well#0000009 | −5474 | 24 | 8 | Well#0000030 |
| 108 | Well#0000010 | 3155 | 98 | Well#0000010 | −648 | 29 | 9 | Well#0000067 |
| 25 | Well#0000011 | −2363 | 26 | Well#0000011 | −5774 | 29 | 10 | Well#0000085 |
| 46 | Well#0000014 | −541 | 59 | Well#0000014 | −3.069 | 30 | 11 | Well#0000050 |
| 28 | Well#0000015 | −2147 | 32 | Well#0000015 | −5340 | 31 | 12 | Well#0000026 |
| 76 | Well#0000016 | 1383 | 77 | Well#0000016 | −2092 | 40 | 13 | Well#0000032 |
| 97 | Well#0000017 | 2138 | 103 | Well#0000017 | −383 | 41 | 14 | Well#0000136 |
| 19 | Well#0000018 | −2806 | 25 | Well#0000018 | −5913 | 48 | 15 | Well#0000080 |
| 43 | Well#0000019 | −676 | 53 | Well#0000019 | −3501 | 49 | 16 | Well#0000031 |
| 26 | Well#0000020 | −2.2 | 38 | Well#0000020 | −4986 | 52 | 17 | Well#0000081 |
| 118 | Well#0000021 | 4490 | 109 | Well#0000021 | 161 | 55 | 18 | Well#0000003 |
| 20 | Well#0000022 | −2678 | 22 | Well#0000022 | −6034 | 62 | 19 | Well#0000022 |
| 34 | Well#0000023 | −1304 | 40 | Well#0000023 | −4674 | 63 | 20 | Well#0000018 |
| 110 | well#0000024 | 3541 | 100 | Well#0000024 | −547 | 64 | 21 | Well#0000037 |
| 24 | Well#0000025 | −2448 | 17 | Well#0000025 | −6935 | 65 | 22 | Well#0000025 |
| 12 | Well#0000026 | −3.739 | 7 | Well#0000026 | −8332 | 66 | 23 | Well#0000004 |
| 56 | Well#0000028 | 273 | 72 | Well#0000028 | −2.255 | 76 | 24 | Well#0000011 |
| 32 | Well#0000029 | −1559 | 28 | Well#0000029 | −5543 | 83 | 25 | Well#0000008 |

## 11.2　重复压裂设计

前文重点介绍了重复压裂后备井的识别和排序。确定重复压裂后备井后就需要设计合理的压裂方案。压裂方案设计的终极目标是实现最优压裂效果，最优压裂作业定义为形成尽可能大的高导流能力裂缝网络连通井眼，确保能够实现最大化油气产量。换言之，压裂效果评价

主要依据油气产量增量和稳产时间。压裂作业主要目的是提高油气井产量和稳产能力。

如本书主题数据驱动分析所示,将通过历史数据学习进行新的压裂方案设计。数据驱动分析的前提是以矿场实际测试数据为基础,而不是基于目前对页岩中流体存储和运移现象的物理分析、建模和设计。本书介绍的技术提供了现场测试记录的输入—输出方法,最终将指导页岩油气井中的压裂模拟和设计。

数据驱动分析压裂设计将充分利用数据驱动预测模型作为搜索和优化算法的目标函数。搜索和优化算法用于确定最优输入参数组合,从而实现目标函数的最优值。在此分析中,页岩油气井产能为搜索和优化算法的目标函数(结合储层性质对比压裂有效性)。输入参数包括井身结构、储层性质、完井实践、操作条件和压裂参数。图 11.2 给出了该流程的示意图。

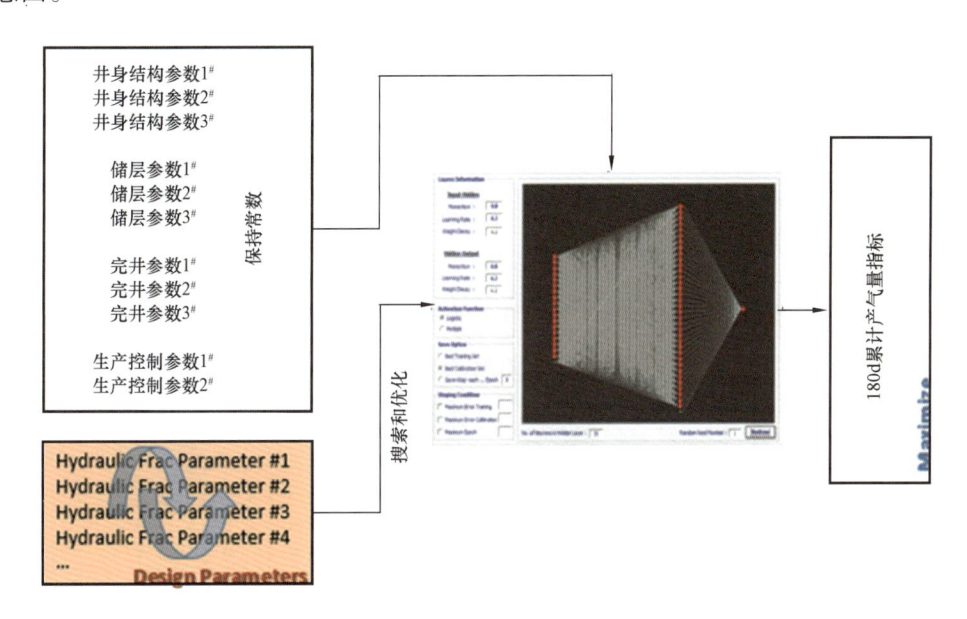

图 11.2 优化压裂设计的搜索和优化流程图

多种搜索和优化算法可实现上述目的。为了与本书主题数据驱动分析保持一致,将利用遗传算法进行数据分析。演化计算方式为搜索、优化和设计提供了丰富而强大的计算环境。范例有效性随解决方案空间的增大而增加。总体而言,进化计算和遗传算法能够将高效搜索算法的探索特性和每个步长中保存和利用的知识相结合,为下一步设计提供指导。进化计算和遗传算法提供了一种可有效解决搜索、优化和设计问题的智能方法。本节介绍的重复压裂设计利用遗传算法进行搜索和方案优化。

本节介绍的重复压裂设计方法可用于全区,也可用于具有相似特征[如地理位置、储层性质或生产特征(相似桶油当量)]的井组或单井。在区块、井组或单井应用过程中算法保持不变。不同评价单元的差异表现在参数群上(如下文所述)。将设计优化算法用于全区评价以说明应用流程。

本书使用的重复压裂设计与其他方法的主要区别在于完全使用给定评价区块中实测完井实践数据为基础,而不是基于目前针对页岩完井和水力压裂的认识。该技术利用现场收集的实测数据进行方案设计。鉴于目前针对页岩天然裂缝网络和诱导裂缝之间相互作用的有限认识,该方法可以避免方案设计过程中的人为因素。简而言之,该重复压裂设计技术利用同一区块中已有压裂作业数据获取新重复压裂最优设计方案。通过数次调整优化发展新的方案设计以使用额定井的所有特征(井身结构,储层性质和完井参数)。除跟踪最优单井压裂设计(结合设计参数)方案外,还在多个成功单井设计方案中确定具体单井压裂设计方案。

针对每口井执行以下操作步骤,以便生成一套适用于全区的通用压裂优化设计准则。

(1)随机生成一组设计参数。

确定井区分参与优化的设计参数(参与或不参与优化的参数均设置为常数)。然后,随机生成大量(如1000组)设计参数组合。每种仿真实现都对应常量参数组合,作为一组数据驱动预测模型的输入参数。

(2)生产模型结果。

利用数据驱动模型对每一组输入参数(共计1000组)进行预测并生成相应的输出结果(生产指标)。此步骤为每口井生成了1000组输出结果(生产指标)。每个生产指标代表一个随机生成的单井压裂设计方案(同时保持其他所有参数恒定)。图11.3给出了流程示意图。针对每口单井生成了1000个生产指标,每个生产指标对应给定特性(井身结构、储层性质和完井参数)单井的多种可能结果。

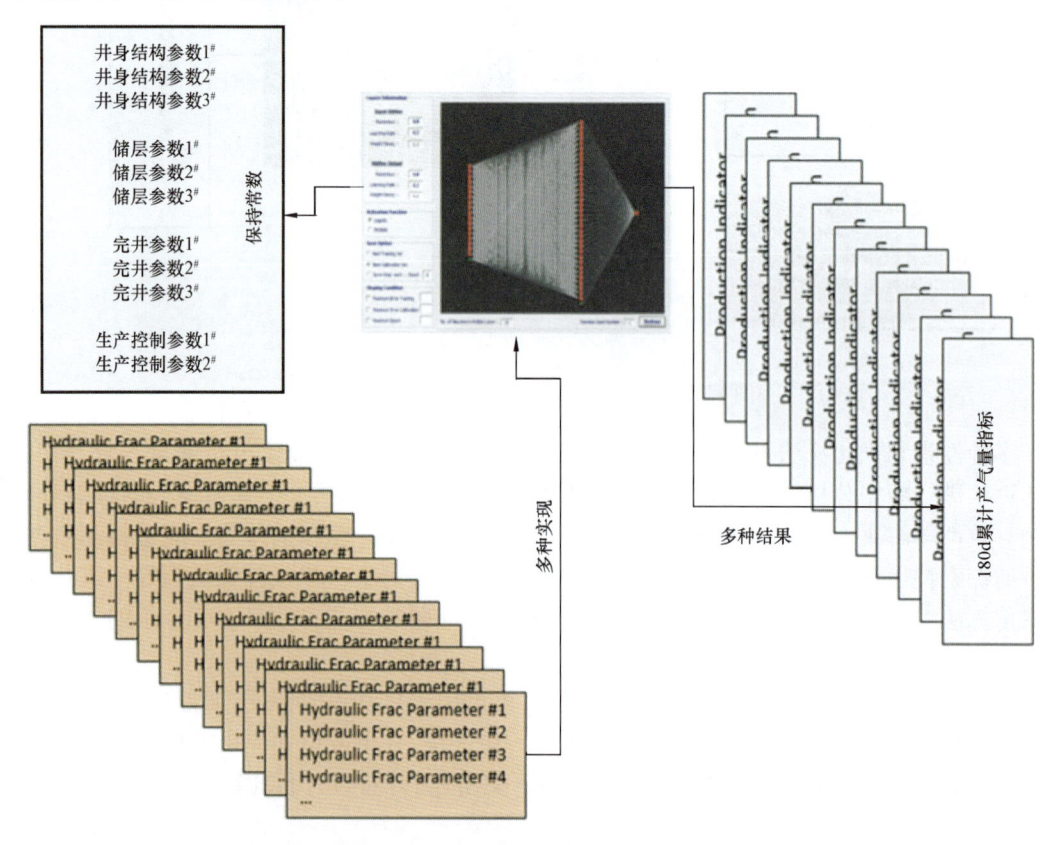

图11.3 单井多种设计仿真实现

(3) 模型输出结果排序。

将 1000 个生产指标(如 180d 累计产气量)及对应的参数组合进行排序。此时,可根据 1000 个随机生成的设计方案确定给定单井的最优参数组合。

根据参数组合排序可以确定给定特性气井实现高产对应的参数组合。需要注意的是,有时仅通过详细参数组合难以解释为何给定气井能够获得高产(合理设计参数可提高产量)。然后具体原因并不重要,只要能够对不同参数组合结果进行排序,就可以利用结果进行压裂优化设计。

(4) 保存最佳设计。

第三步完成即代表已经完成了一次模型进化,同时保存排位前 10% 对应的参数组合。第一次模型进化结束后可为给定单井获取 100 组合理的重复压裂设计方案(参数组合)。

(5) 根据适应度分配重现概率。

根据第四步中的排序对每组设计方案的重现概率赋值。图 11.4 给出了不同适应度对应的重现概率分布,重现概率数值将用于下一代重复压裂设计参数优选。单个压裂设计方案重现概率越高,该设计方案在下一代重复压裂设计中发挥的作用可能性就越大。

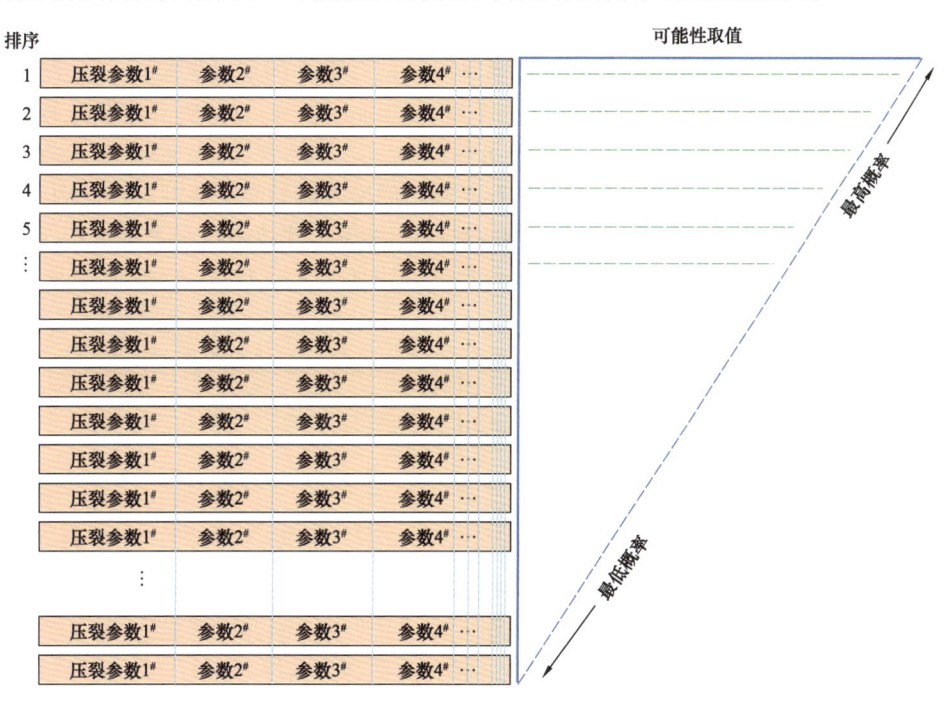

图 11.4 根据适应度为每个设计方案分配重现概率

(6) 生成下一代设计方案。

下一代重复压裂设计主要使用上一代的优秀方案。每次根据分配的概率数值选取上一代的遗传方案。该概率值对应的设计更有可能被选为遗传方案并作为新一代设计方案的主体。利用遗传算子生成新一代方案设计,如交叉、反演和变异等。前面部分已经对遗传算子进行了详细介绍(图 3.21 至图 3.24)。新一代多数设计方案是通过正交生成(约占 75%),其他遗传算子只产生少量设计方案(每个反演和变异算子对应设计方案数量仅占 5%)。此外,上一代少部分方案遗传至下一代,概率值依然为关键因素。

(7) 跳转至第二步直至计算结果收敛。

生成新一代设计方案后算法将返回至第二步并重复该过程。每次完成遗传优化循环(第二步)后对生成方案进行优劣评价,算法都需要执行收敛性检查。算法继续执行直至计算结果达到收敛精度要求。计算结果评价中可使用多种方式定义结果收敛性。例如,多代进化无更优方案出现(重复压裂设计方案)就实现了结果收敛。

(8) 分析第四步保存的数据。

假设上述案例中获取最优重复压裂设计方案需要 145 代仿真模拟。由于每一代(100 个设计方案)都保存了排位前 10% 的设计方案(重复压裂设计参数组合)且需要 145 代遗传计算才能够获得最佳设计方案,上述优化过程完成后已经保存了 14500 组高产设计方案。这 14500 个设计方案都是最优秀的幸存方案,也是最适合这一代的设计方案。因此,这些优秀方案一定能够为重复压裂设计提供最佳水力压裂参数组合以实现高产。

根据已经建立的最优压裂设计方案数据集合可以分析数据是否具备特定的模式或趋势,从而为特定井压裂设计提供指导。图 11.5 是 Utica 页岩单井执行上述优化对应的结果,图中给出了优化设计过程中使用的三个参数。左上柱状图给出了完井过程中"射孔密度"(每英尺射孔数)的频率,显示多数优秀重复压裂设计方案都具有很小的射孔密度。右上方柱形图显示了该井优秀设计方案都对应较高的支撑剂浓度($lb \cdot gal^{-1} \cdot ft^{-1}$)。底部柱形图显示该井优秀设计方案都对应较低的排量(球$\cdot min^{-1} \cdot ft^{-1}$)。

图 11.4 表明优秀重复压裂设计方案中存在固定的模式能够实现气井高产。因此,推荐尽量遵循模型优化结果以实现气井高产。例如,图 11.5 案例中建议每英尺水平段长射孔数量小于 1.3 孔,支撑剂浓度应高于每英尺水平段长每加仑流体 2.5lb,每英尺水平段长每分钟排量应低于 0.15 球。

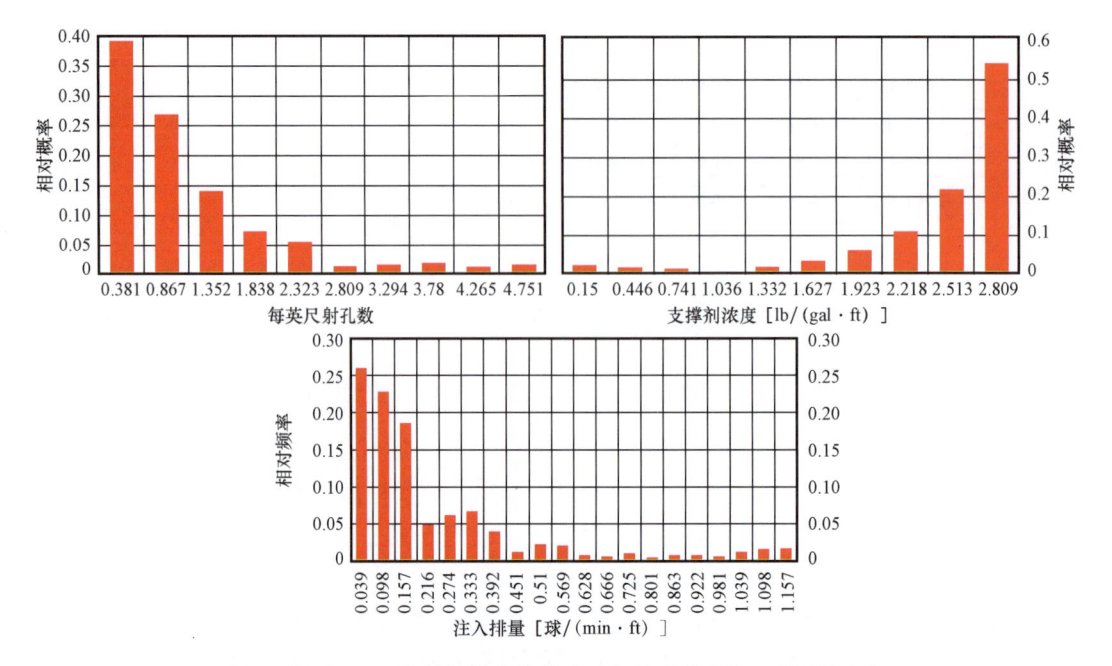

图 11.5 Utica 页岩某气井遗传算法对应的进化重复压裂设计方案

## 参 考 文 献

[1] Hunt, G.: How the US Shale Boom Will Change the World. OilPrice. com. (Online) February 15, 2012 (Cited: November 30, 2015). http://oilprice.com/Energy/Natural-Gas/How-the-US-Shale-Boom-Will-Change-the-World.html

[2] Mohaghegh, S. D.: Reservoir modeling of shale formations. J. Nat. Gas Sci. Eng. 12, 22–33 (2013) (Elsevier, s. l.)

[3] Mohaghegh, S. D.: A critical view of current state of reservoir modeling of shale assets. In: Society of Petroelum Engineers–SPE, Pittsburgh, PA, 165713 (2013)

[4] Kuhn, T. S.: The Structure of Scientific Revolutions. University of Chicago Press, Chicago, IL (1996). 0226458075

[5] Kuhn, T. S.: The Essential Tension: Selected Studies in Scientific Tradition and Change. The University of Chicago Press, Chicago, IL (1984). 0-226-45806-7

[6] Boulis, A. S., Ilk, D., Blasingame, T. A.: A new series of rate decline relations based on the diagnosis of rate-time data. In: Canadian International Petroleum Conference (CIPC). s. n., Calgary, Alberta (2009)

[7] Genesis. The North Texas Barnett Shale Opens New Energy Era, North American Shale Revolution. Energyintel.com. (Online) Sept–Dec 2011. www.energyintel.com

[8] Doe, T., Dershowitz, W.: Modeling Complexities Of Natural Fracturing Key In Gas Shales. Oil and Gas Reporter, s. l., Aug 2011

[9] Tran, N. H., Rahman, M. K., Rahman S. S.: A Nested Neuro-Fractal0Stochastic Technique for Modeling Naturally Fractures Reservoirs. Society of Petroleum Engineers (SPE), Melbourne, Australia, Oct 2002. SPE 7787

[10] Akbarnejad-Nesheli, B., Valko, P., Lee, J.: Relating fracture network characteristics to shale gas reserve estimation. In: Americas Unconventional Resources Conference. Society of Petroleum Engineers (SPE), Pittsburgh, PA June 2012. SPE 154841

[11] Li, Y., Wei, C., Qin, G., Li, M., Luo, K.: Numerical simulation of hydraulically induced fracture network propagation in shale formation. In: International Petroleum Technology Conference. Society of Petroleum Engineers (SPE), Bejing, China, Mar 2013. IPTC 16981

[12] Weng, X., Kresse, O., Cohen, C., Wu, R., Gu, H.: Modeling of hydraulic fracture network propagation in a naturally fractured formation. In: SPE Hydraulic Fracturing Technology Conference & Exhibition. Society of Petroleum Engineers (SPE), The Woodlands, Texas, Jan 2011. SPE 140253

[13] Cheng, Y., Lee, W. J., McVay, D. A.: A New Approach for Reliable Estimation of Hydraulic Fracture Properties Using Elliptical Flow Data in Tight Gas Wells. SPE Reservoir Evaluation & Engineering, Apr 2009. SPE 105767

[14] Mattar, L., Gault, B., Morad, K., Clarkson, C. R., Freeman, C. M., Ilk, D., Blasingame, T. A.: Production analysis and forecasting of shale gas reservoirs: case history-based approach. In: SPE Shale Gas Production Conference. Society of Petroleum Engineers (SPE), Fort Worth, Texas, Nov 2008. SPE 119897

[15] Johnson, N. L., Currie, S. M., Ilk, D., Blasingame, T. A.: A simple methodology for direct estimation of gas-in-place and reserves using rate-time data. In: SPE Rocky Mountain Technology Conference. Society of Petroleum Engineers (SPE), Denver, Colorado, Apr 2009. SPE 123298

[16] Can, B., Kabir, C. S.: Probabilistic Performance Forecasting for Unconventional Reservoirs with Stretched-Exponential Model. Society of Petroleum Engineers (SPE), s. l., Feb 2012. SPE Reservoir Eval. Eng J. SPE 143666

[17] Ikewun, P., Ahmadi, M.: Production optimization and forecasting of shale gas wells using simulation models and decline curve analysis. In: SPE Western Regional Conference. Society of Petroleum Engineers (SPE), Bakersfield, California, Mar 2012. SPE 153914

[18] Ilk, D., Rushing, J. A., Perego, A. D., Blasingame, T. A.: Exponential vs. Hyperbolic Decline in Tight Gas Sands: Understanding the Origin and Implications for Reserve Estimates Using Arp's; Decline Curves. Society of Petroleum Engineers, s. l. (2008)

[19] Valko, P. P., Lee, W. J.: A Better Way To Forecast Production From Unconventional Gas Wells. Society of Petroleum Engineers, s. l. (2010)

[20] Duong, A. N.: An Unconventional Rate Decline Approach for Tight and Fracture – Dominated Gas Wells. Society of Petroleum Engineers, s. l. (2010)

[21] Mohaghegh, S. D.: Formation vs. Completion: Determining the main drivers behind production from shale? A case study using data – driven analytics. In: Unconventional Resources Technology Conference. Society of Petroleum Engineers (SPE), San Antonio, Texas, July 2015. URTeC 2147904

[22] Ilk, D., Rushing, J. A., Blasingame, T. A.: Integration of production analysis and rate – time analysis via parametric correlations—theoretical considerations and practical applications. In: PE Hydraulic Fracturing Conference. Society of Petroleum Engineers (SPE), The Woodlands, Texas, Jan 2011. SPE 140556

[23] Al – Ahmadi, H. A., Almarzooq, A. M., Wattenbarger, R. A.: Application of linear flow analysis to shale gas wells—field cases. In: SPE Unconventional Gas Conference. Society of Petroleum Engineers (SPE), Pittsburgh, PA, Feb 2010. SPE 130370

[24] Anderson, D. M., Nobakht, M., Moghadam, S., Mattar, L.: Analysis of production data from fractured shale gas wells. In: SPE Unconventional Gas Conference. Society of Petroleum Engineers (SPE), Pittsburgh, PA, Feb 2010. SPE 131787

[25] Nobakht, M., Mattar, L., Moghadam, S., Anderson, D. M.: Simplified yet rigorous forecasting of tight/shale gas production in linear flow. In: SPE Western Regional Conference. Society of Petroleum Engineers (SPE), Anaheim, CA, May 2010. SPE 133615

[26] Nobakht, M., Mattar, L.: Analyzing production data from unconventional gas reservoirs with linear flow and apparent skin. J. Can. Pet. Technol. 52 – 59 (2012)

[27] Nobakht, M., Clarkson, C. R.: A new analytical method for analyzing production data from shale gas reservoirs exhibiting linear flow: constant pressure production. SPE Reservoir Eval. Eng. J. 370 – 384 (2012)

[28] Cipolla, C. L., Lolon, E. P., Mayerhofer, M. J.: Reservoir modeling and production evaluation in shale – gas reservoirs. In: International Petroleum Technology Conference, Dec 2009, s. n., Doha, Qatar. IPTC 13185 – MS

[29] Chaudhri, M. M.: Numerical Modeling of multi – fracture horizontal well for uncertainty analysis and history matching: case studies from Oklahoma and Texas shale gas wells. In: SPE Western Regional Meeting. Society of Petroleum Engineers (SPE), Bakersfield, California, Mar 2012. SPE 153888

[30] Mayerhofer, M. J., Lolon, E. P., Warpinski, N. R., Cipolla, C. L., Walser, D., Rightmire, C. M.: What is stimulated reservoir volume? Society of Petroleum Engineers (SPE), s. l., Feb 2012. SPE Prod. Oper. J. 25, 89 – 98. SPE 119890

[31] Cipolla, C. L.: Stimulated volume and fracture structure, the keys to shale – gas well performance? In: SPEE 49th Annual Meeting, Amelia Island Plantation, Florida, s. n., June 2011

[32] Inamdar, A., Ogundare, T., Purcell, D., Malpani, R., Atwood, K., Brook, K., Erwemi, A.: Pilot Test Stimulation Approach. The American Oil and Gas Reporter, s. l., June 2011

[33] Ciezobka, J.: Marcellus Shale Gas Project. RPSEA, Annual Report, s. l., Feb 2012

[34] McCulloch, W. S. , Pitts, W. : A logical calculus of ideas immanent in nervous activity. Bull. Math. Biophys. 5, 115 – 133 (1943)

[35] Rosenblatt, F. : The perceptron: probabilistic model for information storage and organiza – tion in the brain. Psychol. Rev. 65, 386 – 408 (1958)

[36] Widrow, B. : Generalization and Information Storage in Networks of Adeline Neurons, Self – Organizing Systems. [book auth.] M. C. , Jacobi, G. T. , Goldstein, G. D. Yovitz. Self – Organizing Systems. s. n. , Chicago, pp 435 – 461 (1962)

[37] Minsky, M. L. , Papert, S. A. : Perceptrons. s. n. , Cambridge (1969)

[38] Hertz, J. , Krogh, A. , Palmer, R. G. : Introduction to the Theory of Neural Computation. Addison – Wesley Publishing Company, Redwood City, CA (1991)

[39] Rumelhart, D. E. , McClelland, J. L. : Parallel Distributed processing, Exploration in the Microstructure of Cognition, Vol. 1 : Foundations. MIT Press, Cambridge (1986)

[40] Stubbs, D. : Neurocomputers. M. D. Comput. 5(3), 14 – 24 (1988)

[41] Fausett, L. : Fundamentals of Neural Networks, Architectures, Algorithms, and Applications. Prentice Hall, Englewood Cliffs (1994)

[42] Barlow, H. B. : Unsupervised learning. Neural Comput. 1, 295 – 311 (1988)

[43] McCord Nelson, M. , Illingworth, W. T. : A Practical Guide to Neural Nets. Addison – Wesley Publishing, Reading, MA (1990)

[44] Haykin, S. : Neural Networks and Learning Machines, 3rd edn. Prentice Hall, s. l. (2009)

[45] Box, George E. P. : Science and Statistics. American Statistical Association, s. l. , Dec 1976. J. Am. Stat. Assoc. 71(356), 791 – 799 (1976)

[46] Jolliffe, I. T. : Principal Component Analysis, Series: Springer Series in Statistics, 2nd edn. Springer, New York (2002)

[47] Shannon, C. E. : A mathematical theory of communication. Bell Syst. Tech. J. 27, 379 – 423 (1948)

[48] Freeman, E. : The Relevance of Charles Peirce, pp. 157 – 158. Monist Library of Philosophy, La Sall, IL (1983)

[49] Lukasiewicz, J. : Elements of mathematical Logic (Original Title: Elementy logiki matematycznej. The MacMillan Company, New York, NY (1963)

[50] Black, M. : Vagueness: an exercise in logical analysis. Philos. Sci. 4, 427 – 455 (1937)

[51] Zadeh, L. A. : Fuzzy sets. Inf. Control 8, 338 – 353 (1965)

[52] Kosko, B. : Fuzzy Thinking. Hyperion, New York, NY (1991)

[53] McNeill, D. , Freiberger, P. : Fuzzy Logic. Simon & Schuster, New York, NY (1993)

[54] Eberhart, R. , Simpson, P. , Dobbins, R. : Computational Intelligence PC Tools. Academic Press, Orlando, FL (1996)

[55] Ross, T. : Fuzzy Logic With Engineering Applications. McGraw – Hill Inc. , New York, NY (1995)

[56] Arnsdorf, I. : BloombergBusiness. com. Bloomberg. com. (Online) Bloomberg, 10 8, 2014 (Cited: January 3, 2015). http://www.bloomberg.com/news/2014 – 10 – 07/shale – boom – tested – as – sub – 90 – oil – threatens – u – s – drillers. html

[57] Jamshidi, M. , et al. (eds. ) : Fuzzy Logic and Control: Software and Hardware Applications. Prentice Hall, Englewood Cliffs, NJ (1993)

[58] Mayr, E. : oward a new Philosophy of Biology: Observations of an Evolutionist. Belknap Press, Cambridge, Massachusetts (1988)

[59] Koza, J. R. : Genetic Programming, On the Programming of Computers by Means of Natural Selection. MIT

Press, Cambridge, Massachusetts (1992)

[60] Fogel, D. B.: Evolutionary Computation, Toward a New Philosophy of Machine Intelligence. IEEE Press, Piscataway, New Jersey (1995)

[61] Michalewicz, Z.: Genetic Algorithms + Data Structure = Evolution Programs. Springer, New York (1992). New York

[62] Bbauska, R.: Fuzzy and Neural Control. Delft Center for Systems and Control, Delft, Holland (2009)

[63] Bezdek, J.: The fuzzy c – mean clustering algorithm. Comput. Geosci. 10(2 – 3), 191 – 203 (1984)

[64] Mohaghegh, S., Richardson, M., Ameri, S.: Virtual magnetic resonance imaging logs: generation of synthetic MRI logs from conventional well logs. In: SPE Eastern Regional Conference and Exhibition. Society of Petroleum Engineers (SPE), Pittsburgh, PA, Nov 1998. SPE 51075

[65] Mohaghegh, S., Goddard, C., Popa, A., Ameri, S., Bhuiyan, M.: Reservoir characterization through synthetic logs. In: SPE Eastern Regional Conference and Exhibition. Society of Petroleum Engineers (SPE), Morgantown, West Virginia, Oct 2000. SPE 65675

[66] Rolon, L. F., Mohaghegh, S. D., Ameri, S. Gaskari, R., McDaniel, B.: Developing synthetic well logs for the Upper Devonian units in Southern Pennsylvania. In: SPE Eastern Regional Conference and Exhibition. Society of Petroleum Engineers (SPE), Morgantown, West Virginia, Sept 2005. SPE 98013

[67] Robertson, S.: Generalized Hyperbolic Equation. Society of Petroleum Engineers (SPE), s. l. (1988). SPE 18731

[68] Barenblatt, G. I., Zeltov, Y. P., Kochina, I.: Basic concepts in the theory of seepage of homogeneous liquids in fissured rocks. J. Sov. Appl. Math. Mech. 24, 1286 – 1303 (1960). 5

[69] Root, J. E., Warren, J. P.: The Behavior of Naturally Fractured Reservoirs. Society of Petroleum Engineering, Richardson, Texas, Sept 1963. Soc. Pet. Eng. J. 245 – 255

[70] Kazemi, H.: Pressure transient analysis of naturally fractured reservoirs with uniform fracture distribution. Society of Petroleum Engineers, Richardson, Texas, 1969. SPE J. 9(4), 451 – 462 (1969)

[71] Rossen, R. H.: Simulation of naturally fractured reservoir with semi – implicit source terms. Society of Petroleum Engineers, Richardson, Texas, June 1977. SPE J. 201 – 210

[72] deSwaan – O, A.: Analytic solutions for determining naturally fractured reservoir properties by well testing. Society of Petroleum Engineers, Richardson, Texas, June 1976. SPE J. 117 – 122

[73] Saidi, A. M.: Simulation of naturally fractured reservoirs. In: Reservoir Simulation Symposium. Society of Petroleum Engineers, San Francisco, CA (1983). SPE 12270

[74] Rubin, B.: Accurate simulation of Non – Darcy flow in stimulated fracture shale reservoirs. In: Western Regional Conference. Society of Petroleum Engineers, Anaheim, CA (2010). SPE 132293

[75] Cipolla, C. L., Lolon, E. P., Erdle, J. C., Rubin, B.: Reservoir Modeling in Shale – Gas Reservoirs. Society of Petroleum Engineers, Richardson, Texas, 2010. SPE Reservoir Eval. Eng. 13(4), 638 – 653 (2010)

[76] Ertekin, T., King, G. R., Schwerer, F. C.: Dynamic gas slippage: a unique dual – mechanism approach to the flow of gas in tight formations. Society of Petroleum Engineers, Richardson, Texas, 1986, SPE Formation Eval. 1 (1), 43 – 52 (1986)

[77] Meyer, B. R., Bazan, L. W., Jacot, Lattibeaudiere, M. G.: Optimization of multiple transverse hydraulic fractures in horizontal wellbores. In: SPE Unconventional Gas Conference. Society of Petroleum Engineers (SPE), Pittsburgh, PA, Feb 2010. SPE 131732

[78] Cipolla, C. L., Williams, M. J., Weng, X., Mack, M., Maxwell, S.: Hydraulic fracture monitoring to reservoir simulation: maximizing value. In: SPE Annual Technical Conference. Society of Petroleum Engineers (SPE),

Florence, Italy, Sept 2010. SPE 133877

[79] Samandarli, O., Al‐Hamdi, H., Wattenbarger, R. A.: A new method for history matching and forecasting shale gas reservoir production performance with a dual porosity model. In: SPE North American Unconventional Gas Conference. Society of Petroleum Engineers (SPE), The Woodlands, Texas, June 2011. SPE 144335

[80] Fisher, M. K., Wright, C. A., Davidson, B. M., Goodwin, A. K., Fielder, E. O., Buckler, W. S., Steinsberger, N. P.: Integrating fracture mapping technologies to optimize stimulations in the Barnett Shale. In: SPE Annual Technical Conference and Exhibition. s. n., San Antonio, Texas (2002). SPE 77441

[81] Maxwell, S. C., Urbancic, T. I., Steinsberger, N., Zinno, R.: Microseismic imaging of hydraulic fracture complexity in the Barnett Shale. In: SPE Annual Technical Conference and Exhibition. s. n., San Antonio, Texas (2002). SPE 77440

[82] Daniels, J. L., Waters, G. A., Le Calvez, J. H., Bentley, D., Lassek, J. T.: Contacting more of the barnett shale through an integration of real‐time microseismic monitoring, petrophysics, and hydraulic fracture design. In: SPE Annual Technical Conference and Exhibition. s. n., Anaheim, California (2007). SPE 110562

[83] Kalantari‐Dahaghi, A., Esmaili, S., Mohaghegh, S. D.: Fast track analysis of shale numerical models. In: Canadian Unconventional Resources Conference. Society of Petroleum Engineers, Calgary, Alberta, Canada (2012). SPE 162699

[84] Mohaghegh, S. D., Abdulla, F.: Production Management Decision Analysis Using AI‐Based Proxy Modeling of Reservoir Simulations—A Look‐Back Case Study. In: SPE Annual Technical Conference and Exhibition. Society of Petroleum Engineers, Amsterdam, The Netherlands, Oct 2014. SPE 170664

[85] Mohaghegh, S. D.: Reservoir simulation and modeling based on artificial intelligence and data mining (AI&DM). J. Nat. Gas Sci. Eng. 3, 697–705 (2011). 2011

[86] Mohaghegh, S. D., Abdulla, F., Abdou, M., Gaskari, R., Maysami, M.: Smart Proxy: an Innovative Reservoir Management Tool; Case Study of a Giant Mature Oilfield in the UAE. In: ADIPEC—Abu Dhabi International Petroleum Exhibition and Conference. s. n., Abu Dhabi, UAE (2015). SPE 177829

[87] Shahkarami, A., Mohaghegh, S. D., Hajizadeh, Y.: Assisted history matching using pattern recognition technology. In: SPE Digital Energy Conference and Exhibition. s. n., The Woodlands, Texas, Mar 2015. SPE 173405

[88] Shahkarami, A., Mohaghegh, S. D., Gholami, V., Bromhal, G.: Application of Artificial Intelligence and Data Mining Techniques for Fast Track Modeling of Geologic Sequestration of Carbon Dioxide—Case Study of SACROC Unit. In: SPE Digital Energy Conference and Exhibition. s. n., The Woodlands, Texas, Mar 2015. SPE 173406

[89] Amini, S., Mohaghegh, S. D., Gaskari, R., Bromhal, G.: Pattern Recognition and Data‐Driven Analytics for Fast and Accurate Replication of Complex Numerical Reservoir Models at the Grid Block Level. In: SPE Intelligent Energy Conference and Exhibition. s. n., Utrecht, The Netherlands, Apr 2014. SPE 167897

[90] Bazan, L. W., Larkin, S. D., Lattibeaudiere, M. G., Palish, T. T.: Improving Production in Eagle Ford Shale with Fracture Modeling, Increased Conductivity and Optimized Stage and Cluster Spacing Along the Horizontal Wellbore. In: SPE Tight Gas Completions Conference. Society of Petroleum Engineers (SPE), San Antonio, Texas, Nov 2010. SPE 138425

[91] Cipolla, C. L., Lolon, E. P., Erdle, J. C., Rubin, B.: Reservoir modleing in shale‐gas reservoirs. In: SPE Reservoir Evaluation and Engineering, pp. 638–653. Society of Petroleum Engineers (SPE), s. l., Aug 2010

[92] Diaz de Souza, O. C., Sharp, A. J., Martinez, R. C., Foster, R. A., Reeves Simpson, M., Piekenbrock, E. J., Abou‐Sayed, I.: Integrated unconventional shale gas modeling: a worked example from the Haynesville Shale, De Soto Parish, North Louisiana. In: Americas Unconventional Resources Conference. Society of Petroleum Engi-

neers (SPE), Pittsburgh, PA, June 2012. SPE 154692

[93] Altman, R., Viswanathan, A., Xu, J., Ussoltsev, D., Indriati, S., Grant, D., Pena, A., Loayza, M. and Kirkham, B.: Understanding the impact of channel fracturing in the eagle ford shale through reservoir simulation. In: SPE Latin American and Caribbean Petroleum Engineering Conference. Society of Petroleum Engineers (SPE), Mexico City, Mexico, Apr 2012. SPE 153728

[94] Intelligent Solutions, Inc.: (Online) Intelligent Solutions, Inc., 7 Mar 2016. (Cited: March 7, 2016) http://www.intelligentsolutionsinc.com/Technology/TDM.shtml

[95] Strickland, R., Purvis, D., Blasingame, T. Practical aspects of reserves determinations for shale gas. In: North American Unconventional Gas Conference and Exhibition. s. n., The Woodlands, Texas, June 2011. SPE – 144357

[96] Johnson, P.: Evaluation of wells for re – fracturing treatments. In: Spring Meeting of Southwestern District, Division of production. API Paper 906 – 5 – F. s. n., Dallas, Texas, March 1960

[97] Coulter, G. R. Menzie, D. E.: The design of re – frac treatments for restimulation of subsurface formations. In: Rocky Mountain Regional Meeting. Society of Petroleum Engineers—SPE, Casper, Wyoming, May 1973. SPE 4400

[98] Mohaghegh, S. D., McVey, D., Aminian, K., Ameri, S. Predicting Well Stimulation Results in a Gas Storage Field in the Absence of Reservoir Data, Using Neural Networks. In: SPE Reservoir Engineering, Vol. Nov, pp. 268 – 272 Society of Petroleum Engineers (SPE), s. l. (1996)

[99] McVey, D., Mohaghegh, S., Aminian, K.: Identification of parameters influencing the response of gas storage wells to hydraulic fracturing with the aid of a neural network. In: SPE Eastern Regional Conference and Exhibition. s. n., Charleston, West Virginia, Nov 1994. SPE 29159

[100] Mohaghegh, S. Hefner, H., Ameri, S.: Fracture Optimization eXpert (FOX): How Computational Intelligence Helps the Bottom – Line in Gas Storage. In: SPE Eastern Regional Conference and Exhibition. Society of Petroleum Engineers (SPE), Columbus, Ohio, Oct 1996. SPE 37341

[101] Mohaghegh, S., Balan, B., McVey, D., Ameri, S.: A hybrid neuro – genetic approach to hydraulic fracture treatment design and optimization. In: SPE Annual Technical Conference & Exhibition (ATCE). Society of Petroleum Engineers (SPE), Denver, Colorado, Oct 1996. SPE 36602

[102] Mohaghegh, S., Platon, V., Ameri, S.: Candidate selection for stimulation of gas storage wells using available data with neural networks and genetic algorithms. In: SPE Eastern Regional Conference and Exhibition. Society of Petroleum Engineers (SPE), Pittsburgh, PA, Nov 1998. SPE 51080

[103] Mohaghegh, S., Mohamad, K., Popa, A. S., Ameri, S.: Performance drivers in restimulation of gas storage wells. In: SPE Eastern Regional Conference and Exhibition. s. n., Charleston, West Virginia, Oct 1999. SPE 57453

[104] Mohaghegh, S., Gaskari, R., Popa, A., Ameri, S., Wolhart, S.: Identifying best practices in hydraulic fracturing using virtual intelligence techniques. In: SPE Eastern Regional Conference and Exhibition. Society of Petroleum Engineers (SPE), North Canton, Ohio, Oct 2001. SPE 72385

[105] Mohaghegh, S., Popa, A., Gaskari, R., Ameri, S., Wolhart, S.: Identifying Successful Practices in Hydraulic Fracturing Using Intelligence Data Mining Tools; Application to the Codell Formation in the DJ Basin. In: SPE Annual Conference and Exhibition (ATCE). Society of Petroleum Engineers (SPE), San Antonio, Texas, Oct 2002. SPE 77597

[106] Mohaghegh, S. D.: Essential Components of an Integrated Data Mining Tool for the Oil & Gas Industry, With an Example Application in the DJ Basin. In: SPE Annual Conference and Exhibition (ATCE). Society of Petroleum Engineers (SPE), Denver, Colorado, Oct 2003. SPE 84441

[107] Mohaghegh, S. D. , Gaskari, R. , Popa, A. , Salehi. I. , Ameri, S. : Analysis of Best Hydraulic Fracturing Practices in the Golden Trend Fields of Oklahoma. In: SPE Annual Conference and Exhibition (ATCE). Society of Petroleum Engineers (SPE), Dallas, Texas, Oct 2005. SPE 95942

[108] Mohaghegh, S. D. , Gaskari, R. : A Soft Computing – Based Method for the Identification of Best Practices, with Application in Petroleum Industry. In: IEEE International Conference on Computational Intelligence for Measurement Systems& Applications. s. n. , Taormina, Sicily, Italy, July 2005

[109] Malik, K. , Mohagegh, S. D. , Gaskari, R:. An Intelligent Portfolio Management Approach to Gas Storage Field Deliverability Maintenance and Enhancement; Part One Database Development & Model Building. In: SPE Eastern Regional Conference & Exhibition. Society of Petroleum Engineers (SPE), Canton, Ohio, Oct 2006. SPE 104571

[110] Reeves, S. R. , Hill, D. G. , Tiner, R. L. , Bastian, P. A. , Conway, M. W. , Mohaghegh, S. D. : Restimulation of Tight Gas Sand Wells in the Rocky Mountain Region. In: SPE Rocky Mountain Region Meeting. Society of Petroleum Engineers (SPE), Gillette, Wyoming, May 1999. SPE 55627

[111] Reeves, S. R. , Hill, D. G. , Hopkins, C. W. , Conway, M. W. , Tiner, R. L. , Mohaghegh, S. D. : Restimulation Technology for Tight Gas Sand Wells. In: SPE Technical Conference and Exhibition (ATCE). Society of Petroleum Engineers (SPE), Houston, Texas, Oct 1999. SPE 56482.

[112] Mohaghegh, S. , Reeves, S. , Hill, D. : Development of an Intelligent Systems Approach to Restimulation Candidate Selection. In: SPE Gas Technology Symposium. Society of Petroleum Engineers (SPE), Calgary, Alberta, Apr 2000. SPE 59767

[113] Reeves, S. , Bastian, P. , Spivey, J. , Flumerfelt, R. , Mohaghegh, S. , Koperna, G. : Benchmarking of Restimulation Candidate Selection Techniques in Layered, Tight Gas Sand Formations Using Reservoir Simulation. In: SPE Annual Technical Conference and Exhibition (ATCE). Society of Petroleum Engineers (SPE), Dallas, TX, Oct 2000. SPE 63096

[114] Jacobs, T. : Halliburton reveals refracturing strategy. J. Pet. Technol. (JPT) 40 – 41 (2015) (November)

[115] Siebrits, E. , et. al. : Refracture Reorientation Enhances Gas Production in Barnett Shale Tight Gas Wells. In: SPE Annual Technical Conference and Exhibition (ATCE). Society of Petroleum Engineers (SPE), Dallas, Texas, Oct 2000. SPE 63030

[116] Bell, G. , Hey, T. , Szalary, : Beyond the data deluge. Science 23, 1297 – 1298 (2009)

[117] Pelham Box, G. E. : Science and Statistics, p. 792 (1976)

[118] Thakur, G. C. : What Is Reservoir Management? Society of Petroleum Engineerd (SPE), Richardson, Texas. J. Pet. Technol. 48(6), 520 – 525 (1996)

[119] Chevron Corporation: Reservoir Management. Chevron Corporation Website. (Online) Chevron Corporation Website. http://www.chevron.com/deliveringenergy/oil/reservoirmanagement/ (2012)

[120] Mata, D. , Gaskari, R. , Mohaghegh, S. D. : Field – Wide Reservoir Characterization Based on a New Technique of Production Data Analysis, Lexington, Kentucky, Oct 2007. SPE 111205

[121] Gomez, Y. , Khazaeni, Y. , Mohaghegh, S. D. , Gaskari, R. : Top – Down Intelligent Reservoir Modeling (TDIRM), New Orleans, Louisiana (2009). SPE 124204

[122] Gaskari, R. , Mohaghegh, S. D. , and Jalali, J. : An Integrated Technique for Production Data Analysis (PDA) with Application to Mature Fields. Society of Petroleum Engineers (SPE), Richrdson, Texas, Nov 2007, SPE Prod. Oper. J. 22(4), 403 – 416

[123] Mohaghegh, S. D. , Gaskari, R. : An intelligent system's approach for revitalization of brown fields using only production rate data. Int. J. Eng. 22, 89 – 106 (2009)

[124] Kalantari, A. M., Mohaghegh, S. D., Khazaeni, Y.: New Insight into Integrated Reservoir Management using Top-Down, Intelligent Reservoir Modeling Technique; Application to a Giant and Complex Oil Field in the Middle East. In: SPE Western Regional Conference & Exhibition, Anaheim, California, May 2010. SPE 132621

[125] Khazaeni, Y., Mohaghegh, S. D.: Intelligent Production Modeling Using Full Field Pattern Recognition. Society of Petroleum Engineers (SPE), Richardson, Texas, Dec 2011. SPE Reser. Eval. Eng. J. 14(6), 735–749

[126] Maysami, M., Gaskari, R., Mohaghegh, S. D.: Data Driven Analytics in Powder River Basin, WY. In: SPE Annual Technical Conference and Exhibition, New Orleans, Louisiana (2013). SPE 166111

[127] Zargari, S., Mohaghegh, S. D.: Development Strategies for Bakken Shale Formation. In: SPE Eastern Regional Conference & Exhibition, Morgantown. s. n., Morgantown, West Virginia (2010). SPE 139032

[128] Esmaili, S., Kalantari, M., Mohaghegh, S.: Modeling and History Matching Hydrocarbon Production from Marcellus Shale using Data Mining and Pattern Recognition Technologies. In: SPE Eastern Regional Conference, Lexington, Kentucky (2012). SPE 161184

[129] Grujic, O., Mohaghegh, S. D., Bromhal, G.: Fast Track Reservoir Modeling of Shale Formations in the Appalachian Basin. In: SPE Eastern Regional Conference & Exhibition, Application to Lower Huron Shale in Eastern Kentucky, Morgantown, West Virginia (2010). SPE 139101

[130] Kalantari, A. M., Mohaghegh, S. D.: A new practical approach in modeling and simulation of shale gas reservoirs: application to New Albany Shale. Int. J. Oil Gas Coal Technol. 4, 104–133 (2011). 2

[131] Mohaghegh, S. D., Grujic, O., Zargari, S., Kalantari, A. M., Bromhal, G.: Top-down, intelligent reservoir modeling of oil and gas producing shale reservoirs: case studies. Int. J. Oil Gas Coal Technol. 5(1), 3–28

[132] Haghighat, A., Mohaghegh, S. D., Gholami, V., Moreno, D.: Production Analysis of a Niobrara Field Using Intelligent Top-Down Modeling. In: SPE Western North American and Rocky Mountain Joint Regional Meeting, Denver, Colorado (2014). SPE 169573

[133] Aurenhammer, F.: Voronoi diagrams—a survey of a fundamental geometric data structure. ACM Comput. Surv. 23(3), 345–405 (1991)

[134] Sayarpour, M., Kabir, C. S., Lake, L. W.: Field Applications of Capacitance-Resistance Models in Waterfloods. Society of Petroleum Engineers, s. l., Dec 2009, SPE J. (2009)

[135] Wooldridge, M. J., Jennings, N., Müller, J. P.: Stan Franklin, Art Graesser. Is it an Agent, or just a Program? A Taxonomy for Autonomous Agents. Intelligent agents III agent theories, architectures, and languages, pp. 21–35. Springer, Berlin (1997)

[136] Stufflebeam, R., Mills, F.: Introduction to Intelligent Agents. Consortium on Cognitive Science Instruction. (Online) The Mind Project (Cited: June 23, 2015). http://www.mind.ilstu.edu/curriculum/ants_nasa/intelligent_agents.php

[137] Swan, A. R. H., Sandilands, M.: Introduction to Geological Data Analysis. Blackwell, Oxford (1995)

[138] Jensen, J. L., Lake, L. W., Corbett, P. W. M., Goggin, D. J.: Statistics for Petroleum Engineers and Geoscientists, 2nd edn. Elsevier, Amsterdam (2000)

[139] Davis, J. C.: Statistics and Data Analysis in Geology, 3rd edn. Wiley, New York (2002)

[140] King M. J., Datta-Gupta, A.: Streamline Simulation: Theory and Practice. Society of Petroleum Engineers, Richardson, Texas (2007)

[141] Jalali, J., Mohaghegh, S. D., Gaskari, R.: Identifying Infill Locations and Underperformer Wells in Mature Fields using Monthly Production Rate Data, Carthage Field, Cotton Valley Formation, Texas. Society of Petroleum Engineers, Canton, Ohio (2006). SPE 104550

[142] Gaskari, R., Mohaghegh, S. D.: Estimating major and Minor Natural Fracture pattern in Gas Shales Using Pro-

duction Data. Society of Petroleum Engineers, Canton, Ohio (2006). SPE 104554

[143] Mohaghegh, S. D. : Top – Down Intelligent Reservoir Modeling (TDIRM); A New Approach in Reservoir Modeling by Integrating Classis Reservoir Engineering with Artificial Intelligence and Data Mining Techniques. In: American Association of Petroleum Geologists (AAPG), Denver, Colorado (2009)

[144] Mohaghegh, S. D., Bromhal, G. : Top – Down Modeling; Practical, Fast Track, Reservoir Simulation & Modeling for Shale Formations. In: AAPG/SEG/SPE/SPWLA Hedberg Conference, Austin, Texas (2010)

[145] Esamili, S. , Mohaghegh, S. D. : Full field reservoir modeling of shale assets using advanced data – driven analytics. Geosci. Front. 1, 11 (2015) (Elsevier, s. l. )

[146] Mohaghegh, S. D. , Gaskari, R. , Maysami, M. , Khazaeni, Y. : Data – Driven Reservoir Management of a Giant Mature Oilfield in the Middle East. Society of Petroleum Engineers, Amsterdam, Holland (2014). SPE 170660

[147] Al – Sharhan, A. S. : Bu Hasa Field—United Arab Emirates, Rub al Khali Basin, Abu Dhabi. [book auth.] N. H. Foster and Beaumont. Treaties of Petroleum Geology, Atlas of Oil and Gas Fields. AAPG, s. l. (1993)

[148] Dickerson, M. T. , Goodrich, M. T. , Dickerson, M. D. , Zhuo, Y. D. : Round – trip voronoi diagrams and doubling density in geographic networks. Trans. Comput. Sci. 14, 211 – 238 (2011)

[149] Höppner, F. , et al. : Fuzzy Cluster Analysis: Methods for Classification, Data Analysis and Image Recognition. Wiley IBM PC Series, s. l. John Wiley & Sons (1997)

[150] Shannon, C. E. : A Mathematical Theory of Communication. Bell Syst. Tech. J. 27, 379 – 423, 623 – 656(1948)

[151] Mohaghegh, Shahab D. : Reservoir modeling of shale formations. J. Nat. Gas Sci. Eng. 12, 22 – 33 (2013)

# 附录 A 单位换算表

1 mile = 1.609 km

1 ft = 30.48 cm

1 in = 25.4 mm

1 acre = 2.59 km$^2$

1 ft$^2$ = 0.093 m$^2$

1 in$^2$ = 6.45 cm$^2$

1 ft$^3$ = 0.028 m$^3$

1 in$^3$ = 16.39 cm$^3$

1 lb = 453.59 g

1 bbl = 0.16 m$^3$

1 mmHg = 133.32 Pa

1 atm = 101.33 kPa

1 psi = 1 psig = 6894.76 Pa

psig = psia − 14.79977

℃ = K − 273.15

$℃ = \dfrac{5}{9}(℉ - 32)$

1 cP = 1 mPa·s

1 mD = 1×10$^{-3}$ μm$^2$

1 bar = 10$^5$ Pa

1 dyn = 10$^{-5}$ N

1 kgf = 9.80665 N

# 国外油气勘探开发新进展丛书（一）

书号：3592
定价：56.00元

书号：3663
定价：120.00元

书号：3700
定价：110.00元

书号：3718
定价：145.00元

书号：3722
定价：90.00元

# 国外油气勘探开发新进展丛书（二）

书号：4217
定价：96.00元

书号：4226
定价：60.00元

书号：4352
定价：32.00元

书号：4334
定价：115.00元

书号：4297
定价：28.00元

# 国外油气勘探开发新进展丛书（三）

书号：4539
定价：120.00元

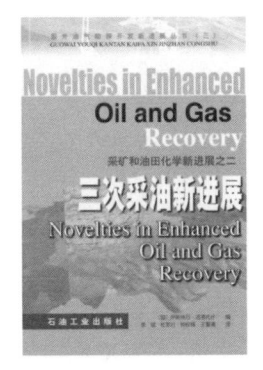

书号：4725
定价：88.00元

书号：4707
定价：60.00元

书号：4681
定价：48.00元

书号：4689
定价：50.00元

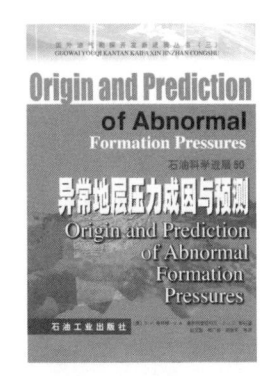

书号：4764
定价：78.00元

## 国外油气勘探开发新进展丛书（四）

书号：5554
定价：78.00元

书号：5429
定价：35.00元

书号：5599
定价：98.00元

书号：5702
定价：120.00元

书号：5676
定价：48.00元

书号：5750
定价：68.00元

## 国外油气勘探开发新进展丛书（五）

书号：6449
定价：52.00元

书号：5929
定价：70.00元

书号：6471
定价：128.00元

书号：6402
定价：96.00元

书号：6309
定价：185.00元

书号：6718
定价：150.00元

## 国外油气勘探开发新进展丛书（六）

书号：7055
定价：290.00元

书号：7000
定价：50.00元

书号：7035
定价：32.00元

书号：7075
定价：128.00元

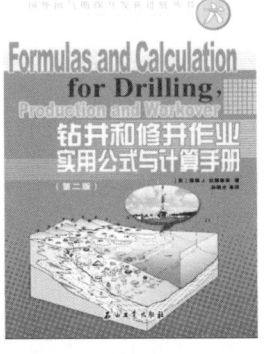

书号：6966
定价：42.00元

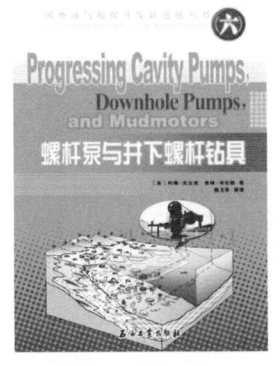

书号：6967
定价：32.00元

## 国外油气勘探开发新进展丛书（七）

| | | |
|---|---|---|
| 《天然气测量手册》 | 《地面工程合同》 | 《盆地分析与模拟》 |
| 书号：7533 | 书号：7802 | 书号：7555 |
| 定价：65.00元 | 定价：110.00元 | 定价：60.00元 |
| 《油井生产实用手册》 | 《层序地层学原理》 | 《石油工程岩石力学》 |
| 书号：7290 | 书号：7088 | 书号：7690 |
| 定价：98.00元 | 定价：120.00元 | 定价：93.00元 |

## 国外油气勘探开发新进展丛书（八）

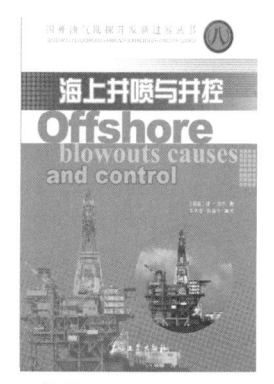

| | | |
|---|---|---|
| 《海上井喷与井控》 |  《天然气输送与处理手册》 |  《气藏工程》 |
| 书号：7446 | 书号：8065 | 书号：8356 |
| 定价：38.00元 | 定价：98.00元 | 定价：98.00元 |

书号：8092
定价：38.00元

书号：8804
定价：38.00元

书号：9483
定价：140.00元

# 国外油气勘探开发新进展丛书（九）

书号：8351
定价：68.00元

书号：8782
定价：180.00元

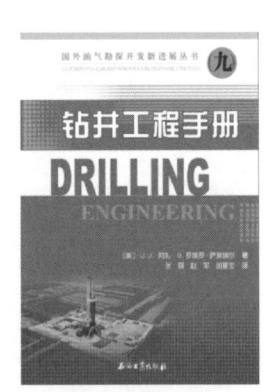

书号：8336
定价：80.00元

书号：8899
定价：150.00元

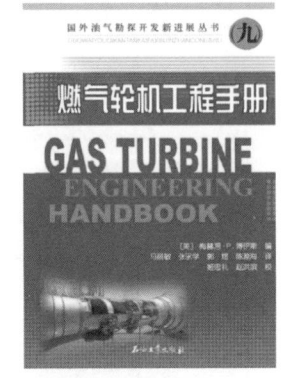

书号：9013
定价：160.00元

书号：7634
定价：65.00元

## 国外油气勘探开发新进展丛书（十）

书号：9009
定价：110.00元

书号：9989
定价：110.00元

书号：9574
定价：80.00元

书号：9024
定价：96.00元

书号：9322
定价：96.00元

书号：9576
定价：96.00元

## 国外油气勘探开发新进展丛书（十一）

书号：0042
定价：120.00元

书号：9943
定价：75.00元

书号：0732
定价：75.00元

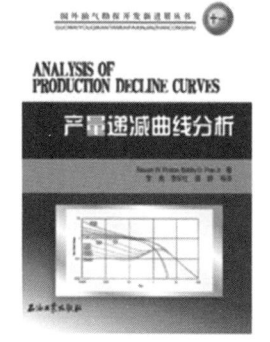

书号：0916
定价：80.00元

书号：0867
定价：65.00元

书号：0732
定价：75.00元

# 国外油气勘探开发新进展丛书（十二）

书号：0661
定价：80.00元

书号：0870
定价：116.00元

书号：0851
定价：120.00元

书号：1172
定价：120.00元

书号：0958
定价：66.00元

书号：1529
定价：66.00元

## 国外油气勘探开发新进展丛书（十三）

书号：1046
定价：158.00元

书号：1167
定价：165.00元

书号：1645
定价：70.00元

书号：1259
定价：60.00元

书号：1875
定价：158.00元

书号：1477
定价：256.00元

## 国外油气勘探开发新进展丛书（十四）

书号：1456
定价：128.00元

书号：1855
定价：60.00元

书号：1874
定价：280.00元

书号：2857
定价：80.00元

书号：2362
定价：76.00元

# 国外油气勘探开发新进展丛书（十五）

书号：3053
定价：260.00元

书号：3682
定价：180.00元

书号：2216
定价：180.00元

书号：3052
定价：260.00元

书号：2703
定价：280.00元

书号：2419
定价：300.00元

## 国外油气勘探开发新进展丛书（十六）

书号：2274
定价：68.00元

书号：2428
定价：168.00元

书号：1979
定价：65.00元

书号：3450
定价：280.00元

书号：3384
定价：168.00元

## 国外油气勘探开发新进展丛书（十七）

书号：2862
定价：160.00元

书号：3081
定价：86.00元

书号：3514
定价：96.00元

岩心分析最佳操作指南
书号：3512
定价：298.00元

油气藏流体相态特征
书号：3980
定价：220.00元

# 国外油气勘探开发新进展丛书（十八）

煤层气开发工程新进展
书号：3702
定价：75.00元

孔隙尺度多相流动
书号：3734
定价：200.00元

页岩储层微观尺度描述——方法与挑战
书号：3693
定价：48.00元

油气藏储层伤害——原理、模拟、评价和防治（第三版）
书号：3513
定价：278.00元

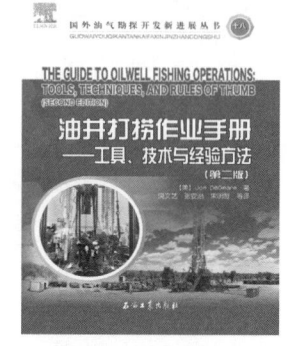

油井打捞作业手册——工具、技术与经验方法（第二版）
书号：3772
定价：80.00元

二氧化碳捕集与酸性气体回注
书号：3792
定价：68.00元

## 国外油气勘探开发新进展丛书（十九）

书号：3834
定价：200.00元

书号：3991
定价：180.00元

书号：3988
定价：96.00元

书号：3979
定价：120.00元

书号：4043
定价：100.00元

书号：4259
定价：150.00元

## 国外油气勘探开发新进展丛书（二十）

书号：4071
定价：160.00元

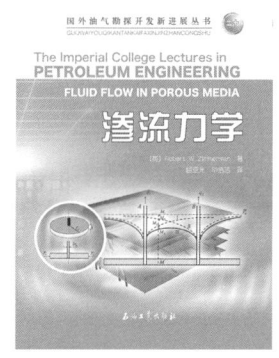

书号：4192
定价：75.00元

书号：4764
定价：100.00元

## 国外油气勘探开发新进展丛书(二十一)

书号：4005
定价：150.00元

书号：4013
定价：45.00元

书号：4075
定价：100.00元

书号：4008
定价：130.00元

## 国外油气勘探开发新进展丛书(二十二)

书号：4296
定价：220.00元

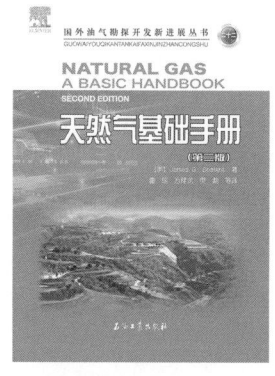

书号：4324
定价：150.00元

书号：4399
定价：100.00元

# 国外油气勘探开发新进展丛书（二十三）

书号：4469
定价：88.00元

书号：4673
定价：48.00元

书号：4362
定价：160.00元

# 国外油气勘探开发新进展丛书（二十四）

书号：4658
定价：58.00元

书号：4805
定价：68.00元

书号：4900
定价：160.00元